9급 공무원 건축직

건축계획

기출문제 정복하기

9급 공무원 건축직
건축계획 기출문제 정복하기

초판 인쇄   2022년 1월 5일
초판 발행   2022년 1월 7일

편 저 자 | 주한종
발 행 처 | ㈜서원각
등록번호 | 1999-1A-107호
주   소 | 경기도 고양시 일산서구 덕산로 88-45(가좌동)
교재주문 | 031-923-2051
팩   스 | 031-923-3815
교재문의 | 카카오톡 플러스 친구[서원각]
영상문의 | 070-4233-2505
홈페이지 | www.goseowon.com
책임편집 | 정유진
디 자 인 | 이규희

모든 시험에 앞서 가장 중요한 것은 출제되었던 문제를 풀어봄으로써 그 시험의 유형 및 출제경향, 난도 등을 파악하는 데에 있다. 즉, 최단시간 내 최대의 학습효과를 거두기 위해서는 기출문제의 분석이 무엇보다도 중요하다는 것이다.

9급 공무원 건축직 건축계획 기출문제 정복하기는 이를 주지하고 그동안 시행되어 온 지방직 및 서울시 기출문제를 연도별로 수록하여 수험생들에게 매년 다양하게 변화하고 있는 출제경향에 적응하여 단기간에 최대의 학습효과를 거둘 수 있도록 하였다.

건축직 공무원 시험의 경쟁률이 해마다 점점 더 치열해지고 있다. 이럴 때일수록 기본적인 내용에 대한 탄탄한 학습이 빛을 발한다. 수험생 모두가 자신을 믿고 본서와 함께 끝까지 노력하여 합격의 결실을 맺기를 희망한다.

1%의 행운을 잡기 위한 99%의 노력! 본서가 수험생 여러분의 행운이 되어 합격을 향한 노력에 힘을 보탤 수 있기를 바란다.

Structure

● 기출문제 학습비법

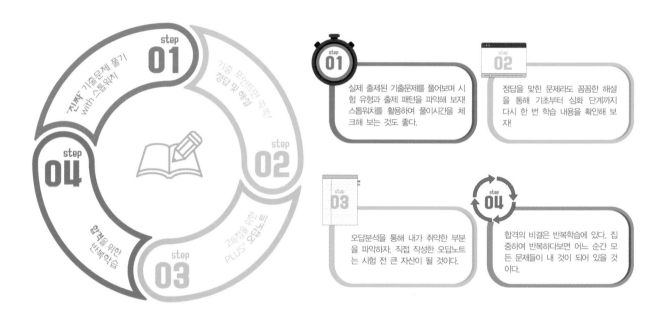

step 01
실제 출제된 기출문제를 풀어보며 시험 유형과 출제 패턴을 파악해 보자! 스톱워치를 활용하여 풀이시간을 체크해 보는 것도 좋다.

step 02
정답을 맞힌 문제라도 꼼꼼한 해설을 통해 기초부터 심화 단계까지 다시 한 번 학습 내용을 확인해 보자!

step 03
오답분석을 통해 내가 취약한 부분을 파악하자. 직접 작성한 오답노트는 시험 전 큰 자산이 될 것이다.

step 04
합격의 비결은 반복학습에 있다. 집중하여 반복하다보면 어느 순간 모든 문제들이 내 것이 되어 있을 것이다.

● 본서의 특징 및 구성

기출문제분석
최신 기출문제를 비롯하여 그동안 시행된 기출문제를 수록하여 출제경향을 파악할 수 있도록 하였습니다. 기출문제를 풀어봄으로써 실전에 보다 철저하게 대비할 수 있습니다.

상세한 해설
매 문제 상세한 해설을 달아 문제풀이만으로도 학습이 가능하도록 하였습니다. 문제풀이와 함께 이론정리를 함으로써 완벽하게 학습할 수 있습니다.

Contents

기출문제

Success is the ability to go from one failure
to another with no loss of enthusiasm.

Sir Winston Churchill

공무원 시험
기출문제

건축계획

1 사무소의 코어계획에 대한 설명으로 옳지 않은 것은?

① 코어는 계단, 엘리베이터 등의 사람 및 화물을 운반하기 위한 수직 교통시설과 파이프샤프트, 덕트 등 건물 내의 설비시설을 집중 배치시킨 곳을 말한다.

② 코어는 파이프샤프트, 엘리베이터 등을 내력벽으로 집중 설치하여 지진이나 풍압 등에 대비한 내력 구조체로 계획하는 것이 바람직하다.

③ 엘리베이터는 가급적 많은 수를 직선 배치하여 사용자가 빠르게 이동할 수 있도록 한다.

④ 코어 내 공간과 임대사무실 사이의 동선은 가급적 간단하고 명료하게 하는 것이 이용자의 편의 측면에서 도움이 된다.

2 도서관계획에 대한 설명으로 옳지 않은 것은?

① 일정 규모의 개실을 개인연구용으로 시간을 정하여 사용할 수 있도록 제공되는 개인열람실을 캐럴(carrel)이라 한다.

② 서고의 크기는 세계 각국 공통으로 $150 \sim 250$권/m^2이며 평균 200권/m^2으로 한다.

③ 출납시스템 중 안전개가식은 이용자가 자유롭게 자료를 찾고 서가에서 책을 꺼내고 넣을 수 있으며, 관원의 허가와 대출 기록 없이 자유롭게 열람하는 방식이다.

④ 서고의 적층식 구조는 특수구조를 사용하여 도서관 한쪽을 하층에서 상층까지 서고로 계획하는 유형이다.

3 습공기선도(Psychrometric Chart)의 요소가 아닌 것은?

① 수증기분압　　　　　　　② 엔탈피
③ 절대습도　　　　　　　　④ 유효온도

4 「주차장법 시행규칙」상 노외주차장의 구조 및 설비기준에 대한 설명으로 옳지 않은 것은?

① 주차구획선의 긴 변과 짧은 변 중 한 변 이상이 차로에 접하여야 한다.

② 주차대수 규모가 50대 이상인 경우에는 출구와 입구를 분리하거나 너비 5.5m 이상의 출입구를 설치하여야 한다.

③ 노외주차장의 출구와 입구에서 자동차의 회전을 쉽게 하기 위하여 필요한 경우에는 차로와 도로가 접하는 부분을 곡선형으로 하여야 한다.

④ 지하식 또는 건축물식 노외주차장의 차로 높이는 주차바닥면으로부터 2.0m 이상으로 하여야 한다.

---

1 엘리베이터가 일정 수 이상인 경우 직선배치는 효율적이지 못하며 엘리베이터의 설치대수에 따른 배치방식은 일반적으로 5대 이하는 직선으로 배치하나 6대 이상은 앨코브 또는 대면배치가 효과적이다.

2 안전개가식은 서가에서 책을 자유롭게 꺼낼 수 있으나 대출기록을 반드시 남긴 후 책을 볼 수 있는 방식이다.
[※ 부록 참고 : 건축계획 1-11]

3 습공기선도의 구성요소 … 건구온도, 습구온도, 노점온도, 절대습도, 상대습도, 포화도, 수증기압, 엔탈피, 비체적, 현열비, 열수분비

4 지하식 또는 건축물식 노외주차장의 차로 높이는 주차바닥면으로부터 2.3m 이상으로 하여야 한다. [※ 부록 참고 : 건축계획 6-16]

정답 및 해설 1.③ 2.③ 3.④ 4.④

5 건축의 형태 구성 원리 중 다음에 해당하는 것은?

> • 건축에서 선, 면, 공간 상호 간의 양적인 관계이다.
> • 건축물의 부분과 부분, 부분과 전체 간의 시각적 연관성을 이루게 된다.
> • 시각적 구성요소들 사이에서 질서감을 창출할 수 있다.

① 축(Axis)　　　　　　　　　　② 위계(Hierarchy)
③ 기준(Base)　　　　　　　　　④ 비례(Proportion)

6 주심포식 건축물이 아닌 것은?

① 예산 수덕사 대웅전　　　　　② 창녕 관룡사 약사전
③ 영주 부석사 무량수전　　　　④ 경산 환성사 대웅전

7 건축가에 대한 연결로 옳지 않은 것은?

① 웹(Philip S. Webb) − Red House−Arts and Crafts Movement
② 번햄(Daniel H. Burnham) − Home Insurance Building − Chicago School
③ 베렌스(Peter Behrens) − A. E. G. Turbine Factory − Deutscher Werkbund
④ 산텔리아(Antonio Sant'Elia) − Citta Nuova − Futurism

8 색채에 대한 설명으로 옳지 않은 것은?

① 유목성(誘目性)은 사람의 시선을 끄는 성질을 말한다.
② 시인성(視認性)은 배경색과 무관한 색 자체의 특징을 말한다.
③ 면적효과는 색칠한 면적이 커질수록 채도가 높게 보이는 것이다.
④ 동시대비란 시야에 2색 이상이 동시에 들어왔을 때 일어나는 대비현상이다.

9 프라이버시의 네 가지 유형에 대한 설명으로 옳은 것은?

① 독거(Solitude)는 단절의 개념이 가장 강한 형태로 다른 사람들과의 시각적 접촉이나 관찰로부터 완전히 자유롭고 혼자인 상태이다.

② 익명(Anonymity)은 소집단(가족, 친구 등)별로 외부세계로부터 분리되는 자유로운 상태이다.

③ 유보(Reserve)는 공적인 장소(공원, 거리 등)에서 다른 사람들과 함께 있더라도 다른 사람들의 시선이나 주위를 의식하지 않고 혼자라는 느낌을 갖는 상태이다.

④ 친밀(Intimacy)은 원하지 않는 접촉을 심리적으로 무시해버리는 형태로 다른 사람들과 대화를 나누거나 함께 있으면서도 다른 생각에 혼자 빠져드는 상태이다.

---

5 보기의 내용은 건축의 형태구성원리 중 비례에 관한 사항들이다.

※ 건축 형태의 구성요소

  ㉠ 비례(Proportion) : 비슷한 두 개의 물체에 대한 양적 비교를 통한 비율의 동등성

  ㉡ 축(Axis) : 형태와 공간을 구성하는 가장 기본적 수단, 두 점으로 이루어진 선이며, 형태(Form)와 공간(Space)은 축을 중심으로 규칙, 또는 불규칙적인 배열

  ㉢ 대칭(Symmetry) : 축을 포함한 리듬감, 형태와 공간의 패턴

  ㉣ 위계(Hierarchy) : 중요하고 의미 있는 공간이나 형태의 시각적 독특함의 표현 기준(Base)

  ㉤ 변형(Transformation) : 반복, 스케일, 복사, 반사, 늘이기 등의 다양한 변화

6 경산 환성사 대웅전은 경상북도 경산군 하양읍 사기리 환성사에 있는 조선 중기 시대의 불전이다. [※ 부록 참고 : 건축계획 3-2]

7 Home Insurance Building은 윌리엄 르 베런 제니(William Le Baron Jenney)가 설계하여 1885년에 세워진 세계 최초의 마천루이다(1931년 철거).

8 시인성(visibility)은 대상물의 존재 또는 모양이 원거리에서도 식별이 쉬운 성질을 말한다.

9 웨스틴(A. Westin)은 4가지 유형의 프라이버시를 제시했다.

  ㉠ 독거 : 다른 사람들의 관찰로부터 벗어나 자유로운 상태

  ㉡ 친밀 : 다른 사람과 함께 있지만 외부세계로부터 자유로운 상태

  ㉢ 익명 : 군중 속에 묻혀 불분명한 상태

  ㉣ 유보 : 원하지 않는 간섭을 통제하기 위해 심리적 경계를 치고 마음속에 은닉하는 상태

정답 및 해설 **5.**④ **6.**④ **7.**② **8.**② **9.**①

10 보일러에 대한 설명으로 옳지 않은 것은?

① 1보일러 마력은 1시간에 100℃의 물 15.65kg을 전부 증기로 증발시키는 능력을 말한다.

② 주철제 보일러는 반입이 용이하지 않지만, 내식성이 강하여 수명이 길다.

③ 수관보일러는 예열시간이 짧고 효율이 좋아서 병원이나 호텔 등의 대형건물 또는 지역난방에 사용된다.

④ 보일러의 설치 위치는 보일러 동체 최상부로부터 천장, 배관 또는 구조물까지 1.2m 이상의 거리를 확보하여야 한다.

11 백화점계획에 대한 설명으로 옳지 않은 것은?

① 계단은 엘리베이터나 에스컬레이터와 같은 승강설비의 보조용이며, 동시에 피난계단의 역할을 한다.

② 부지의 형태는 정사각형에 가까운 직사각형이 이상적이다.

③ 고객의 편리를 위하여 엘리베이터를 주 출입구에 가깝게 설치한다.

④ 판매장의 직각배치는 매장면적을 최대한 이용하는 배치방법이다.

12 단독주택의 평면계획에 대한 설명으로 옳은 것은?

① 개인, 사회, 가사노동권의 3개 동선을 서로 분리하여 간섭이 없게 한다.

② 거주면적은 통상 주택 연면적의 약 80% 정도이다.

③ 노인 침실은 가족들에게 소외감을 받지 않도록 주택의 중앙에 둔다.

④ 부엌은 음식이 상하기 쉬우므로 남향을 피해야 한다.

13 유니버설 디자인(Universal Design)의 7원칙이 아닌 것은?

① 사용상의 융통성(Flexibility in Use)

② 혼합적이며 주관적 이용(Mixed and Subjective Use)

③ 오류에 대한 포용력(Tolerance for Error)

④ 접근과 사용을 위한 크기와 공간(Size and Space for Approach and Use)

14 공연장 평면형식 중 다음에 해당하는 것은?

> • 연기자가 일정한 방향으로만 관객을 대하게 된다.
> • 연기자와 관객의 접촉면이 한정되어 있으므로, 많은 관람객을 두려면 거리가 멀어져 객석 수용능력에 제한을 받는다.
> • 배경이 한폭의 그림과 같은 느낌을 주게 되어 전체적인 통일의 효과를 얻는 데 가장 좋은 형태이다.

① 아레나(Arena)형
② 프로시니엄(Proscenium)형
③ 오픈스테이지(Open Stage)형
④ 가변형무대(Adaptable Stage)형

---

10 주철제 보일러는 조립식이므로 용량을 쉽게 증가시킬 수 있으며 반입이 자유롭고 수명이 길다. 또한 주철제 보일러는 파열 사고 시 피해가 적고, 내식−내열성이 우수하며 용량조절이 용이하지만, 인장 및 충격에 약하고, 균열이 생기기 쉬우며 고압−대용량에 부적합하다. [※ 부록 참고 : 건축계획 5-2]

11 엘리베이터, 에스컬레이터 등을 출입구에 근접시키면 동선이 겹치게 되어 정체현상이 발생한다. 이러한 이유로 백화점 계획 시 엘리베이터는 되도록 주 출입구의 반대편에 설치하여야 한다.

12 ② 주생활수준의 기준에서 거주면적은 주택 연면적의 50~60% 정도이다.
③ 노인침실을 주택의 중앙에 두는 것은 노인에게 정서적 불안정을 유발할 수 있으며 주택의 중앙에는 대체로 거실을 두는 것이 일반적이다.
④ 부엌은 음식이 상하기 쉬운 서향을 피해야 한다.

13 유니버설 디자인의 7대 원칙
㉠ 공평한 사용
㉡ 사용상의 융통성
㉢ 간단하고 직관적인 사용
㉣ 정보이용의 용이
㉤ 오류에 대한 포용력
㉥ 적은 물리적 노력
㉦ 접근과 사용을 위한 충분한 공간

14 보기의 내용은 프로시니엄형 평면의 특징이다.

정답 및 해설 10.② 11.③ 12.① 13.② 14.②

15 시대별 건축 특징의 연결로 옳지 않은 것은?

① 그리스시대 건축 – 도리아식, 이오니아식, 코린트식 오더 – 파르테논 신전
② 로마시대 건축 – 아치, 볼트 – 아고라
③ 비잔틴시대 건축 – 펜던티브 돔 – 하기야 소피아 성당
④ 고딕시대 건축 – 첨두아치, 플라잉버트레스, 리브볼트 – 파리 노틀담 성당

16 소화방법에 대한 설명으로 옳지 않은 것은?

① 질식소화법은 불연성 포말 혹은 액체로 연소물을 덮어 산소의 공급을 차단하는 방법이다.
② 희석소화법은 가연물 가스의 산소 농도와 가연물의 조성을 연소 한계점보다 묽게 하는 방법이다.
③ 냉각소화법은 발화점 이하로 온도를 낮추어 연소가 중지되도록 하는 소화방법이다.
④ 촉매소화법은 증발잠열이 크고 비열이 큰 부촉매를 사용하여 가연물의 연소를 억제하는 소화방법이다.

17 노인의료복지시설 계획에 대한 설명으로 옳지 않은 것은?

① 침실 창은 침실바닥면적의 1/10 이상으로 하고, 직접 바깥 공기에 접하도록 하며 개폐가 가능하여야 한다.
② 목욕실의 급탕을 자동 온도조절장치로 하는 경우에는 물의 최고온도가 40℃ 이상 되지 않도록 한다.
③ 침실의 면적은 입소자 1인당 6.6m² 이상이어야 하며, 합숙용 침실의 정원은 4인 이하여야 한다.
④ 화장실에 욕조를 설치하는 경우에는 욕조에 노인의 전신이 잠기지 않는 깊이로 한다.

18 보육시설의 교실 및 놀이공간 계획에 대한 설명으로 옳지 않은 것은?

① 교사의 자료, 책상, 청소용구 등을 보관할 수 있는 공간은 교실 및 놀이공간 이외의 별도 관리공간에 계획한다.

② 놀이공간은 안전에 지장이 없는 범위 내에서 단조로움을 피하고 흥미를 유발할 수 있도록 계획한다.

③ 실내에서 장시간 생활하게 되므로 세면장, 화장실을 인접시켜 설치한다.

④ 실내의 색채계획은 가능한 한 적은 색으로 조합하여 통일된 분위기를 조성하는 것이 바람직하다.

---

15 아고라는 고대 그리스 도시국가의 광장으로 민회나 재판, 상업, 사교 등의 다양한 활동이 이루어진 공간이다.

16 ④는 부촉매소화법에 관한 설명이다.

17 침실바닥면적의 7분의 1 이상의 면적을 창으로 하여 직접 바깥 공기에 접하도록 한다. (개폐가 가능해야 함)

18 교사의 자료, 책상, 청소용구 등을 보관할 수 있는 공간은 교실 및 놀이공간에 계획한다(교사의 자료정리, 보관용 책상, 선반 등이 기본적으로 교실 및 놀이공간에 있어야 한다).

정답 및 해설　15.② 16.④ 17.① 18.①

19 건축 관련 용어에 대한 설명으로 옳지 않은 것은?

① CPTED는 범죄가 발생할 수 있는 물리적 환경요소를 제거·개조함으로써 범죄를 예방하고자 하는 이론이다.

② CIC는 자동화와 통합을 위해 정보기술(IT)을 사용함으로써 시설물의 수명연한 동안 품질, 비용효과, 적시성, 안전성 등을 향상시키는 것을 말한다.

③ BIM은 건물 설계, 분석, 시공 및 관리의 효율성 극대화를 위해 설계의 건설요소별 객체정보를 담아낸 3차원의 모델링 기법으로 엔지니어링과 시공 프로세스의 관련정보를 통합적으로 활용하는 기술이다.

④ POE는 건축물 설계 후에 설계도면을 평가하여 설계에 피드백하는 기법이다.

20 급수방식에 대한 설명으로 옳은 것은?

① 수도직결방식은 저수량이 적어 중규모 이하의 건축물 또는 체육관, 경기장과 같이 사용빈도가 낮고 물탱크의 설치가 어려운 건축물에 사용된다.

② 압력수조방식은 건물의 필요개소에 직접 급수하는 방식으로 탱크나 펌프가 필요하지 않아 설비비가 적게 든다.

③ 고가수조방식은 급수압력이 일정하고 대규모 급수수요에 대응하지만, 물이 오염될 우려가 있고 초기투자비가 비싸며 건축외관을 손상시킨다.

④ 부스터방식은 기계기구의 점유면적이 크고 운전비가 많이 들지만, 초기투자비가 적어서 대규모 건축물에 사용된다.

19 POE는 Post Occupancy Evaluation의 약어로 '거주 후 평가'를 의미한다. 건물이 시공되고 거주자가 입주하여 일정한 시간이 경과한 후에 사용 중인 건축물을 대상으로 체계적이고 엄격한 방법으로 건물을 평가하는 과정이다.

20 ① 수도직결방식은 주택과 같은 소규모 건물에 많이 이용된다.
② 압력수조방식은 탱크와 펌프가 필요하다.
④ 부스터방식은 초기 투자비가 적지 않다.
[※ 부록 참고 : 건축계획 5-1]

정답 및 해설 19.④ 20.③

1 공동주택 단지계획에 있어 방어적 공간 개념을 고려한 설계방법으로 옳지 않은 것은?

① 주동 출입구 주변에는 자연적 감시를 제공하는 공용시설을 배치하는 것이 바람직하다.

② 보행로는 전방에 대한 시야가 확보되어야 하며 급격한 방향전환이 일어나지 않도록 계획한다.

③ 가로등은 보행자보다는 차량 위주로 계획한다.

④ 가로등은 높은 조도의 조명을 적게 설치하는 것보다 낮은 조도의 조명을 여러 개 설치하는 것이 바람직하다.

2 병원 건물의 병실 계획 시 유의해야 할 사항으로 옳지 않은 것은?

① 병실 출입문에는 문지방을 두지 않는다.

② 환자마다 머리 후면에 개별 조명시설을 설치한다.

③ 병실의 천장은 조도가 높고 반사율이 큰 마감 재료로 한다.

④ 병실의 창면적은 바닥면적의 1/3 ~ 1/4 정도로 한다.

3 대규모 미술관의 전시실 계획에 대한 설명으로 옳지 않은 것은?

① 전시물의 크기와 수량 및 관람객 수를 고려하여 전시실의 규모를 설정한다.

② 관람 및 관리의 편리를 위하여 전시실의 순회형식은 주로 연속순로방식을 취한다.

③ 채광방식 중 측광창 형식은 대규모 전시실에 적합하지 않다.

④ 관람자의 시각은 45° 이내, 최량(最良)시각은 27° ~ 30° 이다.

4 백화점의 수직이동요소에 대한 설명으로 옳지 않은 것은?

① 엘리베이터는 고객용, 화물용, 사무용 등으로 구분하여 배치한다.

② 에스컬레이터의 점유면적이 적을 경우에는 교차식으로 배치하는 것이 유리하다.

③ 에스컬레이터를 직렬식으로 배치하는 경우에는 이용자들의 시야가 확보되는 장점이 있다.

④ 엘리베이터는 에스컬레이터보다 시간당 수송량이 많아 주요 수직동선으로 이용된다.

---

1 가로등은 차량보다는 보행자 위주로 계획한다.

2 병실의 천장은 환자의 심리적 안정을 위해서 조도가 높은 것을 피해야 하고 반사율이 낮은 재료를 선택한다.

3 연속순로형식은 중간에 한 구간이 막히게 되면 전체 동선이 막히게 되어 큰 불편함을 초래할 수 있다.[※ 부록 참고 : 건축계획 1-18 및 1-19]

4 엘리베이터는 에스컬레이터보다 시간당 수송량이 적다.

정답 및 해설 1.③ 2.③ 3.② 4.④

5 공장건축 계획 시 경제성을 높이기 위한 부지로 적합하지 않은 것은?

① 평탄한 지형을 이루어야 하고 지반은 견고하며 습윤하지 않은 부지

② 동력, 전기, 수도, 용수 등의 여러 설비를 설치하는 데 편리한 부지

③ 타 종류의 공업이 집합되고 자재의 구입이 용이한 부지

④ 노동력의 공급이 풍부하고 교통이 편리한 부지

6 주거단지계획에 있어 보행자와 자동차의 분리를 주된 특징으로 한 계획안은?

① 하워드(E. Howard)의 '내일의 전원도시'

② 아담스(T. Adams)의 '주거지의 설계'

③ 라이트(H.Wright)와 스타인(C. S. Stein)의 '래드번 설계'

④ 루이스(H.M. Lewis)의 '현대도시의 계획'

7 일반적인 건축물의 자연 채광방식에 대한 설명으로 옳은 것은?

① 천창 채광방식은 통풍에 불리하고 인접건물에 의한 채광 효과의 감소가 별로 없다.

② 천창 채광방식은 실 외부의 조망을 중요시할 경우에 사용한다.

③ 편측창 채광방식이 천창 채광방식보다 실내 조도분포를 균일하게 하는 데 유리하다.

④ 정측창 채광방식은 연직면보다 수평면의 조도를 높이기 위한 방식이며 열람실 등에서 사용한다.

8 학교 운영방식 중 일반교실과 특별교실의 결합형(U+V형)에 대한 설명으로 옳은 것은?

① 교실 수와 학급 수가 같고 학생의 이동이 없으며 가정적인 분위기를 만들 수 있어 초등학교 저학년에 적합하다.

② 학급과 학생의 구분을 없애고 학생들은 각자의 능력에 맞게 교과를 선택하며 학원 등에서 이 형을 채택하고 있다.

③ 전 학급을 2개의 집단으로 나누어 한쪽이 일반교실을 사용하면 다른 쪽은 특별교실을 사용하여야 하므로 시간표 작성에 많은 노력이 필요하다.

④ 특별교실이 있고 전용 학급교실이 주어지기 때문에 홈룸(Home Room) 활동 및 각 학생들의 소지품을 놓는 자리가 안정되어 있다.

---

5 공장단지는 유사종류의 공업이 집합된 곳이 좋다.

6 래드번 설계에서 보행자와 자동차의 분리가 이루어졌다.

7 ② 천창 채광방식은 실 외부의 조망을 중요시할 경우 적합하지 않다.
③ 편측창 채광방식은 천창 채광방식보다 실내 조도분포를 균일하게 하는 데 불리하다.
④ 정측창 채광방식은 수평면보다 연직면의 조도를 높이기 위한 방식이다.

8 ① 종합교실형(일반교실형, U형)에 관한 설명이다.
② 달톤형(D형)에 관한 설명이다.
③ 플래툰형(P형)에 관한 설명이다.
[※ 부록 참고 : 건축계획 1-9]

정답 및 해설 5.③ 6.③ 7.① 8.④

9 건물 내의 소음 방지대책에 대한 설명으로 옳지 않은 것은?

① 고체의 진동에 의해 전달되는 소음의 경우에는 별도의 방진 설계를 검토한다.

② 소음이 공기 중으로 직접 전달되는 경우에는 흡음재 등을 부착한다.

③ 주택의 경우 침실과 서재는 소음원에서 멀리 배치하도록 한다.

④ 건물 내에서 소음이 발생되는 공간은 가능한 한 분산 배치한다.

10 에너지절약형 친환경주택을 건설하는 경우에 이용하는 기술에 해당하지 않는 것은?

① 신·재생에너지를 생산하는 BIM 기반 설계기술

② 고효율 열원설비, 제어설비 및 고효율 환기설비 등 에너지 고효율 설비기술

③ 자연지반의 보존, 생태면적률의 확보 및 빗물의 순환 등 생태적 순환기능 확보를 위한 외부환경 조성기술

④ 고단열·고기능 외피구조, 기밀설계, 일조확보 및 친환경자재 사용 등 저에너지 건물 조성기술

11 건축계획을 위한 조사방법 중 다음에 해당하는 것은?

> • 인터뷰, 설문조사, 관찰 등의 기법을 이용하여 사용 중인 건축물에 대해 이용자의 반응을 연구한다.
> • 당초 설계한 본래의 계획 의도, 기능 등을 조사하고 평가한다.
> • 향후 유사한 건축물을 계획함에 있어 지침으로 활용할 수 있는 기초 데이터 역할을 한다.

① 거주 후 평가   ② 요인분석법

③ 이미지맵   ④ 의미분별법

12 지역 공공도서관의 건축계획에 대한 설명으로 옳지 않은 것은?

① 지역의 문화와 정보를 중심으로 계획하며 도서관의 공공성에 대해서도 고려한다.

② 장서수 증가 등의 장래 성장에 따른 공간의 증축을 고려한다.

③ 디지털 장서 및 정보검색에 대응하는 디지털 도서관을 고려한다.

④ 중 · 소규모 도서관의 경우에는 가능하면 한층당 면적을 적게 하여 고층화할 것을 고려한다.

9 건물 내에서 소음이 발생되는 공간을 분산배치하면 소음이 곳곳에 퍼져 큰 문제를 유발하게 되므로 집중시켜 관리하는 것이 좋다.

10 BIM(건물정보모델링)은 신재생에너지를 생산하는 것과는 관련이 없다.

11 거주 후 평가에 관한 사항이다.

12 도서관의 경우 고층화를 하는 것은 여러모로 바람직하지 않다. 특히 지역의 중소규모 도서관의 경우 고층화를 할 정도의 규모로 지을 필요성이 적다.

정답 및 해설 9.④ 10.① 11.① 12.④

13 외단열 및 내단열에 대한 설명으로 옳지 않은 것은?

① 내단열은 고온측에 방습막을 설치하는 것이 좋다.
② 외단열은 단열재를 건조한 상태로 유지하여야 하며 외부충격에 견뎌야 한다.
③ 내단열은 연속난방에, 외단열은 간헐난방에 유리하다.
④ 외단열은 벽체의 습기 문제와 열적 문제에 유리한 방법이다.

14 공기조화방식에 대한 설명으로 옳지 않은 것은?

① 공기조화방식은 열순환 매체 종류에 따라 전공기방식, 공기−수방식, 전수방식, 냉매방식으로 분류된다.
② 공기−수방식의 종류로는 멀티존 방식, 단일덕트 방식, 이중덕트 방식이 있다.
③ 전공기방식은 반송동력이 커지는 단점이 있다.
④ 전수방식은 물을 냉난방 열매로 사용한다.

15 통기관의 설치 목적으로 옳지 않은 것은?

① 배수관의 환기
② 사이펀 작용의 촉진
③ 트랩의 봉수 보호
④ 배수의 원활화

16 크리스토퍼 렌(Christopher Wren)의 바로크 양식에 해당하는 작품은?

① 쾰른 대성당(Köln Cathedral)
② 메디치 궁전(Palazzo Medici)
③ 솔즈베리 대성당(Salisbury Cathedral)
④ 세인트 폴 대성당(St. Paul's Cathedral)

17 우리나라 전통 건축의 지붕 평면상에 있어 처마선을 안쪽으로 굽게 하여 날렵하게 보이도록 하는 기법은?

① 조로
② 안쏠림
③ 후림
④ 귀솟음

---

13 내단열은 간헐난방에, 외단열은 연속난방에 적합하다.

14 멀티존방식, 단일덕트, 이중덕트 방식은 전공기 방식이다.[※ 부록참고 : 건축계획 5-10]

15 통기관은 사이펀 작용을 억제하여 트랩의 봉수파괴를 방지한다.

16 1710년경 건축된 세인트 폴 대성당은 크리스토퍼 렌이 바로크 양식으로 설계했으며 런던에 위치해 있다.

17 ① 조로 : 입면에서 처마의 양끝이 들려 올라가는 것
② 안쏠림(오금) : 귀기둥을 안쪽으로 기울어지게 하는 것
④ 귀솟음(우주) : 건물의 귀기둥을 중간 평주보다 높게 한 것
[※ 부록 참고 : 건축계획 3-4]

정답 및 해설 13.③ 14.② 15.② 16.④ 17.③

18 성인 1인당 소요공기량 50m³/h, 실내 자연환기횟수 3회/h, 천장높이 2.5m라고 가정하고 주거 건물의 침실공간을 계획할 때, 성인 3인용 침실의 면적은?

① 15m²

② 20m²

③ 25m²

④ 30m²

19 「건축물의 설비기준 등에 관한 규칙」에 따른 수도계량기보호함의 설치 기준으로 옳지 않은 것은? (단, 난방공간 내에 설치하는 것은 제외한다)

① 보호통과 벽체 사이 틈에 밀봉재 등을 채워서는 안 된다.

② 보호함 내 옆면 및 뒷면과 전면판에 각각 단열재를 부착해야 한다.

③ 보온용 단열재와 계량기 사이 공간을 유리섬유 등 보온재로 채워야 한다.

④ 수도계량기와 지수전 및 역지밸브를 지중 혹은 공동주택의 벽면 내부에 설치하는 경우에는 콘크리트 또는 합성수지제 등의 보호함에 넣어 보호해야 한다.

20 「건축물의 설계도서 작성기준」에 따른 설계업무에 대한 설명으로 옳지 않은 것은?

① "기획업무"는 건축물의 규모 검토, 현장조사, 설계지침 등 건축 설계 발주에 필요하여 건축주가 사전에 요구하는 설계업무이다.

② "계획설계"는 건축사가 건축주로부터 제공된 자료와 기획업무의 내용을 참작하여 공사의 범위, 양, 질, 치수, 위치, 질감, 색상 등을 결정하여 설계도서를 작성하는 단계이다.

③ "중간설계"는 연관분야의 시스템 확정에 따른 각종 자재, 장비의 규모, 용량이 구체화된 설계도서를 작성하여 건축주로부터 승인을 받는 단계이다.

④ "실시설계"는 입찰, 계약 및 공사에 필요한 설계도서를 작성하는 단계이다.

18 성인 3인의 소요공기량 : $150m^3/h$

실내 자연환기횟수 : 3회/h

$50m^3/h \div 2.5m = 20m^2$

19 보호통과 벽체 사이 틈을 밀봉재 등으로 채워 냉기의 침투를 방지해야 한다.

20 "계획설계"는 건축사가 건축주로부터 제공된 자료와 기획업무 내용을 참작하여 건축물의 규모, 예산, 기능, 질, 미관 및 경관적 측면에서 설계목표를 정하고 그에 대한 가능한 계획을 제시하는 단계로서, 디자인 개념의 설정 및 연관분야(구조, 기계, 전기, 토목, 조경 등을 말한다.)의 기본시스템이 검토된 계획안을 건축주에게 제안하여 승인을 받는 단계이다.

정답 및 해설   18.② 19.① 20.②

1 도서관 종류별 시설 기준으로 옳지 않은 것은?

① 공립 공공도서관 중 작은 도서관은 건물면적 33m^2 이상, 열람석 6석 이상이어야 한다.

② 장애인도서관에서 시각장애인의 이용을 주된 목적으로 하는 경우 건물면적 66m^2 이상, 자료실 및 서고의 면적은 건물면적의 30% 이상이어야 한다.

③ 공립 공공도서관에서 봉사대상 인구가 2만 명 미만인 시설은 건물면적 264m^2 이상, 열람석 60석 이상이어야 한다.

④ 공립 공공도서관에서 전체 열람석의 20% 이상은 어린이를 위한 열람석으로 하여야 한다.

⑤ 공립 공공도서관에서 전체 열람석의 10% 범위의 열람석에는 노인과 장애인의 열람을 위한 편의시설을 갖추어야 한다.

2 복도와 연결되는 엘리베이터가 2～3층에 하나씩 있고, 상하층 계단으로 연결되는 공동주택 형식을 무엇이라 하는가?

① 심플렉스형
② 복도형
③ 스킵플로어형
④ 단층형
⑤ 계단실형

3 학교 교지환경에 관한 다음 사항 중 옳은 것은?

① 수업집중을 위해 일조나 통풍보다는 소음차단을 우선하여 계획한다.
② 건물과 운동장의 높이를 같게 하여 장애인의 접근이 용이하게 계획한다.
③ 소음을 방지하고 그늘을 제공하는 식수대를 운동장에 계획한다.
④ 운동장의 일부는 비가 갠 후 즉시 사용 가능하도록 계획하고, 옥외화장실을 계획한다.
⑤ 교사는 조망과 통풍을 고려하여 주요 간선도로에 면하도록 계획한다.

---

1 장애인도서관에서 시각장애인의 이용을 주된 목적으로 하는 경우 건물면적 66m² 이상, 자료실 및 서고의 면적은 건물면적의 45% 이상이어야 한다.

2 경사지에서 경사에 따라 단을 지어 층을 구분하는 스킵플로어형에 관한 설명이다.

3 ① 수업집중을 위해 일조나 통풍 역시 소음차단 못지않게 중요하다.
② 건물의 높이는 운동장의 높이보다 약간 높게 계획한다.
③ 식수대는 운동장보다는 도로나 보도에 접한 곳에 두는 것이 관리상 유리하다.
⑤ 교사는 소음방지를 위해 주요 간선도로에서 어느 정도 이격시키는 것이 좋다.
※ 교지의 환경
　㉠ 일조가 좋고 교사에 의한 운동장이 그늘지지 않아야 한다.
　㉡ 교지는 가급적 자연의 기복을 이용하고, 건물의 위치는 운동장보다 약간 높은 것이 좋다.
　㉢ 교통량이 많은 도로와 접할 때는 교사는 도로에서 떨어진 위치에 두고 도로에 접하여 식수대를 둔다.
　㉣ 운동장은 비가 갠 후 곧 이용할 수 있도록 약 500m² 정도의 포장한 부분을 둔다.
　㉤ 운동장에 식수대 설치가 가능하며 여름철의 경우 그늘의 조성이 가능한 장소에 설치한다.
　㉥ 교육상 지장이 있는 시설이 주변에 없어야 한다.

정답 및 해설 1.② 2.③ 3.④

4 다음 중 연립주택의 장점을 모두 고르면?

> ㉠ 토지의 이용률을 높인다.
> ㉡ 아파트에 비하여 풍요로운 외부 공간을 구성할 수 있다.
> ㉢ 대지의 형태와 지형에 맞춘 조화로운 설계가 가능하다.
> ㉣ 옆집 마당에 집주인의 허락 없이 출입이 가능하다.

① ㉠, ㉡, ㉢　　　　　　　　　② ㉠, ㉡, ㉣

③ ㉠, ㉢, ㉣　　　　　　　　　④ ㉡, ㉢, ㉣

⑤ ㉠, ㉡, ㉢, ㉣

5 제인 제이콥스(J. Jacobs)가 제안한 '가로의 감시자(거리의 눈 – Eyes of the street)'의 개념에 대한 설명으로 옳은 것은?

① 가로에 다양한 용도시설과 공간을 사람들이 이용하면서 자연스럽게 주변을 감시하여 잠재적 범죄자의 행위를 심리적으로 위축시켜 범죄를 예방할 수 있다.

② 인위적 용도 구분을 근간으로 하는 근대 도시계획은 범죄를 야기하지 않는다.

③ 도시 가로가 안전하게 되려면 공적 공간과 사적 공간 사이에 경계가 모호해야 한다.

④ 거리를 바라보는 눈이 낯선 사람들의 것이어야 한다.

⑤ 보도를 이용하는 사람이 특정 시간대에만 존재해야 한다.

6 서울시 한옥등록제에 따라 한옥을 등록함으로써 얻을 수 있는 이점이 아닌 것은?

① 한옥의 부분 수선의 경우, 공사비 일부를 지원받을 수 있다.

② 거주자 우선 주차장을 우선으로 배정받을 수 있다.

③ 한옥의 전면수선 등의 경우, 공사비 일부를 지원받거나 융자 받을 수 있다.

④ 한옥등록을 해야만 세금감면 혜택을 받을 수 있다.

⑤ 비한옥을 한옥으로 신축하는 경우, 공사비 일부를 지원받거나 융자 받을 수 있다.

7 최근 제정된 「도시재생 활성화 및 지원에 관한 특별법」에서 규정한 도시재생 활성화 계획 중 근린재생형이 아닌 것은?

① 생활권 단위의 생활환경 개선
② 기초생활인프라 확충
③ 공동체 활성화
④ 골목경제 살리기
⑤ 일반국도 정비

---

4 연립주택은 서로의 프라이버시를 존중하므로 옆집 마당에 허락이 있어야 출입이 가능하다.

5 ② 인위적 용도 구분을 근간으로 하는 근대 도시계획은 범죄를 야기할 수 있다.
　③ 도시 가로가 안전하게 되려면 공적 공간과 사적 공간 사이에 경계가 뚜렷해야 한다.
　④ 거리를 바라보는 눈이 익숙한 사람들의 것이어야 한다.
　⑤ 보도를 이용하는 사람이 항시 존재해야 한다.

6 한옥등록 여부에 관계없이 역사문화미관지구 내 한옥은 세금감면 혜택이 있다.
　※ **한옥등록제** … 현재 한옥밀집지역 내 한옥을 소유한 사람 중에서 서울시가 추진중인 한옥 보전 및 진흥 사업에 찬성하여 한옥의 수선 및 신축 시 서울시의 비용지원을 원하는 경우 서울시에 한옥으로 등록하는 것

7 일반국도 정비는 도시경제기반형 활성화계획에 해당한다.
　※ **도시재생활성화계획** … 도시재생전략계획에 부합하도록 도시재생활성화지역에 대하여 국가, 지방자치단체, 공공기관 및 지역주민 등이 지역발전과 도시재생을 위하여 추진하는 다양한 도시재생사업을 연계하여 종합적으로 수립하는 실행계획을 말한다. 주요 목적 및 성격에 따라 다음과 같이 구분한다.
　　㉠ **도시경제기반형 활성화계획**: 산업단지, 항만, 공항, 철도, 일반국도, 하천 등 국가의 핵심적인 기능을 담당하는 도시·군계획시설의 정비 및 개발과 연계하여 도시에 새로운 기능을 부여하고 고용기반을 창출하기 위한 도시재생활성화계획
　　㉡ **근린재생형 활성화계획**: 생활권 단위의 생활환경 개선, 기초생활인프라 확충, 공동체 활성화, 골목경제 살리기 등을 위한 도시재생활성화계획

정답 및 해설 　4.① 　5.① 　6.④ 　7.⑤

8 무장애(Barrier free) 설계에 관한 다음 설명 중 옳지 않은 것은?

① 무장애 설계는 다양한 형태의 장벽이 없는 물리적 환경의 설계를 말한다.
② 무장애 설계는 휠체어를 사용하는 신체장애인만을 고려한 설계를 말한다.
③ 무장애 설계는 주택, 공공건축물, 백화점 등의 모든 건축 환경을 대상으로 한다.
④ 무장애 설계는 사용자의 지속가능한 삶을 영위할 수 있게 해주는 설계를 말한다.
⑤ 무장애 설계는 모든 연령대의 사용자를 위한 설계를 말한다.

9 지구단위계획에 관한 다음 설명 중 옳은 것은?

① 지구단위계획은 도시 개발이 가능한 지역을 미리 확보하기 위한 계획이다.
② 지구단위계획은 신도시 건설 계획으로 지방자치단체 조례에 의거하여 수립된다.
③ 지구단위계획은 「건축법」에 명시되어 있다.
④ 지구단위계획은 도시의 미관을 개선함으로써 양호한 환경을 만드는 것이다.
⑤ 지구단위계획은 일조권, 사선제한, 인동간격, 교통량을 계획하는 것이다.

10 BIM의 운용은 설계와 시공, 추후 빌딩 관리까지 건축 프로젝트의 전 과정에서 이루어진다. 건축 프로젝트의 단계별 BIM 사용방법으로 옳지 않은 것은?

① 설계단계 – 시뮬레이션 시 정보의 활용
② 설계단계 – 기본적인 3차원 형상 제작
③ 시공단계 – 정보를 추려내 시공도 작성
④ 시공단계 – 마감 및 구조 등 건축정보 입력
⑤ 관리단계 – 개보수 공사 시 이용

8 무장애 설계는 휠체어를 사용하는 신체장애인만을 고려한 것이 아니라 모든 사용자를 고려한다.

9 **지구단위계획** … 도시계획을 수립하는 지역 가운데 일부지역의 토지이용을 보다 합리화하고 그 기능을 증진시키며 미관의 개선 및 양호한 환경을 확보하는 등, 당해 지역을 체계적·계획적으로 관리하기 위하여 수립하는 도시관리계획에 대한 세부적인 계획이다. (④번 보기가 가장 적합하다.)

① 지구단위계획은 도시 개발이 가능한 지역을 미리 확보하기 위한 계획이 아니다.

② 지구단위계획은 신도시 건설 계획과 동일한 개념이 아니며 지방자치단체의 조례 수준에서 수립되는 것이 아니라 국토계획법에 의거하여 수립된다.

③ 지구단위계획은 유사한 제도의 중복운영에 따른 혼선과 불편을 해소하기 위하여 종전의 도시계획법에 의한 상세계획과 건축법에 의한 도시설계제도를 도시계획체계로 흡수, 통합한 것이다. 그러므로 지구단위계획이 건축법의 하위요소라고 볼 수는 없으므로 건축법에 명시되어 있다고 보기에는 무리가 있다.

⑤ 일조권, 사선제한, 인동간격의 계획은 지구단위계획이 아니라 단지계획이나 주동단위의 계획에서 이루어진다.

10 마감 및 구조 등의 건축정보는 설계단계에서 입력이 이루어진다.

정답 및 해설 8.② 9.④ 10.④

11 환경설계를 통한 범죄예방(CPTED)에 관한 다음 설명 중 옳은 것은?

① CPTED는 1980년대 폴 뉴먼의 방어공간 이론으로부터 시작되었다.

② CPTED는 거주민의 시각적 감시를 매우 중요시한다.

③ CPTED는 거주민의 통행이 매우 수월토록 계획하는 것이다.

④ CPTED는 건물설계에서만 적용될 수 있는 범죄예방 방법이다.

⑤ CPTED는 가로에 면한 창문을 폐쇄함으로써 범죄예방을 극대화하는 방법이다.

12 한국 전통주택에 관한 다음 설명 중 옳지 않은 것은?

① 서양주택이 옥내 외의 구분이 명확한 반면 한국 전통주택은 구분이 뚜렷하지 않다.

② 한국 전통주택은 외부로부터 개방적이나 내부는 폐쇄적이다.

③ 한국 전통주택은 공간과 공간의 연속성과 변화가 특징적이다.

④ 한국 전통주택의 유려한 지붕선은 주변 자연환경과의 조화를 고려한 것이다.

⑤ 한국 전통주택에서는 실외 풍경을 실내로 유입하기 위해 차경(借景) 기법을 활용한다.

13 다음 중 가우디(Antonio Gaudi)의 작품이 아닌 것은?

① 사그라다 파밀리아(Sagrada Familia)

② 구엘 정원(Park Guell)

③ 롱샹교회(Ronchamp Chapelle)

④ 카사밀라(Casa Mila)

⑤ 카사바틀(Casa Batllo)

11 ① CPTED는 1960년대 제인 제이콥스의 이론으로부터 시작되었다.

③ CPTED는 거주민의 통행이 매우 수월토록 계획하는 것이 아니라 범죄자의 침입을 막기 위한 것이다.

④ CPTED는 건물설계 외에도 적용될 수 있는 범죄예방 방법이다.

⑤ CPTED는 가로에 면한 창문을 둠으로써 범죄예방을 극대화한다.

※ **환경설계를 통한 범죄예방(CPTED)** … 건물이나 공원, 가로 등 도시의 환경 설계를 통해 사전에 범죄를 예방하는 것을 말한다. 현대 범죄예방 환경설계 이론의 시초로는 제인 제이콥스(Jane Jacobs)를 꼽는다. 제이콥스는 1961년 'The Death and Life of Great American Cities(미국 대도시의 삶과 죽음)'에서 도시 재개발에 따른 범죄 문제에 대한 해결방법으로 도시 설계 방법을 제시했다. 이후 레이 제프리(C. Ray. Jeffery)의 1971년 저서 'Crime Prevention Through Environmental Design(환경 설계를 통한 범죄 예방)'과 오스카 뉴먼(Oscar Newman)의 1972년 저서 'Defensible Space(방어 공간)' 등에서 환경설계와 범죄와의 상관관계 연구가 본격적으로 발전했다.

셉테드(CPTED)에서 범죄란 물리적인 환경에 따라 발생빈도가 달라진다는 개념에서 출발한다. 즉, 적절한 설계 및 건축환경을 통해 범죄를 감소시키는 데 목적이 있다. 이에 특정한 공간에서 범죄를 예방하는 방법으로는 담장, CCTV, 놀이터 등 시설물뿐 아니라 도시설계 및 건축계획 등 기초 디자인 단계에서부터 셉테드 개념이 적용되고 있다. 셉테드에서 지향하는 5가지 원칙은 다음과 같다.

㉠ **자연적 감시** : 자연적 감시는 건물·시설물의 배치에 있어 일반인들에 의한 가시권을 최대화하는 전략이다.

㉡ **자연적 접근 통제** : 자연적 접근 통제는 보호되어야 할 공간에 대한 출입을 제어(사람들을 도로, 보행로, 조경, 문 등을 통해 일정한 공간으로 유도, 허가받지 않은 사람들의 진출입을 차단)하여 범죄 목표에 대한 접근을 어렵게 하고 범죄 행위의 노출(발각) 가능성을 높이는 설계 원리를 말한다.

㉢ **영역성** : 영역성은 주민에게 거시적인 영역의 소속감을 제공하여 범죄에 대한 관심을 높이고 잠재적 범죄자에게 그러한 영역성을 인식시키는 것이다.

㉣ **활동의 활성화** : 활동의 활성화는 주민들이 함께 어울릴 수 있는 환경을 조성하여 자연적인 감시 활동을 강화하는 것이다.

㉤ **유지 및 관리** : 유지 및 관리의 원리는 시설물을 깨끗하고 정상적으로 유지하여 지속적으로 이용될 수 있게 함으로써 범죄를 예방하는 것으로, 깨진 창문 이론과 그 맥락을 같이 한다.

12 한국 전통주택은 외부로부터 폐쇄적인 특성을 갖는다.

13 롱샹교회는 르 꼬르뷔제의 작품이다.

14 다음은 전통 건축 축조 시 무엇을 하는 사람에 대한 설명인가?

> 도편수라고도 하며, 목재를 다듬어 한옥의 구조체에 해당하는 기둥, 보, 도리, 공포를 짜고 지붕의 모양을 결정하는 일을 한다. 건축의 설계부터 감리까지의 일을 한다.

① 대목수   ② 소목수

③ 기와공   ④ 석수

⑤ 단청장

15 지역건축(Vernacular architecture)에 관한 다음 설명 중 옳지 않은 것은?

① 지역건축은 한 지역의 풍토와 문화에 의해 오랜 기간 동안 축적된 것이다.

② 지역건축은 지역문화를 세계화하기 위한 것이다.

③ 지역건축은 건축가와 같은 전문가보다는 일반 지역민들에 의해 건축되었다.

④ 지역건축은 조형성보다는 실제 사용에 필요한 기능을 우선시 한다.

⑤ 지역건축은 유기적 건축으로 인간중심의 설계로 구현된다.

16 건축색채 계획에 관한 다음 설명 중 옳은 것은?

① 주변 환경으로부터 돋보이는 건물 색채 계획이 요구된다.

② 건물 실내 색채계획에서 고명도는 조명효율을 저하시키는 점에 유의한다.

③ 건축색채는 고명도, 고채도, 난색계가 기본이 된다.

④ 건축색채는 가장 강한 시각적 요소이기 때문에 재료나 형태 계획에 우선한다.

⑤ 다수에게 저항없이 받아들여지는 배색의 건물 색채 계획이 바람직하다.

14 대목수를 도편수라고 한다.

　　※ 한옥은 나무, 흙, 돌을 이용해서 정교하게 다듬어 집을 짓기 때문에 한옥의 시공에는 뛰어난 기술을 가진
　　여러 장인과 정교한 연장이 필요하다. 한옥에서 가장 중요한 장인은 목수이며, 목수는 대목수(大木手)와 소
　　목수(小木手)로 구분된다. 목수 이외에도 기와공, 흙벽공, 단청장(丹靑匠), 석수(石手) 등의 다양한 장인이
　　필요하다.

　　　ⓐ **대목수** : 대목장(大木匠) 혹은 도편수라고도 한다. 목재를 다듬어 한옥의 구조체에 해당하는 기둥, 보, 도
　　　리, 공포를 짜고 추녀내기, 서까래걸기 등 지붕의 모양을 결정하는 일을 한다. 건물의 설계부터 공사의
　　　감리까지 책임을 지기 때문에 지금의 건축가와도 역할이 비슷하다.

　　　ⓑ **소목수** : 소목수는 가구를 꾸미는 사람이며, 창, 창문살, 반자, 마루, 난간 등을 짠다.

　　　ⓒ **기와공** : 기와공은 지붕 만들기 단계에서 기와 잇는 일을 수행한다.

　　　ⓓ **흙벽공** : 흙벽공은 벽체를 채우는 일 및 기타 흙을 채우는 일을 담당한다.

　　　ⓔ **단청장** : 단청장은 한옥에서 중요한 장식요소인 단청을 그리는 일을 맡는다.

15 지역건축은 지역 고유의 문화를 특색 있게 살린 건축으로서 세계화를 목적으로 한 것은 아니다.

16 ① 건축색채의 기본은 차분함, 포근함, 따듯함을 주는 것이다. 전경과 배경의 관계에서 사람이나 물건을 돋보
　　이게 해야 하므로 주로 건축색채는 배경을 위주로 한다.
　　② 건물 실내 색채계획에서 고명도는 조명효율을 증가시킨다.
　　③ 건축색채는 차분함이 기본이 되므로 저명도, 저채도, 난색계가 기본이 된다.
　　④ 건축에 있어서 중요도의 순위는 형태 > 재료 > 색채 순이다.

정답 및 해설　14.① 15.② 16.⑤

17 「서울특별시 건축조례」에서 공개공지 관련 기준으로 옳은 것은?

① 공개공지의 위치는 대지에 접한 도로 중 교통량이 적은 가장 좁은 도로변에 설치한다.

② 공개공지 안내판은 최소 두 개 이상 설치한다.

③ 상부가 개방된 구조로 지하철 연결통로에 접하는 지하 부분에도 설치가 가능하다.

④ 공개공지의 최소 폭은 3m로 한다.

⑤ 공개공지의 면적은 최소 $60m^2$ 이상으로 한다.

18 「장애인ㆍ노인ㆍ임산부 등의 편의증진 보장에 관한 법률」의 내용에 관한 다음 설명 중 옳은 것은?

① 법률상 '장애인 등'은 일상생활을 영위할 때 이동 및 정보에의 접근 등에 불편을 느끼는 자를 말한다.

② 장애인 시설은 전용시설로 자유로이 접근할 수 있도록 계획되어야 한다.

③ 사유건물에는 장애인전용주차구역을 별도로 설치할 필요가 없다.

④ 장애인 편의시설의 설치기준은 지방자치단체 조례로 정한다.

⑤ 장애인 편의시설은 모두 국가가 설치하고 관리해야 한다.

17 공개공지 등은 지상에 설치하도록 하되, 상부가 개방된 구조로 지하철 연결통로에 접하거나 다수 공중이 이용 가능한 공간으로서 위원회의 심의를 거쳐 지하부분(계단 이용 가능)에도 설치할 수 있다.

① 대지에 접한 도로 중 가장 넓은 도로변으로서 일반인의 접근(계단 이용 제외) 및 이용이 편리한 장소에 가로환경과 조화를 이루는 소공원(쌈지공원)형태로 설치한다.

② 공개공지 등이 설치된 장소마다 출입 부분에 안내판(안내도 포함)을 1개소 이상 설치하여야 한다.

④ 공개공지의 최소 폭은 5미터 이상으로 한다.

⑤ 공개공지는 2개소 이내로 설치하되, 1개소의 면적이 최소 45m² 이상이 되도록 한다.

※ 서울특별시 건축조례 제26조 참조

ㄱ 공개공지 등을 확보하여야 하는 대상건축물

다음의 어느 하나에 해당하는 시설로서 해당 용도로 쓰는 바닥면적의 합계가 5천 제곱미터 이상인 건축물

• 문화 및 집회시설	• 운동시설
• 판매시설(농수산물유통시설은 제외)	• 위락시설
• 업무시설	• 종교시설
• 숙박시설	• 운수시설
• 의료시설	• 장례식장

ㄴ 공개공지 등 대상건축물이 확보하여야 하는 면적

- ㄱ에 따른 바닥면적의 합계가
  - 5천m² 이상 1만m² 미만 : 대지면적의 5% 이상
  - 1만m² 이상 3만m² 미만 : 대지면적의 7% 이상
  - 3만m² 이상 : 대지면적의 10% 이상
- 다만, 영 제31조 제2항에 따라 지정한 건축선 후퇴부분의 면적은 공개공지 등의 면적에 포함하지 아니하며, 필로티구조로 구획되거나 제2항 제6호에 따라 지하에 설치된 부분의 면적은 2분의 1로 한정하여 공개공지 등의 면적으로 산입한다.
- 대지 또는 건물 내에 설치하는 지하철의 출입구나 환기구는 공개공지 등의 면적으로 산입한다.

ㄷ 공개공지 등의 설치 기준

- 대지에 접한 도로 중 가장 넓은 도로변(한 면이 4분의 1 이상 접할 것)으로서 일반인의 접근(계단 이용 제외) 및 이용이 편리한 장소에 가로환경과 조화를 이루는 소공원(쌈지공원)형태로 설치한다. 다만, 가장 넓은 도로변에 설치가 불합리한 경우에는 위원회의 심의를 거쳐 그 위치를 따로 정할 수 있다.
- 2개소 이내로 설치하되, 1개소의 면적이 최소 45제곱미터 이상
- 최소폭은 5미터 이상
- 필로티구조로 할 경우에는 유효높이가 6미터 이상
- 조경·벤치·파고라·시계탑·분수·야외무대(지붕 등 그 밖에 시설물의 설치를 수반하지 아니한 것으로 한정한다)·소규모 공중화장실(33제곱미터 미만으로서 허가권자와 건축주가 협의된 경우로 한정한다) 등 다중의 이용에 편리한 시설을 설치
- 공개공지 등은 지상에 설치하도록 하되, 상부가 개방된 구조로 지하철 연결통로에 접하거나 다수 공중이 이용 가능한 공간으로서 위원회의 심의를 거쳐 지하부분(계단 이용 가능)에도 설치할 수 있다.

18 ② 장애인 전용주차장을 제외하고 장애인 시설은 일반인들도 자유로이 접근할 수 있도록 계획되어야 한다.

③ 사유건물의 시설주는 장애인전용주차구역을 설치해야 한다.

④ 동법 제8조(편의시설의 설치기준)에 따라 편의시설의 종류는 대통령령으로, 편의시설의 구조와 재질 등에 관한 세부기준 등은 보건복지부령으로 정한다.

⑤ 시설주등은 대상시설을 설치하거나 대통령령으로 정하는 주요 부분을 변경할 때에는 장애인등이 대상시설을 항상 편리하게 이용할 수 있도록 편의시설을 설치기준에 적합하게 설치하고, 유지·관리하여야 한다(동법 제9조). 시설주 등이란 대상시설의 소유자 또는 관리자를 말한다.

정답 및 해설 17.③ 18.①

19 건축물에서 결로의 발생은 미관 및 위생상의 문제와 직결된다. 내부 결로 방지의 대책으로서 옳은 것은?

① 단열공법은 내단열공법으로 시공한다.
② 방습층은 단열재의 고온고습층을 피하여 실외측에 위치시킨다.
③ 벽체내부측에 공기층, 실외측에 단열재를 두어 통기시킨다.
④ 방습층을 설치할 경우 수증기 침입은 영향을 미치지 않는다.
⑤ 벽체내부 온도가 노점온도 이상이 되도록 한다.

20 건축물의 기능 변화에 따라 그에 맞는 적절한 채광계획이 수반되어야 한다. 다음 중 건축물의 기능에 부합하는 채광계획인 것은?

① 학교 – 교실 안쪽은 직접 드는 빛보다 반사 빛이 중요하며, 마감은 확산성의 무광택 마감으로 하여 눈부심이 없는 빛을 제공한다.
② 전시관 – 인공광원보다 주광을 주광원으로 하는 것이 전시품의 보호 및 조명 제어 측면에서 더 효율적이다.
③ 전시관 – 클리어스토리(clerestory lighting) 방식의 채광은 전시면 조도가 균일한 것이 장점이다.
④ 공장 – 정측광(top-side lighting) 방식이 가장 많이 채택된다.
⑤ 사무소 – 큰 창을 계획하여 자연광의 유입이 충분히 이루어지도록 한다.

19 ① 단열공법은 외단열공법을 위주로 시공하는 것이 내부결로에 유리하다.

② 방습층은 실내측에 위치시키는 것이 좋다.

③ 벽체내부측에 공기층, 실외측에 단열재를 두어 통기시키는 것은 결로 방지에 바람직하지 않다.

④ 방습층을 설치한다고 해도 이것을 어느 위치에 설치하느냐에 따라 수증기가 침입할 수 있다.

20 ② 전시관 – 주광을 주광원으로 하는 것보다 인공광원으로 하는 것이 전시품의 보호 및 조명 제어 측면에서 더 효율적이다.

③ 전시관 – 클리어스토리(clerestory lighting) 방식의 채광은 '고측광창 형식'으로서 전시실 벽면이 관람자 부근의 조도보다 낮다. (이와는 반대로 정측광창 형식은 관람자의 위치는 어둡고 전시벽면의 조도가 밝은 이상적인 형식이다.)

④ 공장 – 직사광선이 천장으로부터 입사되는 정측광(top-side lighting) 방식은 적합하지 않다.

⑤ 사무소 – 큰 창을 계획하는 경우 냉난방 부하가 커질 수 있기 때문에 좋다고 보기에는 무리가 있다.

정답 및 해설 19.⑤ 20.①

1 건축평면계획에 있어서 동선의 주요 구성요소에 해당되지 않는 것은?

① 빈도(frequency) ② 유형(type)

③ 하중(load) ④ 속도(speed)

2 학교계획에 대한 설명으로 옳지 않은 것은?

① 초등학교 교실계획에서 저학년 교실군은 고학년 교실군과 혼합배치한다.

② 음악교실, 공작실 등은 다른 일반교실에 방해가 되지 않도록 가급적 분리하여 배치한다.

③ 교사(校舍) 배치에 있어 폐쇄형은 일조, 통풍 등 환경 조건이 불균등하며 화재 및 비상시에 불리하다.

④ 학생들이 공통적으로 사용하는 공통학습실 중의 하나인 도서실은 학생의 접근성을 고려하여 일상동선 가까이에 설치하고 시청각 교실 등과 관련시켜 학교의 중심 부분에 위치하도록 계획하는 것이 좋다.

3 잔향 및 잔향시간에 대한 설명으로 옳지 않은 것은?

① 잔향시간이 너무 길면 대화음의 요해도가 저하된다.

② 잔향시간이란 정상상태에서 30dB 음이 감쇠하는 데 소요되는 시간을 말한다.

③ 고주파수에서의 잔향은 거칠고 짜증스러운 청취조건을 유발하기 쉽다.

④ 회화청취를 주로 하는 실은 음악을 주목적으로 하는 실보다 짧은 잔향시간이 요구된다.

4 사무소건축의 코어계획 및 엘리베이터계획에 대한 설명으로 옳지 않은 것은?

① 고층용 엘리베이터와 저층용 엘리베이터는 각각 그룹으로 묶어 배치하는 것이 효율적이다.

② 사무실 면적이 작은 경우에는 중앙(center)코어형식에 따른 엘리베이터 배치가 바람직하다.

③ 더블데크시스템(double deck system)은 동일 샤프트(shaft) 내에 2대분의 수송력을 가진 엘리베이터를 사용하고 정지층도 2개층으로 운행하는 방식이다.

④ 스카이로비방식(sky lobby system)은 초고층 사무소건축에 적용되는 방식의 하나로 큰 존을 설정하고 스카이로비에서 세분된 조닝으로 운행하는 방식이다.

---

1 건축평면계획에 있어서 동선의 주요 구성요소는 속도, 빈도, 하중이다.

2 초등학교 교실계획에서 저학년 교실군은 종합교실형으로 하며 고학년 교실군과의 혼합배치를 피하는 것이 좋다.

3 잔향시간이란 정상상태에서 60dB 음이 감쇠하는 데 소요되는 시간을 말한다.

4 중앙(center)코어형식에 따른 엘리베이터 배치는 주로 사무실의 면적이 큰 경우에 바람직하다.

정답 및 해설 1.② 2.① 3.② 4.②

5 도서관계획에 대한 설명으로 가장 옳지 않은 것은?

① 아동열람실은 개가식으로 계획하며 1층에 배치하는 것이 바람직하다.

② 서고는 증축이 가능하도록 설계하고, 온도 18℃, 습도 70% 이하가 되도록 계획한다.

③ 캐럴(carrel)은 개인연구용 열람실로 제공되고 있으며, 현대식 도서관에서는 서고 내부에 설치하는 경우도 있다.

④ 레퍼런스서비스(reference service)는 관원이 이용자의 조사 연구상의 의문사항이나 질문에 대한 적절한 자료를 제공하여 돕는 서비스이다.

6 주거단지를 계획하는 데 기본이 되는 근린주구이론에 대한 설명으로 옳지 않은 것은?

① 근린분구 3 ~ 4개가 모여 근린주구를 형성한다.

② 인보구 − 근린분구 − 근린주구 순으로 규모가 확장된다.

③ 인보구는 어린이놀이터가 중심이 되는 공간으로 400 ~ 500호로 구성되어 있다.

④ 초등학교를 중심으로 하는 근린주구는 도시계획의 종합계획에 따른 최소단위가 된다.

7 건축물의 급수방식에 대한 설명으로 옳지 않은 것은?

① 수도직결방식은 단독주택과 같은 소규모 건축물에 많이 이용된다.

② 펌프직송방식은 급수펌프로 저수조에 있는 물을 건물 내의 사용처에 급수하는 방식이다.

③ 고가수조방식은 급수압력이 비교적 일정하며, 단수 시에도 수조의 남은 용량만큼은 급수가 가능하다.

④ 압력수조방식은 급수압력 변동이 작고, 유지관리비도 다른 방식에 비하여 경제적이다.

8 한국의 전통건축형식에 대한 설명으로 옳은 것은?

① 서울시에 있는 숭례문(남대문)은 주심포식 건물이며, 지붕은 팔작지붕으로 되어 있다.

② 안동시 봉정사 극락전, 영주시 부석사 무량수전, 충남 예산군 수덕사 대웅전은 다포식 건물이다.

③ 평방은 주심포식 건물에서 창방 밑에 있는 부재로 공포로부터 내려오는 지붕의 하중을 받는다.

④ 서산시 개심사 대웅전은 전·후면에서 볼 때는 다포 형식을 취하고 있으며, 지붕은 맞배지붕, 내부천장은 연등천장으로 되어 있다.

---

5 서고는 증축이 가능하도록 설계하고, 온도 15℃, 습도 63% 이하가 되도록 계획한다.

6 인보구는 유아용놀이터가 중심이 되는 공간이며 15 ~ 40호로 구성된다. [※ 부록 참고 : 건축계획 1-3]

7 압력수조방식은 급수압력 변동이 크고, 유지관리비도 다른 방식에 비하여 경제적이지 못하다.
[※ 부록 참고 : 건축계획 5-1]

8 ① 서울시에 있는 숭례문(남대문)은 다포식 건물이며, 지붕은 우진각지붕으로 되어 있다.
② 안동시 봉정사 극락전, 영주시 부석사 무량수전, 충남 예산군 수덕사 대웅전은 주심포식 건물이다.
③ 평방은 다포식 건물에서 창방 위에 있는 부재로서 공포로부터 내려오는 지붕의 하중을 받는다. 또한 주심포 양식에는 평방이 없다.
[※ 부록 참고 : 건축계획 3-2]

정답 및 해설 5.② 6.③ 7.④ 8.④

9 다음 건축물에 설치하는 것 중 「건축법」상 건축설비에 해당하지 않는 것은?

① 저수조(貯水槽)

② 우편함

③ 코너비드(corner bead)

④ 유선방송 수신시설

10 바닥충격음 저감공법에 대한 설명으로 옳은 것은?

① 2중 천장공법은 슬래브와 하부층 천장의 공기층을 충분히 확보하고 동시에 천장재료의 면밀도를 높여 상부층에서 충격 진동으로 발생하는 방사소음을 차단하는 저감방법이다.

② 중량ㆍ고강성 바닥공법은 바닥 슬래브의 중량을 감소시켜 충격 시에 바닥이 같이 진동하게 하여 충격에 의한 발생음을 저하시키는 방법으로, 저감효과는 바닥의 구조조건에 따라 고려하여야 한다.

③ 뜬바닥공법은 충격원의 특성을 변화시키는 방법으로 카펫, 발포비닐계 바닥재 등 유연한 바닥마감재를 사용함으로써 충격시간을 길게 하여 피크충격력을 작게 하는 방법이다.

④ 표면완충공법은 질량이 있는 구조체를 탄성재로 지지하여 구성된 공진계의 특성을 이용하여 진동전달을 줄이는 방진의 기본적인 방법이다.

11 건축물의 급탕방식에 대한 설명으로 옳지 않은 것은?

① 순간식 급탕방식은 저탕조를 갖지 않고, 기기 내의 배관 일부를 가열기에서 가열하여 탕을 얻는 방법으로 소규모주택, 아파트 등에 이용된다.

② 증기취입식 급탕방식은 수조에 스팀 사일렌서(steam silencer)를 이용하여 직접 증기를 취입해서 온수를 만드는 방법을 말하며, 병원이나 공장 등에 이용된다.

③ 간접가열식 급탕방식은 저탕조 내에 가열코일을 설치하고 고압보일러에서 만들어진 증기 또는 고온수를 가열코일 내로 통과시켜 물을 가열하는 방식으로 중ㆍ소규모 건물에 많이 이용된다.

④ 저탕식 급탕방식은 가열된 탕이 항상 저장되어 있어서 사용한 만큼의 탕이 볼탭(ball tap)이 달린 수조에서 공급되며, 열손실은 비교적 크지만, 점심 때의 학교식당처럼 특정한 시간에 다량의 탕을 필요로 하는 장소에 적합하다.

9 코너비드는 건축법상의 건축설비에 속하지 않으며 단지 실내건축마감자재의 일부요소에 속한다.

※「건축법」상 건축설비 … 건축물에 설치하는 전기·전화 설비, 초고속 정보통신 설비, 지능형 홈네트워크 설비, 가스·급수·배수(配水)·배수(排水)·환기·난방·냉방·소화(消火)·배연(排煙) 및 오물처리의 설비, 굴뚝, 승강기, 피뢰침, 국기 게양대, 공동시청 안테나, 유선방송 수신시설, 우편함, 저수조(貯水槽), 방범시설

10 ① **2중 천장공법**
• 슬래브와 하부층 천장의 공기층을 충분히 확보하고 동시에 천장재료의 면밀도를 높여 상부층에서 충격 진동으로 발생하는 방사소음을 차단하는 저감방법이다.
• 중량충격음에 대해서 효과가 있으나, 천장틀의 지지방법 및 구조에 따라 차이가 있다.
• 일반적인 천장에서는 천장재와 공기층에 의한 공진으로 중량충격음 차음특성이 나빠진다. 설계 시 공진주파수를 피하도록 주의가 필요하다.

② **중량·고강성 바닥공법**
• 바닥 Slab두께를 늘이거나 밀도를 높여 중량화 시키거나 강성이 높은 바닥재료를 사용하여 충격에 대한 바닥진동을 최소화하는 방법으로, 중량충격음에 있어서는 효과가 있으나 경량충격음에 대해서는 개선량이 크지 않다.
• 구조체가 점차 경량화 되어가고 있는 현행 건설 추세와는 상반되는 개념을 갖고 있다. 바닥 Slab두께가 중량충격음레벨의 증감에 직접적인 영향을 주며, Slab의 중량을 증가시키면 충격에 의한 바닥 진동의 진폭을 저감시킬 수 있다.
• 기존 Slab 위에 질량만을 부가시킬 경우에는 충격음저감효과를 크게 기대할 수 없다.

③ **뜬바닥공법**
• 완충재를 사용하여 충격에너지를 가능한 한 하부 구조체(Con'c Slab)에 전달되지 않도록 하거나 전달과정에서 흡수하는 방법으로, 습식 뜬바닥공법이 대표적이다.
• Con'c Slab와 마감 Mortar층 사이에 완충재를 삽입하여 고체음의 전달을 절연시킨다.
• 완충재의 설치 유무에 따라 전체적으로 바닥충격음레벨이 큰 차이를 보이고 있고, 중량충격원보다 경량충격원 저감에 더욱 효과적이다.

④ **표면완충공법**
• 충격원의 특성을 변화시키는 방법으로 유연한 바닥 마감재를 사용하여 Peak 충격력을 줄이고 고주파 대역에서 충격음레벨을 저하시킨다.
• 경량충격음 저감에는 효과가 크나, 중량충격음에는 효과가 거의 없다.

11 간접가열식 급탕방식은 저탕조 내에 가열 코일을 설치하고 보일러로부터 증기와 온수를 보내서 간접적으로 탕을 가열하는 방식이다. 이 방식은 정수두가 직접 보일러 본체에 걸리지 않으며 저압 보일러의 사용이 가능함과 동시에 보일러 전열면에 스케일이 부착되는 일도 적다. 또한, 잉여증기와 고온수를 얻을 수 있는 경우에는 별도의 급탕용 보일러를 설치하지 않아도 되는 등의 특징이 있기 때문에 대규모 건물에서 많이 사용하고 있다.

정답 및 해설 9.③ 10.① 11.③

12 미술관(박물관)의 전시공간계획에 대한 설명으로 옳지 않은 것은?

① 자연채광방식 중 측광창형식은 대규모 전시실에 적합한 방식이다.

② 연속순로형식은 각 전시실이 연속적으로 동선을 형성하며, 소규모 전시실에 적용하면 작은 부지면적에서도 공간계획이 가능하다.

③ 디오라마(diorama) 전시는 현장성에 충실하도록 표현하기 위한 기법으로, 하나의 사실 또는 주제의 시간 상황을 고정시켜 연출하는 기법이다.

④ 갤러리(gallery) 및 코리더(corridor) 형식은 각 실에 직접 들어갈 수 있으며, 필요시에는 자유로이 전시공간의 독립적인 폐쇄가 가능하다.

13 공동주택계획에 있어 주호의 접근방식에 따라 평면형식을 분류할 때 채광, 전망, 사생활 확보가 양호하다는 점에서 가장 거주성이 뛰어난 형식은?

① 중복도형
② 편복도형
③ 계단실형
④ 집중형

14 병원계획에 대한 설명으로 옳지 않은 것은?

① 수술실은 공기재순환이 되지 않도록 공기조화설비를 설치하고 실내 벽체는 가급적 녹색계통으로 마감하는 것이 바람직하다.

② 종합병원의 주요 건축군은 외래부, 병동부, 중앙(부속)진료부 등으로 구분할 수 있고, 외래부는 저층에 두는 방식이 일반적이다.

③ 중앙소독실 및 공급실은 소독과 관련된 가제, 탈지면, 붕대 등을 공급하는 장소로 되도록 수술부에 가깝게 배치한다.

④ 간호사대기소인 너스스테이션(nurse station)은 환자를 돌보기 쉽도록 병실군의 중앙에 위치하게 하고, 외부인의 출입에 의해 방해받지 않도록 계단과 엘리베이터에서 가급적 멀리 배치한다.

15 모더니즘 시대의 건축가와 그가 설계한 건축물을 연결한 것으로 옳지 않은 것은?

① 프랭크 로이드 라이트(Frank Lloyd Wright) − 도쿄 제국호텔(Imperial Hotel, Tokyo)

② 르 꼬르뷔지에(Le Corbusier) − 핀란디아 홀(Finlandia Hall)

③ 미스 반 데어 로에(Mies van der Rohe) − 시그램 빌딩(Seagram Building)

④ 월터 그로피우스(Walter Gropius) − 데사우 바우하우스 빌딩(Dessau Bauhaus Building)

---

12 자연채광방식 중 측광창형식은 대규모 전시실에 매우 부적합한 방식이며 소규모 전시실에 적용되는 방식이다.
　　[※ 부록 참고 : 건축계획 1-19]

13 계단실형은 채광, 전망, 사생활 확보가 양호하다는 점에서 가장 거주성이 뛰어난 형식이다.
　　① 중복도형 : 부지의 이용률이 높지만, 프라이버시, 고음, 채광, 통풍에 취약하다.
　　② 편복도형 : 통풍, 채광이 비교적 양호하지만 사생활 확보에 좋지 않다.
　　④ 집중형 : 많은 주호를 집중시킬 수 있고 대지의 이용률이 높지만, 통풍, 채광, 사생활 확보 등에 좋지 않다.

14 간호사대기소인 너스스테이션(nurse station)은 환자를 돌보기 쉽도록 병실군의 중앙에 위치하게 하고, 원활한 이동과 수송의 편리함을 위하여 계단과 엘리베이터에 근접한 곳에 배치한다.

15 핀란디아 홀(Finlandia Hall)은 알바알토(Alvar Aalto)에 의해 설계되었다.

정답 및 해설　12.① 13.③ 14.④ 15.②

16 BIM(Building Information Modeling)에 대한 설명으로 옳지 않은 것은?

① 다양한 설계분야와 조기 협업이 가능하다.

② 생성된 3D 모델은 2D 설계도로 추출될 수 있다.

③ 공사비 견적에 필요한 물량과 공간정보를 추출할 수 있다.

④ 2D 도면들의 불일치로 인해 발생되는 설계오류는 방지할 수 없다.

17 호텔의 기준층계획에 대한 설명으로 옳지 않은 것은?

① 객실의 유형, 구조, 설비, 동선계획 외에도 방재계획, 특히 피난계획에 주의한다.

② 기준층의 객실 수는 기준층의 면적이나 기둥간격의 구조적인 문제와 밀접한 관련이 있다.

③ 객실 기준층과 공공부문을 연결시키는 방법 중의 하나인 밀집형은 저층부를 기단모양으로 하고 그 위에 숙박부를 올린 형태이며, 도심지 고층호텔에 적합하다.

④ 일반적인 기준층의 스팬(span)을 정하는 방법으로 욕실 폭, 각 실 입구통로 폭을 합한 1개의 객실 단위를 기둥간격으로 본다.

18 결로에 대한 설명으로 옳지 않은 것은?

① 열교가 일어나는 부분에서 결로가 발생하기 쉽다.

② 내부결로를 방지하기 위해 방습층은 단열층의 온도가 높은 쪽에 설치하는 것이 효과적이며, 단열재의 실내측에 위치하도록 한다.

③ 내부결로를 방지하기 위해서는 내측단열구법이 효과가 크며 이는 단열층을 벽의 실내측 가까이에 설치하는 것이다.

④ 내부결로 방지를 위한 기본원리는 벽체 내의 건구온도가 그 지점에서의 노점온도 아래로 내려가지 않도록 하는 것이다.

19 온수(보통온수)난방 및 증기난방의 특징으로 옳지 않은 것은?

① 온수난방은 열용량이 크므로 난방부하의 변동에 따른 온수온도 조절이 곤란하다.

② 온수난방은 온수의 현열을 이용한 난방이므로 증기난방에 비해 난방 쾌감도가 높다.

③ 온수난방은 증기난방에 비하여 방열면적과 배관의 관경이 커야 한다.

④ 온수난방은 연속난방, 증기난방은 간헐난방에 더 적합하다.

---

16 BIM을 통해서 2D 도면들의 불일치로 인해 발생되는 설계오류 및 시공오류를 사전에 방지할 수 있다.

17 기둥간격은 최소 욕실폭과 각실 입구통로 폭, 그리고 반침폭을 모두 합한 값의 2배로 한다.

18 내부결로를 방지하기 위해서는 외측단열구법이 효과가 크며 이는 단열층을 벽의 실외측 가까이에 설치하는 것이다.

19 온수난방은 열용량이 크다고 하여 난방부하의 변동에 따른 온수온도 조절이 곤란하다고 할 수는 없다.
[※ 부록 참고 : 건축계획 5-9]

정답 및 해설 16.④ 17.④ 18.③ 19.①

20 프럭시믹스(proxemics)에 대한 설명으로 옳지 않은 것은?

① 프럭시믹스란 개인적·문화적 공간의 요구와 인간과 공간과의 상호작용에 대한 연구이다.

② 고정공간(fixed-feature space)은 개인 또는 집단의 활동을 조직하는 데 가장 기본적인 방법의 하나로, 물질적 표현과 숨겨진 내면의 의도를 포함하고 있다.

③ 반고정공간(semifixed-feature space)은 환경 안에서 움직일 수 있는 사물에 의해 구성되며, 사람들이 다른 사람과의 결속을 강화하거나 또는 둔화시킬 수 있고 서로의 관계를 조절할 수 있는 공간이다.

④ 비고정공간(informal space)에는 열차대합실과 같이 사람을 분리시키는 경향이 있는 사회원심적 공간과 프랑스식 보도카페의 테이블과 같이 사람들이 서로 접근하기 쉬운 사회구심적 공간이 있다

20 ㉠ 사회원심적 공간과 사회구심적 공간
- 사회원심적 공간(sociofugal space) : 열차 대합실 같이 사람을 서로 분리시키는 공간으로서 대개 이 사회적 공간은 격자형태(grid)를 갖는다.
- 사회구심적 공간(sociopetal space) : 노천 카페 테이블처럼 사람들이 모이기 쉬운 공간으로서 대개 방사형태 (radial)를 갖고 있다.

㉡ 프럭시믹스(proxemics, 근접학)
- 고정 공간과 반고정 공간 : 교실 구조 등 움직일 수 없이 고정된 공간과 의자·가구 등 필요한 경우 움직일 수 있는 반고정 공간은 대화 참여자 간의 관계 설정이나 심리적인 면에 큰 영향을 준다.
- 비고정 공간(비형식적 공간) : 적절한 대인거리에 대해 관계에 따라 자신이 편하게 느끼는 공간이 침범당했다고 느낄 때 심리적 불편함을 경험하게 되는 공간이다.

㉢ Edward Hall의 근접학이론 : 특정 문화에 있는 사람들은 특별한 방법으로 그들의 공간을 구조화시킨다. Hall 은 이러한 공간의 기본적인 유형을 다음 세 가지로 정의하였다.
- 고정공간(fixed-feature space)은 우리 주변에서 움직일 수 없는 구조적인 배열로 구성된다.
- 반고정 공간(semifixed-feature space)은 가구와 같이 움직일 수 있는 장애물이 배열되는 방법이다.
- 비형식적 공간(informal space)은 한 사람이 움직일 때 신체 주변의 개인적인 영역이다. 비형식적 공간은 대인 간의 거리를 결정한다.

정답 및 해설 20.④

1 주심포식 건축물에 대한 설명으로 옳은 것은?

① 영주 부석사 조사당과 안동 봉정사 고금당이 주요 예이다.

② 주로 향교, 서원에 사용되었다.

③ 범어사 대웅전과 석왕사 응진전은 조선시대 주심포식 건축물이다.

④ 창방 위에 평방을 두고 주간포작을 갖고 있다.

2 다음 중 건축의 3대 필수요소에 해당하지 않는 것은?

① 형태(Form)

② 구조(Structure)

③ 기능(Function)

④ 공간(Space)

3 일반상업지역에서 대지분석을 통한 건축물의 규모를 검토할 때 고려하지 않아도 될 사항은?

① 건축선의 지정에 따른 도로와의 이격거리

② 부설주차장의 규모

③ 일조권 제한에 따른 이격거리

④ 허용 건폐율과 용적률

4 「건축법 시행령」에서 정한 건축물의 규모 산정에 관한 설명 중 옳은 것은?

① 건축물의 옥상에 설치되는 승강기탑·계단탑·옥탑 등으로서 그 수평투영면적의 합계가 해당 건축물 건축면적의 8분의 1 이하인 경우에는 15미터까지 건축물의 높이 산정에서 제외한다.

② 층의 구분이 명확하지 아니한 건축물은 그 건축물의 높이 3미터마다 하나의 층으로 본다.

③ 지붕마루장식·굴뚝 그 밖에 이와 비슷한 옥상돌출물과 난간벽(그 벽면적의 2분의 1 이상이 공간으로 되어 있는 것만 해당한다.)은 그 건축물의 높이에 산입하지 아니한다.

④ 승강기탑, 계단탑, 망루, 장식탑, 옥탑 그 밖에 이와 비슷한 건축물의 옥상 부분으로서 그 수평투영면적의 합계가 해당 건축물 건축면적의 4분의 1 이하인 것은 건축물의 층수에 산입하지 아니한다.

---

1 ② 향교, 서원, 사당 등의 유교건축물에 주로 사용된 양식은 익공식이다.
　③ 범어사 대웅전과 석왕사 응진전은 다포식 건축물이다.
　④ 창방 위에 평방을 두고 주간포작을 가지고 있는 양식은 다포식 양식이다. 주심포식은 평방이 없다.
　[※ 부록 참고 : 건축계획 3-2]

2 건축의 3대 필수요소로는 형태(Form), 구조(Structure), 기능(Function)을 꼽는다.

3 일반상업지역의 경우 주로 백화점과 같은 상업시설이 주를 이루고 있으며 이러한 시설들은 일조보다는 주로 인공조명효과가 중요시된다. 그러므로 일조권 제한에 따른 이격거리는 주요 고려사항이 아니다.

4 ① 건축물의 옥상에 설치되는 승강기탑·계단탑·망루·장식탑·옥탑 등으로서 그 수평투영면적의 합계가 해당 건축물 건축면적의 8분의 1(사업계획승인 대상인 공동주택 중 세대별 전용면적이 85제곱미터 이하인 경우에는 6분의 1) 이하인 경우로서 그 부분의 높이가 12미터를 넘는 경우에는 그 넘는 부분만 해당 건축물의 높이에 산입한다.
　② 층의 구분이 명확하지 아니한 건축물은 그 건축물의 높이 4미터마다 하나의 층으로 보고 그 층수를 산정한다.
　④ 승강기탑(옥상 출입용 승강장 포함), 계단탑, 망루, 장식탑, 옥탑, 그 밖에 이와 비슷한 건축물의 옥상 부분으로서 그 수평투영면적의 합계가 해당 건축물 건축면적의 8분의 1(사업계획승인 대상인 공동주택 중 세대별 전용면적이 85제곱미터 이하인 경우에는 6분의 1) 이하인 것과 지하층은 건축물의 층수에 산입하지 아니한다.

정답 및 해설 1.① 2.④ 3.③ 4.③

5 사무소 건축에서 경제적인 기준층 설계에 대한 설명으로 옳은 것은?

① 임대사무실을 중심으로 계단, 화장실, 탕비실 등을 가능한 한 근접하게 배치한다.

② 복도는 편복도가 중복도에 비해 능률적이나 설계 시 채광 및 통풍을 충분히 고려해야 한다.

③ 임대사무실의 개방식 배치방법은 경제적이며 능률적인 방법이다.

④ 기준층의 임대면적은 80 ~ 85%가 이상적이며 90% 이상은 공용부분이 너무 작거나 임대면적이 커서 사용상 불편하다.

6 학교 운영방식의 장단점에 대한 설명으로 옳지 않은 것은?

① U형(종합교실형) – 학생의 이동이 없고 각 학급마다 가정적인 분위기가 조성된다.

② V형(교과교실형) – 각 학과에 순수율이 낮은 교실이 주어지며 따라서 시설의 이용률이 낮아진다.

③ P형(플라톤형) – 교사 수가 적거나 적당한 시설이 없으면 실시하기 어렵다.

④ D형(달톤형) – 하나의 교과에 출석하는 학생 수가 일정하지 않으므로 크고 작은 여러 가지의 교실이 요구된다.

7 다음 중 각 시설별 세부계획에 대한 내용으로 옳지 않은 것은?

① 주거건축의 거실 면적 구성비는 연면적의 25 ~ 30% 정도이고 1인당 소요 바닥면적은 $4 ~ 6m^2$가 적정하다.

② 주거건축에서 엘리베이터(Elevator) 계획 시 한 층에서 승객을 기다리는 시간은 평균 10초로 한다.

③ 은행의 경우, 은행 행정 업무가 이루어지는 영업장의 면적은 은행원 1인당 $10m^2$ 정도가 바람직하며 천장 높이도 5 ~ 7m 정도로 하여 고객에 대한 개방감과 신뢰감을 높이는 것이 좋다.

④ 극장이나 영화관 등의 관람시설의 경우, 배우의 표정이나 동작을 감상할 수 있는 거리(1차 허용한도)는 무대의 중심으로부터 35m 이내이며, 배우의 일반적인 동작만 보임으로써 감상하기에 큰 문제가 없는 거리(2차 허용한도)는 50m 이내이다.

8 다음 건축설계 프로세스 중 시방서와 공사비 내역서 등이 작성되는 단계는?

① P.O.E 단계

② 기본설계 단계

③ 계획설계 단계

④ 실시설계 단계

---

5 ① 임대사무실을 중심으로 계단, 엘리베이터, 화장실 등을 가능한 한 근접하게 배치한다.

　② 복도는 중복도가 편복도에 비해 능률적이다.(효율을 이유로 채택하는 중복도가 흔히 인공조명과 불량한 환기로 인해 환경이 열악하다는 것을 상기하면서 채광과 환기에 유리한 편복도 방식을 택하는 경향이 있다.)

　④ 기준층의 임대면적은 70 ~ 75%가 이상적이며 90% 이상은 공용부분이 너무 작거나 임대면적이 커서 사용상 불편하다.

6 V형(교과교실형) … 각 학과에 순수율이 높은 교실이 주어지는 반면 각 교실의 이용률은 낮아지며 동선의 혼란이 크게 발생한다. [※ 부록 참고 : 건축계획 1-9 및 1-10]

7 극장이나 영화관 등의 관람시설의 경우, 배우의 표정이나 동작을 감상할 수 있는 거리(1차 허용한도)는 무대의 중심으로부터 22m 이내이며, 배우의 일반적인 동작만 보임으로써 감상하기에 큰 문제가 없는 거리(2차 허용한도)는 35m 이내이다.[※ 부록 참고 : 건축계획 1-16]

8 시방서와 공사비 내역서 등이 작성되는 단계는 실시설계 단계이다. 실시설계 단계는 중간설계를 바탕으로 하여 입찰, 계약 및 공사에 필요한 설계도서를 작성하는 단계로서, 공사의 범위, 양, 질, 치수, 위치, 재질, 질감, 색상 등을 결정하여 설계도서를 작성한다.

정답 및 해설 5.③ 6.② 7.④ 8.④

9 근린생활권의 위계적 구성 가운데 다음 항목에 해당하는 생활권 체계는?

- 가구 수는 400 ~ 500호
- 인구는 2,000 ~ 2,500명 정도
- 단지 내 중심시설은 주로 유치원, 근린상점, 노인정, 독서실, 파출소 등
- 주민 간 교류가 가능한 최소 생활권

① 인보구

② 근린분구

③ 근린주구

④ 근린지구

10 전시공간을 계획할 때 다음의 특징을 갖는 특수전시기법은?

- 전시 벽이나 천장을 직접 이용하지 않고 전시물 또는 전시 장치를 배치하는 방식이다.
- 관람자의 시 거리를 짧게 할 수 있다.
- 전시물의 크기에 관계없이 배치할 수 있다.
- 관람자의 동선을 자유롭게 변화시킬 수 있어 전시공간을 다양하게 활용할 수 있다.

① 하모니카(harmonica) 전시

② 파노라마(panorama) 전시

③ 디오라마(diorama) 전시

④ 아일랜드(island) 전시

11 환기량에 의한 실의 면적을 구할 경우, 성인 2인용 침실의 천장 높이가 2.5m일 때, 소요되는 실의 면적은? (단, 자연 환기 횟수는 시간당 2회(2회/1h)이다.)

① $10m^2$

② $15m^2$

③ $20m^2$

④ $25m^2$

12 병원건축에서의 간호 단위(nurse unit)에 대한 설명 중 옳지 않은 것은?

① 간호단위에서 담당하는 병상 수는 소아과가 정신과보다 많게 계획한다.

② 간호사의 보행거리는 24m 이내로 환자를 돌보기 쉽게 병실군의 중앙에 위치시킨다.

③ 1조(8 ~ 10명)의 간호사들이 간호하기에 적절한 병상 수는 25병상이 이상적이며 보통 30 ~ 40 병상 정도이다.

④ 간호사 대기실은 각 간호단위 또는 층별, 동별로 설치하며 간호작업에 편리한 수직통로에 가까운 곳으로 외부의 출입도 감시할 수 있도록 한다.

---

9 보기의 내용은 근린분구에 관한 사항들이다. [※ 부록 참고 : 건축계획 1-3]

10 보기의 내용은 아일랜드 전시에 관한 사항들이다.
   ※ 특수 전시기법
   ㉠ 하모니카 전시 : 전시의 평면이 하모니카 흡입구처럼 동일공간에 연속적으로 배치되는 방법으로, 동일한 종류의 전시물을 반복하여 전시할 경우에 적합하다.
   ㉡ 파노라마 전시 : 벽면의 전시와 입체물이 병행되며, 연속적인 주제를 선적으로 관계성 깊에 표현하기 위해 전경으로 펼쳐지도록 연출되는 기법이다.
   ㉢ 디오라마 전시 : 하나의 주제에 대해서 현장감 있게 연출하는 방법으로, 프로젝트, 입체전시물, 스피커 등의 여러 장치를 이용한다.

11 성인 1인당 필요로 하는 신선공기 요구량 : $50\text{m}^3/\text{h}$

자연환기가 2회/h이므로 실용적은 $\dfrac{100\text{m}^3/\text{h}}{2\text{회}/\text{h}} = 50\text{m}^3$

천장고가 2.5m이므로 성인 1인당 침실바닥면적은 $50\text{m}^3 / 2.5\text{m} = 20\text{m}^2$

12 간호단위에서 담당하는 병상 수는 정신과가 소아과보다 많다.

정답 및 해설 9.② 10.④ 11.③ 12.①

13 사무소 건축의 규모는 사무원 수에 따라 결정된다. 그렇다면 건축 연면적 1,500m²인 임대사무소에 수용할 수 있는 적정 인원은 대략 몇 명인가?

① 약 100명
② 약 150명
③ 약 250명
④ 약 300명

14 다음 중 「건축법 시행령」에서 정한 대수선의 범위에 해당하는 것은?

① 보를 해체하거나 두 개 이상 수선 또는 변경하는 것
② 내력벽의 일부분(가로 9m × 높이 3m)을 변경하는 것
③ 미관지구에서 건축물의 외부형태를 변경하는 것
④ 건축물의 외벽에 사용하는 마감재료를 증설 또는 해체하거나 벽면적 20m² 이상 수선 또는 변경하는 것

15 난방 도일에 대한 설명 중 옳지 않은 것은?

① 지역별로 추운 정도를 나타내기 위한 지표이다.
② 실내의 평균기온과 외기의 평균기온과의 차이에 일수를 곱한 것이다.
③ 난방 도일은 지역별로 다르지만 매년 일정한 값을 갖는다.
④ 난방 도일이 클수록 난방에 소비되는 에너지량이 커진다.

16 배수트랩에 관한 설명 중 옳지 않은 것은?

① 오물이 트랩에 체류하지 않도록 구조는 간단하고 내표면은 평활한 것이 좋다.
② 재질은 내식성이 있고 청소가 간편한 구조여야 한다.
③ 트랩의 봉수를 보호하기 위해 봉수의 깊이는 최소 150mm 이상이어야 한다.
④ 유수에 의해 트랩 내부를 세정할 수 있는 자기 세정작용이 있어야 한다.

13 사무소의 규모는 사무원 수에 따라 결정된다. 따라서 사무원 1인당 점유바닥면적을 통해 대실면적과 연면적을 산출할 수 있다.

1인당 점유바닥면적의 기준

㉠ 대실면적당 : 6 ~ 8m^2/인

㉡ 연면적당 : 8 ~ 11m^2/인

그러므로 건축연면적이 1,500m^2인 경우 이를 10m^2으로 나누면 150명 정도가 산출된다.

14 출제 당시의 정답은 ③이었으나 2019. 10. 22. 건축법 시행령 개정으로 해당 내용은 대수선의 범위 조항에서 삭제되었다.

※ 대수선에 해당되는 경우 : 다음의 어느 하나에 해당하는 것으로서 증축·개축 또는 재축에 해당하지 아니하는 것

㉠ 내력벽을 증설 또는 해체하거나 그 벽면적을 30m^2 이상 수선 또는 변경하는 것

㉡ 기둥을 증설 또는 해체하거나 3개 이상 수선 또는 변경하는 것

㉢ 보를 증설 또는 해체하거나 3개 이상 수선 또는 변경하는 것

㉣ 지붕틀(한옥의 경우 지붕틀 범위에서 서까래 제외)을 증설 또는 해체하거나 3개 이상 수선 또는 변경하는 것

㉤ 방화벽 또는 방화구획을 위한 바닥 또는 벽을 증설 또는 해체하거나 수선 또는 변경하는 것

㉥ 주계단·피난계단 또는 특별피난계단을 증설 또는 해체하거나 수선 또는 변경하는 것

㉦ 다가구주택의 가구 간 경계벽 또는 다세대주택의 세대 간 경계벽을 증설 또는 해체하거나 수선 또는 변경하는 것

㉧ 건축물의 외벽에 사용하는 마감재료를 증설 또는 해체하거나 벽면적 30m^2 이상 수선 또는 변경하는 것

15 난방도일은 지역별로 차이가 있으며 매년 다른 값을 가질 수 있다.

16 트랩의 봉수를 보호하기 위해 봉수의 깊이는 50mm ~ 100mm가 적합하다. 봉수의 깊이가 50mm 이하이면 봉수가 파괴되기 쉽고, 100mm 이상이면 배수저항이 증가하게 된다.

정답 및 해설 13.② 14.정답 없음 15.③ 16.③

17 다음 중 건축가와 주요작품이 올바르게 연결된 것은?

① Norman Foster — Pompidou Center, Paris, France
② Jorn Utzon — Sydney Opera House, Sydney, Australia
③ Ando Tadao — Sendai Mediatheque, Miyagi, Japan
④ Herzog & de Meuron — Thermal Bath, Vals, Switzerland

18 호텔 기준층의 평면형과 구조계획에 대한 설명으로 옳지 않은 것은?

① 교차형 — 구조계가 다소 단순하며 고층건물에 적합하다.
② 병렬형 — 코어를 끼고 방을 배치함으로써 건물의 속길이 치수가 커지며 구조적으로 유리하다.
③ 폐쇄형 — 건물평면의 폭 길이비, 폭 높이비가 구조적으로 유리하다.
④ 리니어형 — 직사각형으로 구성되는 구조로서 단순 명쾌한 타입이다.

17 ① 퐁피두센터는 리처드로저스, 렌조피아노의 작품이다.

③ 센다이 미디어테크는 토요 이토(Toyo Ito)의 작품이다.

④ 발스 온천은 피터 줌토르(Peter Zumthor)의 작품이다.

18 교차형은 일반적으로 구조계획이 리니어형에 비해 복잡하며, 고층건물에는 적당하지 않은 경우가 있다.

기준층 형식		특성
일자형		가장 많이 사용되는 형식으로서 중복도형식이며 건물의 폭을 크게 하기 위해 사용된다.
H형		한정된 체적 속에서 외기 접면을 최대로 할 수 있어 통풍에 유리하나 거주성과 프라이버시 확보가 좋지 않다.
교차형 (+, Y, T)		일반적으로 구조계획이 리니어형에 비해 복잡하며, 고층건물에는 적당하지 않은 경우가 있다. +, T 유형은 중심코어에서 각 방향으로 내민 길이 차이가 크면 편심이 되기 쉬우므로 주의를 요한다. Y유형은 3방향으로 균형이 취해지기 때문에 초기에는 편심이 생기지 않으나 지진력이 클 경우 균형이 무너질 가능성도 있다.
리니어형		직선으로 구성되는 편복도를 가진 구조로 단순하고 명쾌한 직사각형으로 구성되는 형식이다. 정형 라멘이 주체가 되고, 코어 주위에 내진요소가 배치된다. 방의 개수를 증가하기 위해서는 평면길이가 다소 커지기 쉽다. 고층건물이 되면 폭 높이 비가 세장(Slender)해지기 쉽다.
이형 리니어형		리니어형이 직선형태를 지닌 것에 비해 이형 리니어 형은 곡선이나 또는 꺾인 형태의 변화가 된 것으로, 구조체계가 리니어 형에 비해 다소 복잡해 지므로 신중한 검토를 요구한다. 이형이 되면서 편심이 되면, 고층건물에 다소 불리할 수 있다.
폐쇄형		병렬형과 같이 건물 평면의 폭 길이비, 폭 높이비가 구조적으로 유리하다. 평면이 사각형, 원형으로 보이는 형태로서 대칭축을 가진 평면이므로 편심이 생기지 않는다. 건물 내외주에 기둥을 세우고, 중심 벽을 내력벽으로 만들기 쉬운 적당한 평면형이다.
병렬형		코어를 끼고 방을 배치함으로써 건물의 속길이 치수가 커지며, 리니어형에 비해 평면적인 폭 길이비, 입면적인 폭 높이비가 구조적으로 유리하다. 고층건물에 적합한 평면이다.
복합형		곡선형태, 직선형태 등의 복합적인 구성으로, 가장 복잡한 구조체계가 되기 쉽고, 일반적으로 고층건물에는 적당하지 않다.

정답 및 해설 17.② 18.①

19 건축법령에 규정된 용어의 정의 중 옳지 않은 것은?

① 초고층 건축물은 층수가 50층 이상이면서 높이가 200m 이상인 건축물이다.

② 리모델링은 건축물을 대수선하거나 일부 증축하는 행위를 말한다.

③ 주요 구조부는 내력벽, 기둥, 바닥, 보, 지붕틀 및 주계단을 말한다.

④ 지하층은 건축물의 바닥이 지표면 아래에 있는 층으로서 바닥에서 지표면까지 평균높이가 해당 층 높이의 2분의 1 이상인 것을 말한다.

20 공기조화방식에서 가변풍량(VAV)방식에 대한 설명 중 옳지 않은 것은?

① 부분 부하 변동에 따른 대처가 용이하여 실내온도 조절이 쉽다.

② 부하가 적은 공간에서 최소 필요환기량을 쉽게 확보할 수 있다.

③ 에너지 절약 측면에서 효율적이다.

④ 변풍량유닛으로 인해 설비비가 증가된다.

19 "초고층 건축물"이란 층수가 50층 이상이거나 높이가 200미터 이상인 건축물을 말한다. 즉, 높이가 200미터에 미치지 못한다 하더라도 50층 이상이면 초고층 건축물로 본다.

20 VAV 공조방식의 특징

    ㉠ 장점

      • 각 실별 필요공기만 공급되므로 에너지 절약

      • 부분부하 시 송풍기제어로 동력비 절감

      • 부분부하 시 단일덕트 재열방식이나 2중덕트방식과 같은 재열혼합손실이 없기 때문에 불필요한 에너지사용 억제

      • 전폐형유닛 사용 시 빈방급기를 정지하여 송풍동력절감

      • 장래부하증가 예상하여 장치용량을 결정하더라도 실내부하에 해당되는 만큼 급기되므로 동력소비 감소

      • 각 토출구의 풍량조절이 용이

      • 온도조절 용이

      • 실내의 설비기기가 점유면적이 작으므로 유효바닥면적이 증가

      • 외기냉방가능

      • 기기필터 등의 중앙집중으로 보수관리 용이

    ㉡ 단점

      • 최소풍량 시 환기량 부족발생

      • 자동제어가 복잡하므로 보수관리 어려움

      • 초기투자설비비 증가

      • 실내기류속도 변화

정답 및 해설 19.① 20.②

1 병원건축에서 미래의 성장과 변화를 위하여 각각의 부문별 확장을 가장 많이 고려한 형식은?

① 집중형(Block Type)

② 이중복도형

③ 다익형

④ 중복도형

2 학교건축 계획에 대한 설명으로 옳지 않은 것은?

① 운영방식의 유형 중 개방학교형(Open School Type)은 팀티칭 방식의 수업에 유리하다.

② 학교의 미술교실은 균일한 조도를 얻기 위하여 북측 채광이 유리하다.

③ 학교의 배치형식 중 폐쇄형은 화재 및 비상시에 유리하고, 일조·통풍조건이 우수하여 초등학교에서 주로 볼 수 있다.

④ 학교의 주차장 계획 시 학생들의 보행동선과 차량동선을 분리하여 배치하는 것이 좋다.

3 배수관 트랩(Trap)에서 봉수(封水)의 직접적인 역할이 아닌 것은?

① 악취의 실내 침투방지

② 배수소음의 제거

③ 벌레 등의 실내 침입방지

④ 하수가스의 역류방지

4 다음 중 건축물의 화재에 대비하기 위한 자동소화설비는?

① 스프링클러 설비

② 옥내 소화전 설비

③ 소화기 및 간이 소화용구

④ 옥외 소화전 설비

---

1 병원건축에서 미래의 성장과 변화를 위하여 각각의 부문별 확장을 가장 많이 고려한 형식은 다익형(건물 끝단부의 확장을 고려한 형태)이다.

2

비교항목	폐쇄형	분산병렬형
부지	효율적인 이용	넓은 부지 필요
교사 주변 공지	비활용	놀이터와 정원
교실 환경 조건	불균등	균등
구조계획	복잡(유기적 구성)	단순(규격화)
동선	짧다.	길어진다.
운동장에서의 소음	크다.	작다.
비상시 피난	불리하다.	유리하다.

3 트랩의 주요 역할은 악취의 실내 침투방지, 벌레 등의 실내 침입방지, 하수가스의 역류방지이다. 배수소음 자체를 제거하는 데는 별 도움이 되지 못한다.

4 소화기 및 간이 소화용구, 옥내 소화전 설비나 옥외 소화전 설비 자체는 자동소화설비가 아니다.

정답 및 해설 1.③ 2.③ 3.② 4.①

5 극장의 평면형에 대한 설명으로 옳지 않은 것은?

① 프로시니엄형은 Picture Frame Stage라고도 불리며 강연, 콘서트, 독주 등에 적합한 형식이다.

② 오픈 스테이지형은 무대와 객석이 하나로 어우러지는 형태로 공연자와 관객이 친근감을 느낄 수 있는 형식이다.

③ 아레나형은 의도된 무대배경의 설치 및 통일감 있는 무대 연출을 쉽게 계획할 수 있는 형식이다.

④ 가변형은 상연하는 작품의 특성에 따라서 무대와 객석의 규모, 형태 및 배치 등을 변경하여 새로운 공간연출이 가능한 형식이다.

6 공장건축 계획에 대한 설명으로 옳지 않은 것은?

① 배치계획 시 장래 및 확장계획을 충분히 고려하여 전체 종합 계획을 수립한 후 단일건물을 세부적으로 계획한다.

② 아파트형 공장은 토지와 공간을 효율적으로 이용하기 위해 동일 건물 내 다수의 공장이 동시에 입주할 수 있는 다층형 집합건축물을 말한다.

③ 공장의 위치는 동력, 전기, 수도, 용수 등의 여러 설비를 설치하는 데 편리한 곳이 좋다.

④ 공장건축 레이아웃 형식 중 생산에 필요한 모든 공정과 제품의 흐름에 따라 기계 및 기구를 배치하는 방식은 공정중심 레이아웃이다.

7 건축법령상 세부 용도가 공동주택에 해당되지 않는 것은?

① 다가구주택   ② 연립주택

③ 다세대주택   ④ 기숙사

8 미술관 특수전시기법에 대한 설명으로 옳지 않은 것은?

① 파노라마 전시는 주제의 맥락을 강조하기 위해 연속적으로 펼쳐 연출하는 방식이다.

② 하모니카 전시는 전시평면이 동일 공간으로 연속되어 배치되는 기법으로, 동일한 종류의 전시물을 반복 전시할 경우에 유리하다.

③ 아일랜드 전시는 벽이나 천장을 직접 활용하여 전시물의 크기와 상관없이 배치하는 기법으로, 소형보다 대형 전시 연출에 유리하다.

④ 영상 전시는 전시물의 보조적 수단 또는 주요 수단으로써 영상기법을 이용하는 방식이다.

---

5 아레나형은 사방이 관객으로 둘러싸이기 때문에 의도된 무대배경의 설치 및 통일감 있는 무대 연출이 어려운 평면형식이다.

6 공장건축 레이아웃 형식 중 생산에 필요한 모든 공정과 제품의 흐름에 따라 기계 및 기구를 배치하는 방식은 제품중심의 레이아웃이다.[※ 부록 참고 : 건축계획 1-13]

7 다가구주택은 단독주택에 속한다.

분류	세분류	주택으로 쓰이는 1개동 연면적	주택의 층수
단독주택	단독주택		
	다중주택	330m² 이하	3개층 이하
	다가구주택	660m² 이하(부설 주차장 면적 제외)	3개층 이하(지하층, 필로티층수 제외)
	공관		
공동주택	다세대주택	660m² 이하(부설 주차장 면적 제외)	4개층 이하(지하층, 필로티층수 제외)
	연립주택	660m² 초과(부설 주차장 면적 제외)	4개층 이하(지하층, 필로티층수 제외)
	아파트		5개층 이상(지하층, 필로티층수 제외)
	기숙사		

8 아일랜드 전시기법은 전시물이 벽면이나 천장을 직접 이용하지 않고 주로 입체전시물을 중심으로 하여 공간적인 전시공간을 만들어 내는 기법이다. 대형전시물이거나 아주 소형일 경우 유리하여 주로 집합시켜 군 배치하기도 한다. 관람자의 시거리를 짧게 할 수 있으며 전시물을 보다 가까이 할 수 있고 전시물의 크기에 관계없이 배치할 수 있는 기법이다. 관람자의 동선을 자유로이 변화시킬 수 있어 전시공간을 다양하게 활용할 수 있다.

정답 및 해설 5.③ 6.④ 7.① 8.③

9 건축물의 자연채광 방식 중 채광방식의 분류가 나머지 셋과 다른 것은?

① 편측창 채광
② 고측창 채광
③ 양측창 채광
④ 정측창 채광

10 르 꼬르뷔지에(Le Corbusier)의 모듈러(Le Modulor)에서 사용되는 치수가 아닌 것은?

① 43
② 70
③ 178
④ 113

11 상점건축 계획에 대한 설명으로 옳지 않은 것은?

① 상점의 부대부분은 상품관리공간, 점원후생공간, 영업관리공간, 시설관리공간, 주차장으로 구성되어 있다.
② 상점 진열창의 빛 반사를 방지하기 위해서 진열창 외부의 조도를 내부보다 밝게 한다.
③ 상점의 평면배치 형식 중 직렬배열형은 통로가 직선으로 계획되어 고객의 흐름이 빠르며 부분별로 상품 진열이 용이하다.
④ 진열창 내부조명은 전반조명과 국부조명이 쓰인다.

12 사무소건축의 코어 종류별 특징으로 옳지 않은 것은?

① 편심코어형(편단코어형)은 바닥면적이 커질 경우 코어 이외에 별도의 피난시설, 설비샤프트 등이 필요해진다.
② 중앙코어형(중심코어형)은 바닥면적이 큰 경우에 많이 사용되고 특히 고층, 초고층에 적합하다.
③ 독립코어형(외코어형)은 코어로부터 사무실까지 설비덕트나 배관의 연결이 효율적이므로 경제적 시공이 가능하다.
④ 양단코어형(분리코어형)은 코어가 분리되어 있어 방재상 유리하다.

13 부엌 작업 순서에 따른 가구 배치가 바르게 나열된 것은?

① 배선대 → 개수대 → 조리대 → 가열대 → 냉장고

② 냉장고 → 조리대 → 개수대 → 가열대 → 배선대

③ 냉장고 → 배선대 → 개수대 → 조리대 → 가열대

④ 냉장고 → 개수대 → 조리대 → 가열대 → 배선대

---

9 정측창 채광은 정광창 채광방식이며, 편측창, 양측창, 고측창 형식은 측창형식이다.
[※ 부록 참고 : 건축계획 1-19]

10 모듈러의 기본적인 그리드는 황금분할에 따라 43, 70, 113의 3가지 측정단위로 이루어진다.

11 상점 진열창의 빛 반사를 방지하기 위해서 진열창 내부의 조도를 외부보다 밝게 해야 한다.

12 독립코어형(외코어형)은 코어로부터 사무실까지 설비덕트나 배관의 연결이 길어져서 비효율적이 된다.

13 부엌 작업 순서에 따른 가구 배치 … 냉장고 → 개수대 → 조리대 → 가열대 → 배선대

정답 및 해설 9.④ 10.③ 11.② 12.③ 13.④

14 케빈 린치(Kevin Lynch)가 제시한 도시의 물리적 형태에 대한 이미지를 구축하는 다섯 가지 요소가 아닌 것은?

① Edges

② Nodes

③ Paths

④ Emblem

15 고대 그리스 도시에서 교역이나 집회의 장(場)으로 사용되었던 옥외 공공광장을 지칭하는 용어는?

① 팔라초(Palazzo)

② 아고라(Agora)

③ 포럼(Forum)

④ 아크로폴리스(Acropolis)

16 「건축법」상 용어의 정의에 대한 설명으로 옳지 않은 것은?

① "지하층"이란 건축물의 바닥이 지표면 아래에 있는 층으로서 바닥에서 지표면까지 평균높이가 해당 층 높이의 3분의 1 이상인 것을 말한다.

② "대수선"이란 건축물의 기둥, 보, 내력벽, 주계단 등의 구조나 외부형태를 수선·변경하거나 증설하는 것으로서 대통령령으로 정하는 것을 말한다.

③ "거실"이란 건축물 안에서 거주, 집무, 작업, 집회, 오락, 그 밖에 이와 유사한 목적을 위하여 사용되는 방을 말한다.

④ "고층건축물"이란 층수가 30층 이상이거나 높이가 120미터 이상인 건축물을 말한다.

17 건축가와 그가 한 말을 바르게 연결하지 않은 것은?

① 루이스 설리번(Louis H. Sullivan) - 형태는 기능을 따른다.

② 빅토르 호르타(Victor Horta) - 집은 살기 위한 기계

③ 르 꼬르뷔지에(Le Corbusier) - 정육면체, 원뿔, 구, 원통, 피라미드는 위대한 원초적 형태들

④ 루이스 칸(Louis I. Kahn) - 제공하는 공간(Servant Space)과 제공받는 공간(Served Space)

---

14 케빈 린치의 도시 이미지를 구성하는 5가지의 물리적인 요소는 다음과 같다.

    ㉠ PATH(통로) : 관찰자가 다니거나 다닐 가능성이 있는 도로, 철도, 운하 등의 통로를 말하며 Imageability에 미치는 영향은 연속성과 방향성을 제시한다.

    ㉡ Edges(연변) : 한 지역을 다른 부분으로부터 분리시키고 있는 장벽 또는 하천이나 바다의 파도가 닿는 곳 등 주지역을 서로 관련시키는 이음매와 같은 곳을 말한다.

    ㉢ District(지역, 지구) : 2차원적인 비교적 큰 넓이를 갖는 도시지역으로 어느 공통된 용도나 특징이 다른 지역과 명확하게 구별되어야 한다.

    ㉣ Nodes(결절점) : 시가지 내의 중요한 지점이나 통로의 접합점들과 같이 특징 있는 공간 구성요소들이 집중되는 초점이다.

    ㉤ Landmark(랜드마크) : 주위의 경관 속에서 눈에 띠는 특수성을 갖는 곳을 말한다.

15 아고라에 관한 설명이다. 팔라초는 르네상스 시대의 궁전양식이며 포럼은 로마시대의 광장이다. 아크로폴리스의 경우 고대 그리스의 도시국가 대부분은 중심지에 약간 높은 언덕을 가지고 있었으며 이것을 폴리스라고 불렀다. 그러나 시대가 지남에 따라 도시국가가 폴리스로 불리게 되어 본래 폴리스였던 작은 언덕은 'acros(높은)'라는 형용사를 붙여 아크로폴리스라고 부르게 되었다.

16 "지하층"이란 건축물의 바닥이 지표면 아래에 있는 층으로서 바닥에서 지표면까지 평균높이가 해당 층 높이의 2분의 1 이상인 것을 말한다.

17 "집은 살기 위한 기계"라 주창한 이는 르 꼬르뷔지에이다.

정답 및 해설 14.④ 15.② 16.① 17.②

18 건축형태의 구성 원리 중 다음의 설명에 해당되는 것은?

- 다른 성격의 요소를 병치해서 서로가 가진 특성을 강조하여 전체로서 강력한 인상을 주는 원리이다.
- 둘 이상의 서로 다른 사물의 면적이나 형상, 색채 등이 다른 것보다 명료하여 시각적 주목을 받게 하는 지배성의 원리가 적용된다.
- 시각적으로 뚜렷한 부분과 그와 관련되는 부분을 통해 환경을 인지한다고 간주하는 게슈탈트 심리학과 관계가 있다.

---

① 질감
② 대비
③ 리듬
④ 대칭

19 다음의 난방 방식 중 직접난방 방식이 아닌 것은?

① 증기난방
② 온풍난방
③ 온수난방
④ 복사난방

20 조선시대 건축에 대한 설명 중 옳지 않은 것은?

① 조선시대는 유교를 통치이념으로 삼았기 때문에 엄격한 질서와 합리성을 내세우는 단정하고 검소한 조형이 주류를 이루었다.
② 조선시대 서원의 시작은 1543년 주세붕이 세운 백운동서원이다.
③ 조선시대에는 살림집의 터나 집 자체의 크기를 법령으로 규제하는 가사제한(家舍制限)이 있었다.
④ 조선시대 중기 이후부터 방바닥 전체에 구들을 설치하는 전면 온돌이 지배층의 주택에서 널리 사용되었다.

18 보기의 내용은 대비(Contrast)에 관한 사항들이다.

19 직접난방이란 증기난방 · 온수난방 · 복사난방 등과 같이 실내에 방열체를 두고 직접 가열하는 방법을 말한다. 간접난방이란 온풍 난방과 같이 실내에 방열체를 두지 않고 난방하는 방법을 말한다.

20 최초의 온돌은 방안 전체를 난방하는 것이 아니라, 방의 일부분에만 구들을 놓고 난방하는 쪽구들이었다. 쪽구들을 처음 만든 사람들은 옥저인으로 알려져 있다. 삼국시대에 온돌은 방안의 일부에만 놓여 있었기 때문에, 실내에는 의자, 좌상 등의 가구가 있었다. 고려시대에 쪽구들이 여러 줄의 고래가 있는 형태로 발전하며, 마침내 방 안 전체를 데우는 온돌방이 등장했다. 조선을 건국한 태조 이성계(1335 ~ 1408)가 자주 들러 머물렀던 양주 회암사에서는 우리나라 최대의 구들시설이 발견된 바 있다. 하지만 조선 초기에 온돌방이 널리 보급된 것은 아니었다. 일부 관청이나 부잣집에서만 볼 수 있을 정도였고, 병자나 노인의 방에 주로 설치되었다. 조선 초기 임금들 또한 온돌방에서 생활한 것이 아니었다.

정답 및 해설 18.② 19.② 20.④

1 다음 중 모듈(module) 설계의 이점으로 옳지 않은 것은?

① 공사기간이 단축된다.
② 건축자재의 운반이나 취급이 용이해진다.
③ 현장작업이 어려워진다.
④ 대량생산이 가능하다.

2 다음 중 유치원계획과 관련된 설명으로 가장 옳은 것은?

① 유치원을 이용하는 어린이들의 특수한 신체적 조건에 맞는 모듈선정, 수직치수의 설정에 주의하여야 한다.
② 평면계획은 단조로울수록 적절하다.
③ 화장실은 교실에서 가장 멀리 계획하여야 한다.
④ 개별적 학습공간 계획이 놀이공간 계획보다 중요하므로 유치원 설계의 주안점이 된다.

3 다음 중 병원건축에 관한 간호단위에 속하지 않는 것은?

① 중간 간호단위(intermediate care unit)
② 집중 간호단위(intensive care unit)
③ 자가 간호단위(self care unit)
④ 단기 간호단위(short care unit)

4 다음 중 학교운영방식에 관한 설명 중 옳지 않은 것은?

① 달톤형(Dalton type)은 학급, 학생의 구분이 없고 소정의 교과가 끝나면 졸업한다.

② 교과교실형은 일반교실이 없다.

③ 플라툰형(Platoon type)은 전 학급을 둘로 나누어 한쪽이 일반교실에서 수업할 때 다른 쪽은 특별교실에서 수업을 하는 형태이다.

④ 종합교실형은 각 학년에 교실이 하나씩 주어지고 그 외에 특별교실이 주어진다.

---

1 모듈설계는 현장작업을 용이하도록 한다.

2 ② 평면계획이 단조로운 것은 좋지 않다.
  ③ 화장실은 교실에서 가급적 가까이 배치하는 것이 좋다.
  ④ 놀이공간 계획이 개별적 학습공간 계획보다 우선시된다. 또한 놀이공간은 학습공간의 역할을 하기도 한다.

3 새로운 간호단위의 개념인 PPC(progressive patient care)의 방식은 질병의 종류에 관계없이 또는 같은 질병의 환자를 단계적으로 구분하여 질병을 치료하는 방법으로, 증세에 따라 간호단위를 구성하는 것이다. 일반적으로 집중 간호단위, 중간 간호단위, 자가 간호단위로 분류된다.

4 종합교실형은 교실 수와 학급 수가 일치한다. (학년에 교실이 하나가 주어지는 것이 아니라 학급마다 하나씩 주어지는 것이다.) [※ 부록 참고 : 건축계획 1-9]

정답 및 해설 1.③ 2.① 3.④ 4.④

5 환경설계를 통한 범죄예방(CPTED)의 지향방향으로 옳지 않은 것은?

① 영역성 인식

② 자연적 접근

③ 자연적 감시

④ 활동의 활성화

6 공동주택의 단위주거유형 중 메조넷형(maisonette type)의 특성으로 옳은 것은?

① 하나의 주거단위가 복층형식을 취하는 경우로 단위주거의 평면이 2개 층에 걸쳐있을 때 트리플렉스형(triplex type)이라고 한다.

② 주거 간의 통로를 상층 혹은 하층에 배치할 수 있어 유효 면적이 증가할 수 있다.

③ 통로가 없는 층의 평면은 프라이버시와 통풍 및 채광에 불리하다.

④ 소규모 주택에서는 면적 면에서 유리하다.

7 다음 중 관람객 객석의 가시범위에 있어서 2차 허용한도로 옳은 것은?

① 25m

② 30m

③ 35m

④ 40m

8 다음 설명 중 가장 옳지 않은 것은?

① 하워드(E. Howard)는 도시와 농촌의 관계에서 장점만을 결합시킨 "전원도시(garden city)"를 발표하였다.

② 라이트(H. Wright)와 스타인(C. S. Stein)은 자동차와 보행자를 분리한 "래드번(radburn)"을 설계하였다.

③ 아담스(T. Adams)는 근린주구의 중심시설을 공민관과 상업시설로 하였다.

④ 페리(C. A. Perry)는 "뉴욕 및 그 주변지역계획"에서 근린주구는 초등학교 한 곳을 필요로 하고 반경 500m가 적정하며, 중심시설에는 교회와 커뮤니티센터가 들어와야 한다고 하였다.

---

5 CPTED의 지향방향은 자연적 접근보다는 자연적 접근통제에 가깝다.

※ CPTED(환경설계를 통한 범죄예방)의 5가지 실천전략

ㄱ **자연감시** : 주변을 잘 볼 수 있고 은폐장소를 최소화시킨 설계

ㄴ **접근통제** : 외부인과 부적절한 사람의 출입을 통제하는 설계

ㄷ **영역성 강화** : 공간의 책임의식과 준법의식을 강화시키는 설계

ㄹ **활동의 활성화** : 자연감시와 연계된 다양한 활동을 유도하는 설계

ㅁ **유지관리** : 지속적으로 안전한 환경유지를 위한 계획

6 ① 하나의 주거단위가 복층형식을 취하는 경우로 단위주거의 평면이 2개 층에 걸쳐있을 때 듀플렉스형(duplex type)이라고 한다.

③ 통로가 없는 층의 평면은 프라이버시와 통풍 및 채광에 유리하다.

④ 메조넷형은 소규모 주택에서는 면적 면에서 불리하다.

7

A구역	15m 이내	연기자 얼굴확인 한도, 인형극, 아동극
B구역	22m 이내	1차 허용한도, 국악, 실내악
C구역	35m 이내	2차 허용한도, 연극, 오페라, 뮤지컬, 오케스트라

8 각 가정에서 커뮤니티센터에 이르는 최대 보행거리는 400m 이내여야 하므로 반경은 400m 이내이어야 한다.

정답 및 해설 5.② 6.② 7.③ 8.④

9 태양열 시스템에 대한 설명으로 가장 옳은 것은?

① Active형은 환경계획적 측면이 큰 것을 의미하며, Passive형은 기계설비적 측면이 큰 것을 의미한다.
② 직접획득형으로는 축열벽형과 축열지붕형 시스템 등이 있다.
③ 분리획득형은 집열 및 축열부와 이용부(실내난방공간)를 격리시킨 형태를 말한다.
④ 자연대류형은 별도의 집열면적이 축소되는 반면 열손실이 적으며 기존건물에 응용이 용이하다.

10 다음 중 사무소건축에 있어서 코어(core) 계획으로 가장 옳지 않은 것은?

① 잡용실, 급탕실은 가급적 멀리 위치시키도록 한다.
② 코어와 임대사무실의 동선이 가급적 단순해야 한다.
③ 엘리베이터와 화장실은 가급적 접근시킨다.
④ 엘리베이터는 가급적이면 중앙에 위치시킨다.

11 건축가와 그들의 대표 건축물을 연결한 것으로 옳지 않은 것은?

① 에로 사리넨(Eero Saarinen) – 제너럴 모터스 기술연구소
② 루이스 칸(Louis Kahn) – 예일 아트 갤러리
③ 르 꼬르뷔지에(Le Corbusier) – 빌라 사보아
④ 필립 존슨(Philip Johnson) – 요나스 솔크 연구소

12 상점건축의 진열장 계획 시 반사방지를 위한 대책 중 가장 옳지 않은 것은?

① 쇼윈도 안의 조도를 외부, 즉 손님이 서 있는 쪽보다 어둡게 한다.

② 특수한 곡면유리를 사용하여 외부의 영상이 고객의 시야에 들어오지 않게 한다.

③ 차양을 설치하여 외부에 그늘을 준다.

④ 평유리는 경사지게 설치한다.

---

9 ① Active형은 설비형 시스템이고 Passive형은 자연형 시스템이다.

② 축열벽형과 축열지붕형 시스템은 간접획득형이다.

④ 자연대류형의 장점은 집열창을 통한 열손실이 거의 없으므로 건물 자체의 열성능이 우수하고, 기존의 설계를 태양열시스템과 분리하여 자유롭게 할 수 있다는 것이다. 반면에 집열부가 항상 건물하부에 위치하므로 설계의 제약조건이 될 수 있으며, 일사가 직접 축열되지 않고 대류공기가 축열되므로 효율이 떨어진다는 단점이 있다.

10 잡용실, 급탕실, 더스트 슈트는 가급적 가까이 둔다.

※ **코어계획 시 고려사항**

ⓐ 계단과 EV 및 화장실은 가능한 한 가까이 둔다. (단, 피난용 특별계단은 법정거리 한도 내에서 가급적 멀리 둔다.)

ⓑ 동선간단(코어 내 공간과 사무실 사이의 동선)

ⓒ EV홀이 출입구 면에 근접해 있지 않도록 한다.

ⓓ EV는 가급적 중앙에 배치

ⓔ 코어 내 각 공간이 각층마다 공통의 위치에 있어야 한다.

ⓕ 잡용실, 급탕실, 더스트 슈트는 가급적 가까이 둔다.

ⓖ 코어 내 공간의 위치를 명확히 한다.

ⓗ 홀이나 통로에서 내부가 보이지 않도록 한다.

11 요나스 솔크 연구소는 루이스 칸이 설계하였다.

12 반사방지를 위해서는 쇼윈도 안의 조도를 외부, 즉 손님이 서 있는 쪽보다 밝게 해야 한다.

정답 및 해설 9.③ 10.① 11.④ 12.①

13 공장건축의 배치계획(레이아웃)에 대한 설명으로 가장 옳지 않은 것은?

① 고정식 레이아웃 방식은 제품이 크고 수가 많을 때 사용한다.
② 공정중심의 레이아웃은 기능이 동일하거나 유사한 공정, 기계를 집합하여 배치하는 방식이다.
③ 제품중심의 레이아웃은 주로 석유, 화학공업, 시멘트 공장에 적용된다.
④ 가전전기제품 조립공장은 주로 제품중심의 레이아웃을 적용한다.

14 장애인전용주차구역에 대한 설명으로 옳지 않은 것은?

① 장애인전용주차구역에서 건축물의 출입구 또는 장애인용 승강설비에 이르는 통로는 장애인이 통행할 수 있도록 가급적 높이차이를 없애고, 그 유효 폭은 1.2미터 이상으로 하여야 한다.
② 장애인전용주차구역의 크기는 주차대수 1대에 대하여 폭 3.3미터 이상, 길이 5미터 이상으로 하여야 한다.
③ 주차공간의 바닥면은 장애인 등의 승하차에 지장을 주는 높이차이가 없어야 하며, 기울기는 40분의 1 이하로 할 수 있다.
④ 주차공간의 바닥표면은 미끄러지지 아니하는 재질로 평탄하게 마감하여야 한다.

15 다음 중 미술관건축의 동선계획에 관한 설명으로 가장 옳지 않은 것은?

① 관람자가 진행하는 방향으로만 보이게 한다.
② 관람객 동선의 흐름에 막힘이 없어야 한다.
③ 관람객을 피로하지 않게 해야 한다.
④ 관람객의 흐름을 유도해야 한다.

16 다음 중 주심포식 건축 수법을 사용하지 않은 건축물은?

① 안동 봉정사 극락전

② 안변 석왕사 응진전

③ 예산 수덕사 대웅전

④ 강릉 객사문

13 공장건축 배치계획(레이아웃)

    ㉠ 제품의 중심의 레이아웃(연속 작업식)

      • 생산에 필요한 모든 공정, 기계 기구를 제품의 흐름에 따라 배치하는 방식이다.

      • 대량생산 가능, 생산성이 높음, 공정시간의 시간적, 수량적 밸런스가 좋고 상품의 연속성이 가능하게 흐를 경우 성립한다.

    ㉡ 공정중심의 레이아웃(기계설비 중심)

      • 동일종류의 공정 즉 기계로 그 기능을 동일한 것, 혹은 유사한 것을 하나의 그룹으로 집합시키는 방식으로 일명 기능식 레이아웃이다.

      • 다종 소량생산으로 예상생산이 불가능한 경우, 표준화가 행해지기 어려운 경우에 채용한다.

    ㉢ 고정식 레이아웃

      • 주가 되는 재료나 조립부품은 고정된 장소에, 사람이나 기계는 그 장소로 이동해 가서 작업이 행해지는 방식이다.

      • 제품이 크고 수가 극히 적을 경우(선박, 건축)

14 주차공간의 바닥면은 장애인 등의 승하차에 지장을 주는 높이차이가 없어야 하며, 기울기는 50분의 1 이하로 할 수 있다.

15 동선계획 시 관람자가 진행하는 방향으로만 보이게 해서는 안 된다.

    ※ 동선계획의 기본 원리

      ㉠ 관람객의 흐름을 의도되는 대로 유도할 수 있는 레이아웃이 되어야 한다.

      ㉡ 관람객의 흐름에 막힘이 없어야 한다.

      ㉢ 관람객을 피로하지 않게 하여야 한다.

      ㉣ 전후 좌우를 다 볼 수 있어야 한다.

16 안변 석왕사 응진전은 고려 말기의 대표적인 다포 양식의 목조 건축물이다. [※ 부록 참고 : 건축계획 3-2]

정답 및 해설   13.①   14.③   15.①   16.②

17 다음 중 극장건축에 관한 설명으로 가장 옳지 않은 것은?

① 가변형 무대(adaptable stage)는 최소한의 비용으로 선택가능성을 둘 수 있다.

② 프로시니엄(proscenium)형은 picture frame stage라고도 한다.

③ 아레나(arena)형은 많은 관객을 수용할 수는 없지만 가까운 거리에서 관람할 수 있다는 장점이 있다.

④ 오픈 스테이지(open stage)형은 관객과 연기자가 근접할 수 있다.

18 쇼핑센터의 건축물에서 작은 규모에서 큰 규모의 순서로 옳은 것은?

① 커뮤니티형 쇼핑센터 < 근린형 쇼핑센터 < 지역형 쇼핑센터

② 근린형 쇼핑센터 < 커뮤니티형 쇼핑센터 < 지역형 쇼핑센터

③ 지역형 쇼핑센터 < 커뮤니티형 쇼핑센터 < 근린형 쇼핑센터

④ 근린형 쇼핑센터 < 지역형 쇼핑센터 < 커뮤니티형 쇼핑센터

19 근대건축운동과 건축가와의 연결로 옳은 것은?

① 아르누보(Art Nouveau) – 빅터 오르타(Victor Horta)

② 빈 분리파(Wien Secession) – 게리트 리트벨트(Gerrit Rietveld)

③ 독일공작연맹(Deutscher Werkbund) – 에릭 멘델존(Erich Mendelsohn)

④ 드 스틸(De Stijl) – 아돌프 로스(Adolf Loos)

20 증기난방의 특성에 대한 설명으로 가장 옳지 않은 것은?

① 증기난방은 보일러에서 물을 가열하여 발생된 증기를 각 실에 설치된 방열기로 보내어 이 수증기의 증발잠열로 난방하는 방식이다.

② 증발잠열을 활용하기 때문에 열운반 능력이 크다.

③ 방열면적이 온수난방보다 작으면 안되고, 배관관경이 커야 한다.

④ 설비비와 유지비가 싸다.

---

17 아레나(arena)형은 많은 관객을 수용할 수 있으며 가까운 거리에서 관람할 수 있다는 장점이 있다.

※ 극장의 평면형태

ㅤㄱ **오픈 스테이지** : 무대를 중심으로 객석이 동일 공간에 있다. 배우는 관객석 사이나 스테이지 아래로부터 출입한다. 연기자와 관객 사이의 친밀감을 한층 더 높일 수 있다.

ㅤㄴ **아레나 스테이지** : 가까운 거리에서 관람하면서 가장 많은 관객을 수용하며 무대배경을 만들지 않아도 되므로 경제적이다. (배경 설치 시 무대 배경은 주로 낮은 가구로 구성된다.) 관객이 360도로 둘러싼 형으로 사방의 관객들의 시선을 연기자에게 향하도록 할 수 있다. 관객이 무대 주위를 둘러싸기 때문에 다른 연기자를 가리게 되는 단점이 있다.

ㅤㄷ **프로시니엄 스테이지** : Picture Frame Stage라고도 하며 연기자가 한 쪽 방향으로만 관객을 대하게 된다.

ㅤㄹ **가변형 스테이지** : 최소한의 비용으로 극장표현에 대해 최대한의 선택가능성을 부여한다.

18 쇼핑센터의 건축물을 작은 규모에서 큰 규모의 순서로 나열하면 '근린형 쇼핑센터 < 커뮤니티형 쇼핑센터 < 지역형 쇼핑센터'가 된다.

19 ② 빈 분리파(Wien Secession) – 오토 바그너, 아돌프 루스, 요셉 마리아 올브리히
③ 독일공작연맹(Deutscher Werkbund) – 무테시우스, 발터 그로피우스, 피터 베렌스
④ 드 스틸(De Stijl) – 게리트 리트벨트, 반 되스 뷔르흐

20 증기난방의 경우 방열면적이 온수난방보다 작아도 되며, 주관의 관경이 작아도 된다.
[※ 부록 참고 : 건축계획 5-9]

정답 및 해설ㅤ 17.③ 18.② 19.① 20.③

1 공연장에 대한 설명으로 옳지 않은 것은?

① 박스오피스(Box office)는 휴대품 보관소를 의미하며 위치는 현관을 중심으로 정면 중앙이나 로비의 좌우측이 바람직하다.

② 프로시니엄(Proscenium)은 무대와 객석의 경계가 되며 관객의 시선을 무대로 집중시키는 역할도 하게 된다.

③ 오케스트라 피트(Orchestra pit)의 바닥은 일반적으로 객석 바닥보다 낮게 설치한다.

④ 아레나(Arena)형은 객석과 무대가 하나의 공간을 이루게 되는 공연장의 평면형식이다.

2 공장건축에서 자연채광에 대한 설명으로 옳은 것은?

① 기계류를 취급하므로 창을 크게 낼 필요가 없다.

② 오염된 실내 환경의 소독을 위해 톱날형의 천창을 남향으로 하여 많은 양의 직사광선이 들어오도록 해야 한다.

③ 실내의 벽 마감과 색채는 빛의 반사를 고려하여 결정해야 한다.

④ 실내로 입사하는 광선의 손실이 없도록 유리는 투명해야 한다.

3 도서관 건축계획에서 도서의 열람방식에 대한 설명으로 옳은 것은?

① 반개가식은 이용자가 자유롭게 자료를 찾고, 서가에서 자유롭게 열람하는 방식이다.

② 안전개가식은 이용자가 자유롭게 자료를 찾고, 서가에서 책을 꺼내고 넣을 수 있으나, 열람에 있어서는 직원의 검열을 필요로 하는 방식이다.

③ 폐가식은 이용자가 직접 자료를 찾아볼 수는 없으나, 서가에 와서 책의 표제를 볼 수 있으며, 직원에게 열람을 요청해야 하는 방식이다.

④ 자유개가식은 목록카드에 의해서 자료를 찾고, 직원의 검열을 받은 다음 책을 열람하는 방식이다.

---

1 공연장에서 박스오피스(Box office)는 일반적으로 매표소를 의미한다.

2 ① 가능한 한 창을 크게 내는 것이 좋다.
② 오염된 실내 환경의 소독을 위해 톱날형의 천창을 북향으로 하여 균일한 양의 직사광선이 들어오도록 해야 한다.
④ 광선을 부드럽게 확산시키는 젖빛유리나 프리즘 유리를 사용하는 것이 좋다.

3 ① 이용자가 자유롭게 자료를 찾고, 서가에서 자유롭게 열람하는 방식은 자유개가식이다.
③ 이용자가 직접 자료를 찾아볼 수는 없으나, 서가에 와서 책의 표제를 볼 수 있으며, 직원에게 열람을 요청해야 하는 방식은 반개가식이다.
④ 목록카드에 의해서 자료를 찾고, 직원의 검열을 받은 다음 책을 열람하는 방식은 폐가식이다.
[※ 부록 참고 : 건축계획 1-11]

정답 및 해설 1.① 2.③ 3.②

4 자연형 테라스하우스에 대한 설명으로 옳지 않은 것은?

① 각 세대의 깊이는 7.5m 이상으로 해야 한다.

② 테라스하우스의 밀도는 대지의 경사도에 따라 좌우되며, 경사가 심할수록 밀도가 높아진다.

③ 하향식 테라스하우스는 상층에 주생활 공간을 두고, 하층에 휴식 및 수면공간을 두는 것이 일반적이다.

④ 각 세대별로 전용의 뜰을 갖는 것이 가능하다.

5 호텔의 건축계획에 대한 설명으로 옳지 않은 것은?

① 숙박고객과 연회고객의 출입구를 분리하는 것이 바람직하다.

② 숙박고객이 프런트를 통하지 않고 직접 주차장으로 갈 수 있는 동선은 관리상 피하도록 한다.

③ 연면적에 대한 숙박부분의 면적비는 커머셜 호텔이 아파트먼트 호텔보다 크다.

④ 관리부분에는 라운지, 프런트데스크, 클로크룸(Cloak room) 등이 포함되며, 면적비는 호텔 유형에 관계없이 일정하다.

4 테라스하우스에서는 후문에 창문이 없기 때문에 각 세대의 깊이가 6 ~ 7.5m 이상이 되어서는 안 된다.

5 라운지는 공용(사교)부분에 속하며 면적비는 호텔유형에 따라 다양하다.

※ 호텔의 건축계획

기능	요점	소요실명
관리부분	호텔이라는 유기체의 생리적 작용이 이루어지는 곳(경영서비스의 중추기능)으로서 각부마다 신속하고 긴밀한 관계를 갖도록 한다. 특히 프런트 오피스는 기계화 설비가 요구된다.	클로크룸, 지배인실, 사무실, 공작실, 창고, 프런트 오피스, 복도, 전화교환실, 종업원 관계 제실 및 이에 부수되는 변소
숙박부분	호텔에서 가장 중요한 부분으로 이에 의해 호텔의 형이 결정된다. 객실은 쾌적성과 개성을 필요로 하며 필요에 따라서 변화를 주어 호텔의 특성을 살리도록 한다.	객실, 보이실, 메이트실, 리넨실, 트렁크룸
공용(사교) 부분	공용성을 주제로 한 것으로 호텔 전체의 매개공간 역할을 한다. 일반적으로 1층과 2층에 두며 숙박부분과는 계단, 엘리베이터 등으로 연락한다.	현관, 홀, 로비, 라운지, 식당, 연회장, 오락실, 바, 다방, 무도회장, 그릴, 담화실, 독서실, 미용실, 진열장, 엘리베이터, 계단, 정원
요리 관계 부분	식당과의 관계, 외부로부터 재료 반입 부분이 조잡해지는 것을 고려하여 위치를 정하도록 한다. 관리 사무실과의 연락이 쉽게 될 수 있도록 통로를 설치해야 한다.	배선실, 부엌, 식기실, 창고, 냉장고
설비관계 부분	공기조화설비가 중요하고 중앙식과 개별식으로 대별된다. 각실에는 온수난방이 좋고 공용부분에는 증기난방이 선호된다.	보일러실, 전기실, 기계실, 세탁실, 창고
대실	숙박부분의 기능을 보완하기 위하여 필수적으로 갖추어야 하는 실로서 숙박실과의 접근성과 편리성이 중요시된다.	상점, 창고, 대사무실, 클럽실

※ 호텔유형에 따른 면적비

종류 \ 구분	리조트 호텔	시티 호텔	아파트먼트 호텔
규모(객실 1에 대한 연면적)	$40 \sim 91m^2$	$28 \sim 50m^2$	$70 \sim 100m^2$
숙박부 면적비(연면적에 대한)	$41 \sim 56\%$	$49 \sim 73\%$	$32 \sim 48\%$
공용면적비(연면적에 대한)	$22 \sim 38\%$	$11 \sim 30\%$	$35 \sim 58\%$
관리부 면적비(연면적에 대한)	$6.5 \sim 9.3\%$		
설비부 면적비(연면적에 대한)	약 5.2%		
로비면적(객실 1에 대한)	$3 \sim 6.2m^2$	$1.9 \sim 6.2m^2$	$5.3 \sim 8.5m^2$

정답 및 해설 4.① 5.④

6 건물의 척도조정(Modular Coordination)에 대한 설명으로 옳은 것은?

① 건물의 척도조정은 설계만을 위한 것이며 시공 시에는 다시 검토해야 한다.

② 모듈상의 치수는 일반적으로 제품치수에 줄눈두께를 더한 공칭치수를 의미한다.

③ 척도조정의 가장 큰 목적은 건축물의 전체적인 비례를 맞추는 것이다.

④ 모듈상의 가로 및 세로 치수는 황금비를 이루도록 해야 한다.

7 국토의 계획 및 이용에 관한 법령상 경관지구에 속하지 않는 것은? (※ 기출 변형)

① 자연경관지구

② 특화경관지구

③ 역사경관지구

④ 시가지경관지구

8 다음과 같은 특징을 가지는 근대건축 및 예술의 사조는?

> 곡선화된 물결문양, 비대칭적 형태의 곡선과 같은 장식적 가치에 치중하였다. 또한 자연형태를 디자인의 원천으로 삼아 철이라는 재료의 휘어지는 특성을 이용하여 식물문양, 자유곡선 등을 장식적으로 사용하였다.

① 독일공작연맹(Deutscher Werkbund)

② 아르누보(Art Nouveau)

③ 데스틸(De Stijl)

④ 바우하우스(Bauhaus)

9 에스컬레이터에 대한 설명으로 옳지 않은 것은?

① 건물 내 교통수단 중의 하나로 40° 이하의 기울기를 가진 계단식 컨베이어다.

② 디딤바닥의 정격속도는 30m/min 이하로 한다.

③ 엘리베이터에 비해 점유면적당 수송능력이 크다.

④ 직렬식, 병렬식, 교차식 배치 중 점유면적이 가장 작은 것은 교차식이다.

---

6 ① 건물의 척도조정은 설계만이 아니라 시공을 위한 것이기도 하다.
③ 척도조정의 가장 큰 목적은 규격화를 통하여 구성재의 상호조합에 의한 호환성과 합리성을 확보하기 위함이다.
④ 모듈상의 가로 및 세로 치수가 서로 황금비를 이루어야 할 필요는 없다.

7 '경관지구'란 경관의 보전·관리 및 형성을 위하여 필요한 지구를 말한다. 국토교통부장관, 시·도지사 또는 대도시 시장은 도시·군관리계획결정으로 경관지구를 다음과 같이 세분하여 지정할 수 있다(출제 당시 ②지문은 '수변경관지구'였으나 2017년 법 개정으로 '특화경관지구'로 개편되었다).
　ⓙ 자연경관지구 : 산지·구릉지 등 자연경관을 보호하거나 유지하기 위하여 필요한 지구
　ⓛ 시가지경관지구 : 지역 내 주거지, 중심지 등 시가지의 경관을 보호 또는 유지하거나 형성하기 위하여 필요한 지구
　ⓒ 특화경관지구 : 지역 내 주요 수계의 수변 또는 문화적 보존가치가 큰 건축물 주변의 경관 등 특별한 경관을 보호 또는 유지하거나 형성하기 위하여 필요한 지구

8 보기의 내용은 아르누보(Art Nouveau)에 관한 사항이다.

9 에스컬레이터의 경사도는 30°를 초과하지 않아야 한다. 다만, 층고가 6m 이하이고, 공칭속도가 0.5m/s 이하인 경우에는 경사도를 35°까지 증가시킬 수 있다.

10 1929년 프랑크푸르트 암마인(Frankfurt am Main)의 국제주거회의에서 제시한 기준을 따를 때 5인 가족을 위한 최소 평균주거 면적은?

① $50m^2$

② $60m^2$

③ $75m^2$

④ $80m^2$

11 편측(광)창(Unilateral light window)과 비교할 때 천창(Top light)의 특징으로 옳지 않은 것은?

① 더 많은 채광량을 확보할 수 있다.

② 조망 및 통풍·차열의 측면에서 우수하다.

③ 방수에 대한 계획 및 시공이 비교적 어렵다.

④ 실내의 조도를 균일하게 할 수 있다.

12 종합병원의 건축계획에 대한 설명으로 옳지 않은 것은?

① 병동은 환자를 병류, 성별, 과별, 연령별 등으로 구분하여 구성할 수 있으나 과별로 구분하여 운영하는 것이 일반적이다.

② 중앙진료부는 외래부와 병동부 사이 중간에 설치하는 것이 바람직하다.

③ 외래진료부의 대기실은 통로공간에 설치하는 것보다 각 과별로 소규모의 대기실을 계획하는 것이 바람직하다.

④ 병원에서 면적 배분이 가장 큰 부문은 중앙진료부다.

13 건축가와 그가 설계한 건축물을 연결한 것으로 옳지 않은 것은?

① 르 꼬르뷔지에(Le Corbusier) – 사보아 주택(Villa Savoye)

② 렌조 피아노(Renzo Piano) – 퐁피두 센터(Pompidou Center)

③ 프랭크 게리(Frank Gehry) – 동대문 디자인 플라자(Dongdaemun Design Plaza)

④ 프랭크 로이드 라이트(Frank Lloyd Wright) – 낙수장(Falling Water)

---

10 Frank Am Main의 국제주거회의 기준은 '15m²/인' 이므로 5인 가족에 필요한 주거면적은 75m²가 된다.

11 천창방식은 편측(광)창 방식에 비해 조망과 통풍, 차열의 측면에서 불리한 방식이다.

12 병원에서 면적 배분이 가장 큰 부문은 병동부이다.

13 동대문 디자인 플라자(Dongdaemun Design Plaza)는 자하 하디드(Zaha Hadid)가 설계하였다.

14 건축물의 주출입구 계획 시 내·외부 간의 공기흐름을 조절하여 냉난방 효율을 높일 수 있는 계획기법과 직접 관련이 없는 것은?

① 방풍실 설치

② 회전문 설치

③ 캐노피 설치

④ 에어 커튼 설치

15 고층 건축물의 스모크 타워(Smoke tower) 계획에 대한 설명으로 옳지 않은 것은?

① 스모크 타워는 비상계단 내 전실에 설치한다.

② 스모크 타워의 배기구는 복도 쪽에, 급기구는 계단실 쪽에 가깝도록 설치한다.

③ 전실의 천장은 가급적 높게 한다.

④ 전실에 창이 설치된 경우에는 스모크 타워를 설치하지 않아도 된다.

16 업무시설 리모델링을 용이하게 하기 위한 건축설계 시 고려사항으로 옳지 않은 것은?

① 외부 확장가능성을 고려하여 서비스 코어를 가능한 한 편심코어나 양측코어로 계획하는 것이 바람직하다.

② 장래의 규모 확장을 고려하여 외부공간을 건축물에 의해 나누어지지 않도록 일정 규모 이상의 단일공간으로 확보하는 것이 바람직하다.

③ 서비스 코어에서는 설비 샤프트를 하나로 원룸화하여 공간 내에서의 가변성을 유도하는 것이 바람직하다.

④ 구조체의 확장을 고려하여 충분한 강성이 확보될 수 있도록 완결된 형태로 구조체를 계획하는 것이 바람직하다.

17 한국 전통건축의 기둥에 대한 설명으로 옳지 않은 것은?

① 동자주는 대들보나 중보 위에 올라가는 짧은 기둥을 말한다.

② 흘림기둥은 모양에 따라 배흘림기둥과 민흘림기둥으로 나뉘는데 강릉의 객사문은 민흘림 정도가 가장 강하다.

③ 활주는 추녀 밑을 받쳐주는 보조기둥으로 추녀 끝에서 기단 끝으로 연결되기 때문에 경사져 있는 것이 일반적이다.

④ 동바리는 마루 밑을 받치는 짧은 기둥이며, 외관상 보이지 않기 때문에 정밀하게 가공하지 않는다.

---

14 캐노피의 설치 자체는 냉난방 효율을 높일 수 있는 계획기법과는 관련이 없다.

15 고층 건축물의 스모크 타워는 배연을 목적으로 설치하며, 계단실의 전실에 둔다. 전실에 외부에 면한 창이 설치되어 있어도 필히 설치를 해야 한다. (전실의 창과는 별도로 스모크 타워는 꼭 설치해야 한다.)

16 구조체의 확장을 고려하여 충분한 융통성이 확보될 수 있도록 연속적인 형태로 구조체를 계획하는 것이 바람직하다.

17 강릉객사문은 민흘림기둥을 가지지 않은 건축물이다.

정답 및 해설 14.③ 15.④ 16.④ 17.②

18 「건축법 시행령」상 건축물의 높이에 산입되는 것은?

① 벽면적의 2분의 1 미만이 공간으로 되어 있는 난간벽

② 방화벽의 옥상돌출부

③ 지붕마루장식

④ 굴뚝

19 초등학교의 건축계획에 대한 설명으로 옳지 않은 것은?

① 학교 부지의 형태는 정형에 가까운 직사각형으로 장변과 단변의 비가 4 : 3 정도가 좋다.

② 교사(校舍)의 위치는 운동장을 남쪽에 두고 운동장보다 약간 높은 곳에 위치하는 것이 바람직하다.

③ 강당과 체육관의 기능을 겸용할 경우 강당 기능을 위주로 계획하는 것이 바람직하다.

④ 학년별로 신체적 · 정신적 발달의 차이가 크기 때문에 교실배치 시 고학년과 저학년의 구분이 필요하다.

20 주택법령상 도시형 생활주택에 대한 설명으로 옳은 것은?

① 도시형 생활주택이란 도시지역에 건설하는 400세대 이하의 국민주택규모에 해당하는 주택을 말한다.

② 단지형 연립주택, 단지형 다세대주택, 원룸형 주택으로 구분된다.

③ 원룸형 주택은 경우에 따라 세대별로 독립된 욕실을 설치하지 않고 단지 공용공간에 공동욕실을 설치할 수 있다.

④ 필요성이 낮은 부대 · 복리시설은 의무설치대상에서 제외하고 분양가상한제를 적용한다.

18 지붕마루장식·굴뚝·방화벽의 옥상돌출부나 그 밖에 이와 비슷한 옥상돌출물과 난간벽(그 벽면적의 2분의 1 이상이 공간으로 되어 있는 것만 해당)은 그 건축물의 높이에 산입하지 않는다.

19 강당과 체육관의 기능을 겸용할 경우 체육관으로서의 사용빈도가 높으므로 체육관 기능을 위주로 계획하는 것이 바람직하다.

20 ① 도시형 생활주택이란 도시지역에 건설하는 300세대 미만의 국민주택규모에 해당하는 주택을 말하며, 원룸형 주택, 단지형 연립주택, 단지형 다세대주택이 있다.
③ 원룸형 주택은 세대별로 독립된 주거가 가능하도록 욕실과 부엌을 설치해야 한다.
④ 도시형 생활주택을 건설할 때에는 '소음방지대책의 수립', '공동주택의 배치', '안내표지판', '비상급수시설', '주민공동시설' 등의 규정을 적용받지 않는다. 또, 도시형 생활주택은 분양가상한제가 적용되지 않는다.

정답 및 해설 18.① 19.③ 20.②

1 서양 건축양식의 변천과정을 시기 순으로 바르게 나열한 것은?

① 비잔틴 → 고딕 → 로마네스크 → 르네상스 → 바로크

② 비잔틴 → 로마네스크 → 고딕 → 르네상스 → 바로크

③ 로마네스크 → 비잔틴 → 고딕 → 바로크 → 르네상스

④ 로마네스크 → 비잔틴 → 고딕 → 르네상스 → 바로크

2 학교건축의 실별 세부계획에 대한 설명으로 옳지 않은 것은?

① 음악실은 강당과 근접한 위치가 좋으며, 외부의 잡음 및 타 교실의 소음 방지를 위한 방음 처리 계획이 중요하다.

② 과학실험실은 바닥 재료를 화공약품에 견디는 재료로 사용하고, 환기에 유의하여 계획한다.

③ 미술실은 학생들의 미술활동 지도에 있어 쾌적한 환경이 되도록 남향으로 배치하는 것이 좋다.

④ 도서실은 학교의 모든 곳에서 접근이 용이한 곳으로 지역 주민들의 접근성도 고려하여야 한다.

3 다음과 같은 현상을 무엇이라고 하는가?

> 부엌, 욕실 및 화장실 등의 수직 파이프나 덕트에 의해 환기가 이루어지는 곳에서는 환기 경로의 유효높이가 몇 개 층을 관통하여 길어지므로 온도차에 의한 자연환기가 발생한다.

① 윈드스쿠프(windscoop)

② 굴뚝효과(stack effect)

③ 맞통풍(cross ventilation)

④ 전반환기(general ventilation)

4 주거건축의 연결공간에 대한 설명으로 옳은 것은?

① 현관은 프라이버시를 보호하기 위해 눈에 잘 띄지 않는 곳에 위치하여야 한다.

② 중복도형은 통풍에 유리하다.

③ 계단은 현관이나 거실에 근접시켜 식당, 욕실, 화장실과 가깝게 설치한다.

④ 높이가 3m를 넘는 계단에는 높이 3m 이내마다 90cm 이상의 계단참을 설치하여야 한다.

---

1 서양 건축양식의 변천과정은 비잔틴 → 로마네스크 → 고딕 → 르네상스 → 바로크 순이다.
  [※ 부록 참고 : 건축계획 2-1]

2 미술실은 균일한 조도를 얻기 위하여 북향으로 배치하는 것이 좋다.

3 보기의 내용은 굴뚝효과에 대한 설명이다.
  • **윈드스쿠프** : 건물의 최상부에 개구부를 만들고 열기가 위쪽으로 배출되도록 한 것이다.
  • **맞통풍** : 서로 마주보는 개구부의 배치로 인해 바람이 한쪽 방향으로 시원하게 잘 통하는 것을 말한다.

4 ① 현관은 눈에 잘 띄는 곳에 위치해야 한다.
  ② 중복도형은 통풍에 불리하다.
  ④ 높이가 3m를 넘는 계단에는 높이 3m 이내마다 유효너비 120cm 이상의 계단참을 설치하여야 한다.

5 1929년 페리(Perry)의 근린주구이론에서 주거단지 구성을 위한 계획 원리에 대한 설명으로 옳지 않은 것은?

① 경계(Boundary) – 통과교통이 단지 내부를 관통하고 차량이 우회할 수 있는 충분한 폭의 광역도로로 둘러싸여야 한다.

② 오픈스페이스(Open Space) – 개개의 근린주구 요구에 부합하는 소공원과 레크리에이션 공간이 계획되어야 한다.

③ 규모(Size) – 인구 규모는 초등학교 하나를 필요로 하는 인구에 대응하는 규모를 가져야 한다.

④ 근린점포(Local Shops) – 근린주구 내 주민에게 적절한 서비스를 제공할 수 있는 상점가 한 개소 이상을 주요도로 결절점(코너)에 배치한다.

6 건축물의 에너지 절약 설계에 대한 설명으로 옳은 것은?

① 동일한 형상의 건물이라면 방위에 따른 열 부하는 동일하다.

② 건물의 외표면적비(외피면적비)가 작을수록 에너지 절약에 불리하다.

③ 건물의 평면 형태는 복잡한 형태가 에너지 절약에 유리하다.

④ 건물의 코어 공간을 건물 외벽 쪽에 배치하면 열 부하를 작게 할 수 있다.

7 기본색을 혼합해 이루어지는 2차색에 해당하지 않는 것은?

① 황색(yellow)

② 오렌지색(orange)

③ 녹색(green)

④ 자주색(violet)

8 열환경에 대한 단위로 옳지 않은 것은?

> [참고]   W : 와트, N : 뉴튼, s : 초, h : 시, μg : 마이크로그램

① 열관류율 – $W/m^2°C$
② 투습계수 – $\mu g/Ns$
③ 열전도율 – $W/mh°C$
④ 열전도저항 – $m^2h°C/kcal$

---

5 ※ 근린주구 구성의 6가지 계획원리[※ 부록 참고 : 건축계획 1-3]
   ㉠ 규모 : 하나의 초등학교가 필요하게 되는 인구규모이다.
   ㉡ 경계 : 통과교통이 내부를 관통하지 않고 용이하게 우회할 수 있도록 충분한 폭의 간선도로에 의해 구획되어야 한다.
   ㉢ 오픈스페이스 : 개개의 근린주구의 요구에 부합되도록 전체 면적 10% 정도의 계획된 소공원과 위락공간의 체계가 있어야 한다.
   ㉣ 공공건축물 : 단지의 경계와 일치하는 서비스구역을 갖는 학교나 공공건축용지는 근린주구의 중심위치에 적절히 통합되어야 한다.
   ㉤ 근린점포 : 주민들에게 서비스를 제공할 수 있는 1~2개소 이상의 상점지구가 교통의 결절점이나 인접 근린주구 내의 유사지구 부근에 설치되어야 한다(근린상가는 근린주구와 근린주구의 교차점이나 경계점에 배치한다).
   ㉥ 지구 내 가로체계 : 외곽 간선도로는 예상되는 교통량에 적절해야 하고, 내부가로망은 단지 내의 교통을 원활하게 하기 위하여 통과교통이 배제되어야 한다.

6 ① 동일한 형상의 건물이라면 방위에 따른 열 부하는 방위에 따라 상이하다.
   ② 건물의 외표면적비(외피면적비)가 작을수록 에너지 절약에 유리하다.
   ③ 건물의 평면 형태는 복잡한 형태일수록 에너지 절약에 불리하다.

7 빨강, 노랑, 파랑은 기본 색으로서, 다른 색을 섞어서 만들어낼 수 없다.

8 열전도율은 두께가 1m인 재료의 열전달의 특성이며 단위는 W/mK, 또는 Kcal/mh°C로 표현한다.

<u>**정답 및 해설**</u> 5.① 6.④ 7.① 8.③

9 사회심리적 환경요인 중 개인공간, 대인간의 거리, 자기영역에 대한 설명으로 옳지 않은 것은?

① 애드워드 홀(Edward T. Hall)은 인간관계의 거리를 '친밀한 거리(intimacy distance)', '개인적 거리(personal distance)', '사회적 거리(social distance)', '공적 거리(public distance)'의 4가지 유형으로 분류하였다.

② 개인공간은 실질적이고 명확한 경계를 가지며 침해되면 마음속에 저항이 생기고 스트레스를 유발한다.

③ 자기영역은 공간적 넓이를 가지며 움직이지 않는 정착된 것이다.

④ 자기영역은 구체적이거나 상징적인 방법으로 표시가 가능하다.

10 미술관 또는 박물관의 특수전시기법 중 '하나의 사실' 또는 '주제의 시간 상황'을 고정시켜 연출함으로써 현장감을 느낄 수 있도록 표현하는 것은?

① 디오라마 전시
② 파노라마 전시
③ 아일랜드 전시
④ 하모니카 전시

11 서양 중세 건축양식별 특징과 그와 관련된 건축물에 대한 설명으로 옳지 않은 것은?

① 고딕 건축양식은 플라잉 버트레스(flying buttress), 첨두아치(pointed arch)를 사용하였으며, 대표적인 건축물로 성 소피아(St. Sophia) 성당이 있다.

② 로마네스크 건축양식은 반원 아치(arch), 교차볼트(intersecting vault)를 사용하였으며, 대표적인 건축물로 성 미니아토(St. Miniato) 성당이 있다.

③ 비잔틴 건축양식은 돔(dome), 펜던티브(pendentive)를 사용하였고, 대표적인 건축물로 성 비탈레(St. Vitale) 성당이 있다.

④ 사라센 건축의 모스크(mosque)는 미나렛(minaret)이 특징이며, 대표적인 건축물로 코르도바(Cordoba) 사원이 있다.

12 주택 건축 계획에 대한 설명으로 옳지 않은 것은?

① 숑바르 드 로브(Chombard de Lawve)는 심리적 압박이나 폭력 등의 병리적 현상이 일어날 수 있는 규모를 '16m²/인'으로 규정하였다.

② 동선 계획에 있어서 개인, 사회, 가사노동권의 3개 동선은 서로 분리되어 간섭이 없는 것이 좋다.

③ 식당의 위치는 기본적으로 부엌과 근접 배치시키고 부엌이 직접 보이지 않도록 시선을 차단시키는 것이 좋다.

④ 주방 계획은 '재료준비 → 세척 → 조리 → 가열 → 배선 → 식사'의 작업 순서를 고려해야 한다.

---

9 개인공간은 눈에 보이지 않으며, 추상적이고 모호한 동적인 경계를 가진다.

10 문제의 지문은 디오라마 전시에 관한 설명이다. 현장감 있는 연출을 위해 다양한 장치를 이용한다.

11 성 소피아 성당은 대표적인 비잔틴 양식의 건축물이다.

12 숑바르 드 로브(Chombard de Lawve)는 심리적 압박이나 폭력 등의 병리적 현상이 일어날 수 있는 규모를 '8m²/인'으로 규정하였다.

정답 및 해설 9.② 10.① 11.① 12.①

13 공연장 건축계획과 관련한 용어에 대한 설명으로 옳지 않은 것은?

① 그리드아이언(gridiron) – 무대의 천장 바로 밑에 철골을 촘촘히 깔아 바닥을 이루게 한 것으로, 배경이나 조명기구, 연기자 또는 음향 반사판 등이 매달릴 수 있도록 장치된다.

② 사이클로라마(cyclorama) – 그림의 액자와 같이 관객의 눈을 무대에 쏠리게 하는 시각적 효과를 가지게 하며 관객의 시선에서 공연무대나 무대 배경을 제외한 다른 부분들을 가리는 역할을 한다.

③ 플로어 트랩(floor trap) – 무대의 임의 장소에서 연기자의 등장과 퇴장이 이루어질 수 있도록 무대와 트랩룸 사이를 계단이나 사다리로 오르내릴 수 있는 장치이다.

④ 플라이 갤러리(fly gallery) – 그리드아이언에 올라가는 계단과 연결된 무대 주위의 벽에 설치되는 좁은 통로이다.

14 병원건축의 수술부 계획에 대한 설명으로 옳지 않은 것은?

① 수술 중에 검사를 요하는 조직병리부, 진단방사선부와 협조가 잘 될 수 있는 장소이어야 한다.

② 멸균재료부(C.S.S.D.)에 수직 및 수평적으로 근접이 쉬운 장소이어야 한다.

③ 타 부분의 통과교통이 없는 장소이어야 한다.

④ 수술실의 공기조화설비를 할 때는 오염 방지를 위해 독립된 설비계통으로 하여 수술실의 공기를 재순환시킨다.

15 호텔의 기능적 부분과 소요실을 연결한 것으로 옳지 않은 것은?

① 숙박부분 – 린넨실(리넨실)

② 관리부분 – 프런트 오피스

③ 공용부분 – 보이실

④ 요리관계부분 – 배선실

16 한식 목조 건축의 특징에 대한 설명으로 옳지 않은 것은?

① 후림 – 처마선을 안쪽으로 굽게 하여 날렵하게 보이도록 하는 것
② 조로 – 처마 양쪽 끝을 올려 지붕선을 아름답고 우아하게 하는 것
③ 귀솟음 – 평주를 우주보다 약간 길게 하여 처마 끝쪽이 다소 올라가게 하는 것
④ 안쏠림 – 우주를 수직선보다 약간 안쪽으로 기울임으로써 안정감이 느껴지도록 하는 것

---

13 그림의 액자와 같이 관객의 눈을 무대에 쏠리게 하는 시각적 효과를 가지게 하며 관객의 시선에서 공연무대나 무대 배경을 제외한 다른 부분들을 가리는 역할을 하는 것은 프로시니엄 아치이다. [※ 부록 참고 : 건축계획 1-17]

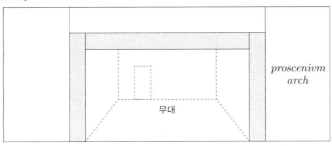

14 수술실의 경우 공기의 오염 방지를 위해서는 공기를 재순환시켜서는 안 된다.

15 보이실은 숙박부분에 해당한다. [※ 부록 참고 : 건축계획 1-14]

16 귀솟음은 건물 중앙에서 양쪽 끝으로 갈수록 기둥을 점차 높여주는 것이다. 일반적으로 평주(平柱)에서 귓기둥(隅柱, 우주) 쪽으로 가면서 차차 기둥의 높이를 키워 귓기둥을 높게 한다. [※ 부록 참고 : 건축계획 3-4]

정답 및 해설　13.②　14.④　15.③　16.③

17 건축 공간과 치수(scale) 및 치수 조정(M.C. : modular coordination)에 대한 설명으로 옳지 않은 것은?

① 건축 공간의 치수는 물리적, 생리적, 심리적 치수 등을 고려해야 한다.
② 실내의 필요 환기량을 반영하여 창문 크기를 결정하는 것은 생리적 치수를 고려한 것이다.
③ 치수 조정을 하면 설계 작업이 단순해지고, 건축물 구성재의 대량 생산이 용이해진다.
④ 치수 조정을 하면 건축물 형태에서 창조성과 인간성 확보가 쉬워진다.

18 팬코일유닛(FCU) 방식에 대한 설명으로 옳지 않은 것은?

① 각 유닛마다 조절할 수 있다.
② 전공기 방식에 비해 덕트 면적이 작다.
③ 전공기 방식에 비해 중간기 외기냉방 적용이 용이하다.
④ 장래의 부하 증가 시 팬코일유닛의 증설로 용이하게 대응할 수 있다.

19 단열공법에 대한 설명으로 옳은 것은?

① 내단열은 외단열에 비해 일시적 난방에 적합하다.
② 내단열은 외단열에 비해 열교 부분의 단열 처리가 유리하다.
③ 외단열은 적은 열용량을 갖고 있으므로 실온 변동이 크다.
④ 내단열 설계에서 방습층은 실외 저온 측면에 설치하여야 한다.

20 그리스 기둥 양식 중 도리아 주범(Doric order)에 대한 설명으로 옳지 않은 것은?

① 장중하고 남성적인 느낌이 난다.

② 그리스 기둥 양식 중 가장 오래된 기둥 양식이다.

③ 파르테논신전 설계자 익티누스가 창안하였다.

④ 초반(base)이 없이 주두(capital)와 주신(shaft)으로 구성되어 있다.

---

17 치수조정을 하면 규격화가 이루어지면서 건축물 형태에 있어서 창조성과 인간성 확보가 더 어려워진다.

18 팬코일유닛방식은 전공기 방식에 비해 중간기 외기냉방 적용이 불리하다.
※ 팬코일유닛(fan coil unit) … 코일이나 송풍기, 공기 거르개 등을 하나의 케이싱에 넣어 소형의 유닛으로 만든 공기 조화 장치를 말한다. 실내에 설치하여 냉·온수 배관과 전기 배선을 하면 실내 공기의 냉각 또는 가열을 할 수 있다.

19 ② 내단열은 외단열에 비해 열교 부분의 단열 처리가 불리하다.
③ 외단열은 내단열에 비해 일반적으로 큰 열용량을 갖고 있으므로 실온 변동이 적다.
④ 내단열 설계에서 방습층은 실내 고온 측면에 설치하여야 한다.

20 파르테논신전이 세워지기 수세기 전부터 도리아양식은 존재해왔다.

1 복합용도개발(Mixed-use Development)의 특성으로 옳지 않은 것은?

① 20세기 초 아테네헌장에서 주장된 용도순화나 기능분리의 원칙과는 다른 개념이다.

② 다양한 기능공간을 복합하므로 구조, 설비계획이 용이한 장점이 있다.

③ 기능이 복합되므로 사용자를 고려한 프로그래밍이 필요하고, 물리적, 기능적 연계를 고려하여야 한다.

④ 이론적으로는 도심공동화, 출퇴근 교통문제 등의 문제를 해결할 수 있는 주상복합건축물도 이 개발의 한 형식이다.

2 다음 중 주택단지가 기간도로와 접하는 폭 또는 주택단지 진입도로의 폭을 결정하는 근거로 가장 옳은 것은?

① 주동 높이와 주호조합 형식

② 주택의 규모와 분양가

③ 주택단지 출입구의 개수

④ 주택단지 총세대수

3 건축공간·형태의 비례와 스케일을 계획할 때 모듈계획의 필요성에 관한 설명으로 가장 옳지 않은 것은?

① 건축의 규모, 종류, 기능에 관계없이 모듈을 정한다.

② 건물전체에 대한 비례, 균형 및 통일감을 얻을 수 있다.

③ 융통성이 있는 공간계획을 위해서는 구조모듈과 계획모듈의 조절작업이 필요하다.

④ 모듈이란 그리스에서 열주(order)의 지름을 1M이라 했을 때 높이, 간격, 실폭, 길이 등 다른 부분들을 비례적으로 지칭하는 기본단위이다.

4 다음 중 건축계획 용어와 단위가 바르게 연결된 것은?

① 광속 – 룩스(lux)

② 열관류율 – kcal/m^2 · h · ℃

③ 단위중량 – kg · m^2

④ 휘도 – lumen/m^2

---

1 복합용도개발은 다양한 기능공간을 복합하므로 구조, 설비계획이 복잡해진다.

2 주택단지가 기간도로와 접하는 폭 또는 주택단지 진입도로의 폭을 결정하는 가장 주된 요인은 주택단지의 총세 대수이다.

3 건축의 규모, 종류, 기능을 고려하여 모듈을 정한다.

4 ① 광속 – 루멘(lumen)
③ 단위중량 – kg/m^3
④ 휘도 – cd/m^2

정답 및 해설 1.② 2.④ 3.① 4.②

5 경로당은 아래 노인복지시설 중 어느 구분에 속하는가?

① 노인주거복지시설
② 노인의료복지시설
③ 노인여가복지시설
④ 재가노인복지시설

6 다음 중 프랑스의 세계적인 근대 건축가인 르 꼬르뷔제(Le Corbusier)의 작품이 아닌 것은?

① 사보아 주택(Villa Savoy)
② 롱샹 성당(Notre-Dame du Haut, Ronchamp)
③ 유니테 다비타시옹(Unité d'Habitation)
④ 퐁피두 센터(Centre Pompidou)

7 다음 중 오피스에서 코어의 역할을 설명한 것으로 옳지 않은 것은?

① 공용부분을 집약시켜 유효 임대면적을 증가시키는 역할
② 각 층의 층고를 최소화할 수 있게 도와주는 역할
③ 내력적 구조체로서의 역할
④ 파이프, 덕트 등 설비요소를 집약하여 설치하는 공간의 역할

8 건축물의 피난계획에 관한 설명으로 가장 옳지 않은 것은?

① 용도별 기준면적 이상의 다중이용시설을 지하층에 계획할 경우, 피난을 위해 천장이 개방된 외부공간을 설치한다.

② 대지 안의 통로와 공지는 피난과 소화를 위한 것으로, 건축물의 용도에 따라 확보 기준이 다르다.

③ 건축물의 피난층으로 이르는 직통계단의 개수와 보행거리는 그 층의 용도와 바닥면적에 따라 달리 계획한다.

④ 관람석과 집회실로부터 출구 문을 안여닫이로 하는 것은 재난 시 관객과 이용자의 대피가 용이하도록 한 것이다.

---

5 경로당은 노인여가복지시설에 속한다.

노인주거복지시설	양로시설, 노인공동생활가정, 노인복지주택	노인보호전문기관	–
노인의료복지시설	노인요양시설, 노인요양공동생활가정	노인일자리지원기관	–
노인여가복지시설	노인복지관, 경로당, 노인교실	학대피해노인 전용쉼터	–
재가노인복지시설	방문요양서비스, 주·야간보호서비스, 단기보호서비스, 방문목욕서비스, 그 밖의 보건복지부령으로 정하는 서비스		

6 퐁피두 센터는 프랑스 파리에 있는 복합 문화센터로, 리차드 로저스, 렌조 피아노 등이 설계하여 1977년 완공되었다. 내부 구조가 밖으로 노출되어 있는 것이 주요 특징이다.

7 오피스의 코어는 층고의 최소화와 직접적인 관련이 없다.

8 관람석과 집회실로부터 출구 문을 밖여닫이로 해야 재난 시 관객과 이용자의 대피가 용이하다.

<u>정답 및 해설</u> 5.③ 6.④ 7.② 8.④

9 호텔의 입지 선정과 배치계획에 대한 설명으로 가장 옳지 않은 것은?

① 커머셜 호텔(commercial hotel)은 경관과 체육시설을 우선으로 부지를 선정하여야 한다.

② 레지덴셜 호텔(residential hotel)은 편의성과 거주환경을 동시에 만족시키는 입지 선정이 필요하다.

③ 리조트 호텔(resort hotel)은 조망, 쾌적성을 고려하고 장래 증축을 고려하여 건축물을 배치하여야 한다.

④ 시티 호텔(city hotel)은 보통 좁은 부지에 건립되므로 주현관과 주차장의 연계성을 충분히 고려하여야 한다.

10 유치원 계획 시 고려할 사항으로 가장 옳지 않은 것은?

① 입지를 결정하기 위해서는 주변의 사회문화적 환경과 물리적 환경을 모두 고려하여야 한다.

② 통원거리는 이용자 수뿐만 아니라, 통학로와 스쿨버스 노선의 위험성을 분석하여 결정하여야 한다.

③ 유치원의 대지면적은 원아의 연령 비율, 교사 수, 식당의 유무에 의해 결정된다.

④ 유아의 신체적, 정신적 발달을 위해 실내공간과 외부공간이 상호 연계되도록 계획한다.

11 다음 중 구립 공공도서관을 계획하기 위한 고려사항으로 옳지 않은 것은?

① 열람실은 성인 1인당 $2.0 \sim 2.5m^2$로 환산하여 대규모로 한 곳에 집중배치한다.

② 공공도서관은 지역사회의 중심으로서, 교통이 편리하고 소음이 없으며 주변환경이 깨끗한 곳을 부지로 선정한다.

③ 캐럴(Carrel)은 열람자의 도서접근성을 고려하여 서고 내부에 두어도 좋다.

④ 최근에는 도서관이 시민 갤러리, 시청각정보서비스, 영상 미디어센터 등으로 그 용도가 복합화되고 있다.

12 다음 실내체육관 건축계획 관련사항 중 잘못 기술된 것은?

① 경기장의 규모는 배구코트를 기준으로 결정한다.

② 체육관의 부문별 구성은 경기부분, 관람부분, 관리부분으로 나누어진다.

③ 실내체육관의 벽면은 목질계, 유공계를 사용하는 경우가 많다.

④ 천장높이는 볼이 높이 솟아오를 경우를 대비하여야 하며, 배구경기의 경우 12.5m가 필요하다.

---

9 커머셜 호텔(commercial hotel)은 상업과 사무상의 목적과 교통과 같은 접근성을 우선으로 부지를 선정해야 한다.

10 유치원의 대지면적은 유치원생 수가 가장 결정적인 요인이다. (아동 1인당 교육공간의 면적은 3~5m² 정도로 한다.)

11 열람실은 독서분위기를 향상시키기 위하여 되도록 소단위로 구획하는 것이 좋다.

12 경기장의 규모는 농구코트를 기준으로 결정한다.

정답 및 해설 9.① 10.③ 11.① 12.①

13 다음은 구민회관으로 이용가능한 극장의 기본계획을 관리하는 과정에서 고려해야 할 사항에 관한 기술이다. 옳은 것은?

① 극장계획에서 그린 룸(green room)은 일반인들이 편안하게 이용할 수 있는 시설로서, 주출입구 전면 로비근처에 배치한다.

② 원형이나 타원형평면은 공간의 상징성 측면이나 음향 측면에서 매우 바람직한 평면형상이다.

③ 플라이 갤러리(fly gallery)는 관람객이 전시물을 즐길 수 있도록 배려한 극장 내 전시시설이다.

④ 극장 내부의 음향을 고려하여 전면 무대측에는 반사재를, 후면 객석하부에는 흡음재를 계획한다.

14 건축에서 공간, 형태구성 원리로 가장 적합하지 않은 것은?

① 대칭과 균형

② 비례와 스케일

③ 통일성과 획일성

④ 조화와 대비

15 결로와 관련된 설명으로 가장 옳은 것은?

① 벽체의 열관류율이 작고, 틈 사이가 큰 건물에서 발생하기 쉽다.

② 환기가 잘되어 외기와 자주 만나는 곳에 발생하기 쉽다.

③ 구조상 일부 벽이 얇아지거나, 열관류저항이 작은 부분이 생기면 결로하기 쉽다.

④ 목조주택이 콘크리트주택보다 결로가 발생하기 쉽다.

16 〈보기〉에 나열된 시스템은 다음 중 어떤 설비에 속하는가?

〈보기〉	
㉠ 수도직결방식	㉡ 고가수조방식
㉢ 압력수조방식	㉣ 가압직송방식

① 급탕설비 ② 급수설비
③ 소화설비 ④ 난방설비

---

13 ① 극장계획에서 그린 룸(green room)은 출연자 대기실이다.
② 원형이나 타원형평면은 음향 측면에서 매우 잘못된 평면형상이다.
③ 플라이 갤러리(fly gallery)는 무대 후면 벽 주위 6 ~ 9m 높이에 설치되는 통로이다.

14 통일성과 획일성은 건축에서 공간, 형태구성 원리에 속하지 않는다.

15 ① 벽체의 열관류율이 클수록 결로가 발생하기 쉽다.
② 환기가 잘되어 외기와 자주 만나는 곳은 결로가 발생하기 어렵다.
④ 목조주택이 콘크리트주택보다 결로가 발생하기 어렵다.

16 보기는 급수설비방식을 나열한 것이다. [※ 부록 참고 : 건축계획 5-1]

정답 및 해설 13.④ 14.③ 15.③ 16.②

17 다음 중 건축계획과 설계에 대한 설명으로 가장 옳지 않은 것은?

① 건축프로그래밍은 건축설계에 앞서 프로젝트와 관련된 다양한 문제점들을 찾는 작업이다.
② 건축프로그래밍에서 정보수집의 방법에는 선험연구, 인터뷰, 설문, 관찰, 실험 등이 있다.
③ 건축계획단계에서는 설계에 적용할 수 있는 설계지침이나 설계기준을 정리한다.
④ 건축프로그래밍은 추출된 문제점을 해결하는 종합적인 결정과정이다.

18 「장애인·노인·임산부 등의 편의증진 보장에 관한 법률」에 의한 편의시설의 세부기준에 관한 내용 중 옳지 않은 것은?

① 접근로의 기울기는 18분의 1 이하로 하여야 한다. 다만, 지형상 곤란한 경우에는 12분의 1까지 완화할 수 있다.
② 휠체어사용자가 통행할 수 있도록 접근로의 유효폭은 1.2미터 이상으로 하여야 한다.
③ 장애인전용주차구역의 크기는 주차대수 1대에 대하여 폭 3.3미터 이상, 길이 5.0미터 이상으로 하여야 한다.
④ 출입구(문)는 통과유효폭을 0.9미터 이상으로 하여야 하며, 출입구(문)의 전면 유효거리는 1.0미터 이상으로 하여야 한다.

19 다음 건축가와 그 작품의 연결이 옳지 않은 것은?

① 김중업 – 프랑스 대사관
② 김수근 – 구 공간 사옥
③ 승효상 – 서울 시청 신청사
④ 이희태 – 절두산성당

20 대지의 측량이나 건축물의 건축 과정에서 부득이하게 오차가 발생할 수 있다. 다음 건축물 및 대지관련 허용 오차 중 국토교통부령으로 정하는 범위 내의 허용오차로 적절한 것은?

① 인접대지 경계선과의 거리 : 3% 이내

② 건폐율 : 1% 이내(건축면적 5m²를 초과할 수 없다.)

③ 용적률 : 2% 이내(연면적 30m²를 초과할 수 없다.)

④ 건축물 높이 : 3% 이내(1m를 초과할 수 없다.)

---

17 건축프로그래밍은 문제점을 분석하고 설계지침이나 기준을 정하는 작업이지만 추출된 문제점을 해결하는 종합적인 의사결정과정이라고 볼 수는 없다.

18 출입구(문)는 통과유효폭을 0.9미터 이상으로 하여야 하며, 출입구(문)의 전면 유효거리는 1.2미터 이상으로 하여야 한다. [※ 부록 참고 : 건축계획 6-22]

19 서울 시청 신청사는 유걸의 작품으로 '전통, 시민, 미래'를 핵심 키워드로 하여 설계되었다.

20 ② 건폐율 : 0.5% 이내(건축면적 5m²를 초과할 수 없다.)
  ③ 용적률 : 1% 이내(연면적 30m²를 초과할 수 없다.)
  ④ 건축물 높이 : 2% 이내(1m를 초과할 수 없다.)

1. 대지 관련 건축기준의 허용오차

항목	허용되는 오차의 범위
건축선의 후퇴거리	3퍼센트 이내
인접대지 경계선과의 거리	3퍼센트 이내
인접건축물과의 거리	3퍼센트 이내
건폐율	0.5퍼센트 이내(건축면적 5제곱미터를 초과할 수 없다)
용적률	1퍼센트 이내(연면적 30제곱미터를 초과할 수 없다)

2. 건축물 관련 건축기준의 허용오차

항목	허용되는 오차의 범위
건축물 높이	2퍼센트 이내(1미터를 초과할 수 없다)
평면길이	2퍼센트 이내(건축물 전체길이는 1미터를 초과할 수 없고, 벽으로 구획된 각실의 경우에는 10센티미터를 초과할 수 없다)
출구너비	2퍼센트 이내
반자높이	2퍼센트 이내
벽체두께	3퍼센트 이내
바닥판두께	3퍼센트 이내

정답 및 해설 17.④ 18.④ 19.③ 20.①

1 건축물의 색채 계획에 대한 내용으로 옳지 않은 것은?

① 건물의 형태, 재료, 용도 등에 따라 배색 계획을 수립한다.

② 식당의 벽면에는 식욕을 돋우는 한색계통을 사용한다.

③ 교실의 색채는 교실 종류와 학생의 연령에 따라 달라야 한다.

④ 저학년 교실의 벽면은 난색계통이 좋다.

2 다음 설명에 해당하는 미술관 채광방식은?

- 관람자가 서 있는 위치 상부에 천장을 불투명하게 하고 측벽에 가깝게 채광창을 설치하는 방식이다.
- 관람자가 서 있는 위치와 중앙부는 어둡게 하고 전시벽면은 조도를 충분히 확보할 수 있는 이상적 채광법이다.

① 측광창 형식

② 고측광창 형식

③ 정측광창 형식

④ 정광창 형식

3 다음 설명에 해당하는 급수방식은?

> • 소규모 건물에 적합하다.
> • 급수 오염가능성이 가장 작다.
> • 정전 시에도 급수가 가능하다.
> • 단수 시에는 급수가 불가능하다.

① 수도직결방식
② 고가탱크방식
③ 압력탱크방식
④ 펌프직송방식

---

1 한색계통은 식욕을 돋우는 기능과는 거리가 멀다.

2 보기의 내용은 정측광창 형식에 관한 설명이다. [※ 부록 참고 : 건축계획 1-19]

3 보기의 내용은 수도직결방식에 관한 설명이다. [※ 부록 참고 : 건축계획 5-1]

정답 및 해설 1.② 2.③ 3.①

4 병원건축 계획에 대한 설명으로 옳지 않은 것은?

① PPC(Progressive Patient Care)는 환자의 증세에 따른 간호단위 분류 방식이다.

② 간호사 대기소는 환자의 사생활 보호를 위하여 병실군 외곽에 둔다.

③ 정형외과 외래진료부는 보행이 불편한 환자를 위하여 될 수 있는 한 저층부인 1~2층에 둔다.

④ 정신병동의 회복기 환자를 위한 개방성 병실은 일반병실에 준해서 계획해도 된다.

5 각 기후 조건에서의 건물계획 특성으로 옳지 않은 것은?

① 한랭기후 – 외피면적의 최소화

② 온난기후 – 여름에 차양 설치

③ 고온건조 – 얇은 벽을 통한 야간 기후 조절

④ 고온다습 – 개구부에 의한 주야간 통풍

6 「장애인 · 노인 · 임산부 등의 편의증진 보장에 관한 법률 시행규칙」상 편의시설의 구조 · 재질 등에 관한 세부기준에 대한 설명으로 옳지 않은 것은?

① 장애인전용시설 복도 측면에 2중 손잡이를 설치할 때, 아래쪽 손잡이의 높이는 바닥면으로부터 0.65m 내외로 하여야 한다.

② 계단 경사면에 설치된 손잡이의 끝부분에는 0.3m 이상의 수직손잡이를 설치하여야 한다.

③ 장애인용 승강기 전면에는 1.4m×1.4m 이상의 활동공간을 확보하여야 한다.

④ 장애인용 에스컬레이터 속도는 분당 30m 이내로 하여야 한다.

7 체육관의 공간구성에 대한 설명으로 옳지 않은 것은?

① 체육관의 공간은 경기영역, 관람영역, 관리영역으로 구분할 수 있다.

② 경기장과 운동기구 창고는 경기영역에 포함된다.

③ 관람석과 임원실은 관람영역에 포함된다.

④ 관장실과 기계실은 관리영역에 포함된다.

---

4 간호사 대기소는 환자에 대한 지속적인 간호를 위한 곳이므로 병실군과 인접시켜야 한다.

5 고온건조기후 지역의 건물계획
㉠ 열용량이 매우 큰 외피구조를 채택하여 주간에 열을 흡수하고 야간에 열을 방출한다(벽의 두께가 두꺼워진다).
㉡ 과도한 건조를 막기 위해 환기는 피한다.

6 계단 경사면에 설치된 손잡이의 끝부분에는 0.3m 이상의 수평손잡이를 설치하여야 한다. [※ 부록 참고 : 건축계획 6-22]

7 임원실은 관람영역에 포함되지 않으며 관리영역에 속한다고 볼 수 있다.

정답 및 해설 4.② 5.③ 6.② 7.③

8 공동주택의 주동 계획에 대한 내용으로 옳지 않은 것은?

① 탑상형은 단지의 랜드마크 역할을 할 수 있다.
② 탑상형은 각 세대의 거주 환경이 불균등하다.
③ 판상형은 탑상형에 비해 다른 주동에 미치는 일조 영향이 크다.
④ 판상형은 탑상형에 비해 각 세대의 조망권 확보가 유리하다.

9 고딕 건축에 대한 설명으로 옳지 않은 것은?

① 12세기 초 독일에서 발생하여 15세기까지 전개된 건축양식이다.
② 리브 볼트, 첨두아치, 플라잉 버트레스는 고딕건축의 특징이다.
③ 독일 쾰른 대성당, 프랑스 파리 노트르담 대성당, 영국 솔즈베리 대성당은 고딕양식 건축물이다.
④ 중세 교회건축을 완성한 건축양식이다.

10 「주차장법 시행규칙」상 노외주차장 설치에 대한 계획기준과 구조 · 설비기준에 대한 설명으로 옳지 않은 것은?

① 특별한 이유가 없으면, 노외주차장과 연결되는 도로가 둘 이상인 경우에는 자동차 교통에 미치는 지장이 적은 도로에 출구와 입구를 설치하여야 한다.
② 지하식 노외주차장의 경사로의 종단경사도는 직선부분에서는 17%를 초과하여서는 아니 된다.
③ 노외주차장의 출구 및 입구는 너비 6m 미만의 도로와 종단기울기가 8%를 초과하는 도로에 설치하여서는 아니 된다.
④ 노외주차장의 출구 및 입구는 교차로의 가장자리나 도로의 모퉁이로부터 5m 이내에 해당하는 도로의 부분에 설치하여서는 아니 된다.

11 노인복지시설 부지계획에 대한 설명으로 옳지 않은 것은?

① 원예 등의 취미생활을 즐길 수 있는, 경사가 있는 대지가 좋다.

② 편리한 대중교통 시설이 근접해 있어야 한다.

③ 시설의 진입로는 완만하고 평탄하게 하여 접근과 출입이 쉽도록 한다.

④ 도시형의 경우 주변에서 쾌적한 환경을 얻기 힘든 만큼 내부적으로 특별한 계획이 필요하다.

---

8 판상형은 탑상형에 비해 각 세대의 조망권 확보가 불리하다.

9 고딕건축은 12세기 프랑스에서 시작된 양식이다.

10 노외주차장의 출구 및 입구(노외주차장의 차로의 노면이 도로의 노면에 접하는 부분을 말한다.)는 다음 각 목의 어느 하나에 해당하는 장소에 설치하여서는 아니 된다.
  가. 「도로교통법」 제32조 제1호부터 제4호까지, 제5호(건널목의 가장자리만 해당한다) 및 같은 법 제33조 제1호부터 제3호까지의 규정에 해당하는 도로의 부분 (「도로교통법」 제32조 제2호 : 교차로의 가장자리나 도로의 모퉁이로부터 5m 이내에 해당하는 도로)
  나. 횡단보도(육교 및 지하횡단보도를 포함한다)로부터 5미터 이내에 있는 도로의 부분
  다. 너비 4미터 미만의 도로(주차대수 200대 이상인 경우에는 너비 6미터 미만의 도로)와 종단 기울기가 10퍼센트를 초과하는 도로
  라. 유아원, 유치원, 초등학교, 특수학교, 노인복지시설, 장애인복지시설 및 아동전용시설 등의 출입구로부터 20미터 이내에 있는 도로의 부분
  [※ 부록 참고 : 건축계획 6-16]

11 노인복지시설의 부지를 계획할 때 경사가 있는 대지는 권장되지 않는다.

정답 및 해설 8.④ 9.① 10.③ 11.①

12 다음 설명에 해당하는 건축 형태의 구성 원리는?

> 미적 대상을 구성하는 부분과 부분 사이에 질적으로나 양적으로 모순되는 일이 없이 질서가
> 잡혀 있는 것

① 질감   ② 조화
③ 리듬   ④ 비례

13 업무시설의 오피스 랜드스케이핑(Office Landscaping) 방식에 대한 설명으로 옳지 않은 것은?

① 불경기 시 개실형에 비해 임대가 유리하다.
② 커뮤니케이션과 작업흐름에 따라 융통성 있는 평면구성이 가능하다.
③ 작업장의 집단을 자유롭게 그루핑하여 불규칙한 평면을 유도한다.
④ 소음발생으로 프라이버시가 침해되기 쉽다.

14 건물 정보 모델링(Building Information Modeling)에 대한 설명으로 옳지 않은 것은?

① 설계 의도를 시각화하기 어렵다.
② 설계자들과 시공자들 간의 협업이 강화된다.
③ 설계도서 간의 상호 관련성이 높아진다.
④ 설계 및 시공상 문제들에 대한 빠른 대응이 가능하다.

15 위생기구에 설치되는 통기관에 대한 설명으로 옳지 않은 것은?

① 신정통기관은 배수 수직관의 상단을 축소하지 않고 그대로 연장하여 대기 중에 개방한 통기관이다.

② 각개통기관은 위생기구마다 통기관이 하나씩 설치되는 것으로 통기방식 중에서 가장 이상적이다.

③ 도피통기관은 루프통기식 배관에서 통기 능률을 촉진하기 위해 설치하는 통기관이다.

④ 결합통기관은 통기와 배수를 겸한 통기관이다.

---

12 보기의 내용은 조화에 대한 설명이다. [※ 부록 참고 : 건축계획 1-1]

13 오피스 랜드스케이핑은 불경기 시 개실형에 비해 임대가 불리하다.

14 BIM은 설계 의도를 시각화하기 위한 도구이다.

15 결합통기관은 단지 배수수직주관과 통기수직주관을 접속시키기 위한 통기관이지 통기와 배수의 기능을 겸한 통기관으로 보기는 어렵다. [※ 부록 참고 : 건축계획 5-4]
   ※ 통기관의 종류
   ㉠ **각개통기관** : 위생기구마다 통기관을 설치하는 것으로 가장 이상적인 방법이나 경비가 많이 소요되어 사용이 적음
   ㉡ **회로통기관(환상통기관)** : 2개 이상의 트랩을 보호하기 위하여 최상류 기구 바로 아래에서 통기관을 세워 통기수직관에 연결
   ㉢ **도피통기관** : 루프통기관에서 8개 이상의 기구를 담당하거나 대변기가 3개 이상 있는 경우 통기 능률을 향상시키기 위하여 배수 횡지관 최하류와 통기수직관을 연결
   ㉣ **신정통기관** : 배수수직관 상부를 연장하여 옥상 등에 개구시킨 것
   ㉤ **습식 통기관** : 통기와 배수의 역할을 동시에 하는 통기관
   ㉥ **결합통기관** : 고층 건물에서 통기 효과를 높이기 위해 5층마다 통기수직관과 배수수직관을 연결한 관
   ㉦ 특수 통기 방식
   • 소벤트 방식 : 배수 수직관에 각층마다 공기 주입장치를 설치하여 배수에 공기를 주입함으로써 유속을 감소시키고 완충작용으로 봉수를 보호
   • 섹스티아 방식 : 배수 수직관에 섹스티아 이음쇠를 통하여 선회류를 주어 수직관에 공기 코어를 형성하여 통기 역할을 하도록 함.

정답 및 해설 12.② 13.① 14.① 15.④

16 단지계획에서 교통 및 동선계획에 대한 설명으로 옳지 않은 것은?

① 단지 내의 주동 접근로는 환경적으로 가장 좋은 지역에 둔다.
② 근린주구단위 내부로 자동차 통과 진입을 극소화한다.
③ 단지 내의 통과교통량을 줄이기 위해 고밀도지역은 진입구 주변에 배치한다.
④ 보행로의 교차부분은 단차를 적게 하고 미끄럼방지시설도 고려한다.

17 생태건축기술에 대한 설명으로 옳지 않은 것은?

① 태양에너지, 지열 등을 활용하여 건물에서 필요한 에너지를 생산 및 이용한다.
② 건물 외부의 생태적 순환기능 확보를 통해 건물의 에너지 부하를 절감한다.
③ 토양에 대한 포장을 최대화하여 대지 주변에 동식물의 서식환경을 최소화한다.
④ 천창 등 자연채광 이용 및 자연채광 장치를 도입한다.

18 시카고학파에 대한 설명으로 옳지 않은 것은?

① 현대건축에서 고층건물에 대한 가능성을 예시하였다.
② 경골목구조를 이용하여 1871년 시카고 대화재로 인한 도시의 전소를 막았다.
③ 루이스 설리번은 "형태는 기능을 따른다"는 기능주의 이론을 전개한 건축가이다.
④ 전기 엘리베이터 등의 기술 발전은 시카고에 본격적인 마천루를 출현시켰다.

19 「건축물의 피난·방화구조 등의 기준에 관한 규칙」상 특별피난 계단의 구조에 대한 설명으로 옳지 않은 것은?

① 계단실·노대 및 부속실은 창문 등을 제외하고는 내화구조의 벽으로 각각 구획하여야 한다.
② 계단실에는 노대 또는 부속실에 접하는 부분 외에는 건축물의 내부와 접하는 창문 등을 설치하여서는 아니 된다.
③ 계단실 및 부속실의 실내에 접하는 부분의 마감은 난연재료로 하여야 한다.
④ 계단실에는 예비전원에 의한 조명설비를 하여야 한다.

20 오스카 뉴먼의 방어적 공간(Defensible Space)에 대한 설명으로 옳지 않은 것은?

① 제2차 세계대전 이후 미국의 급격한 도시변화와 밀접한 관계가 있다.

② 물리적 환경을 변경해 범죄를 예방하고자 하는 설계사상이다.

③ 범죄를 억제하는 공간요소로 영역성, 자연적 감시, 이미지, 환경 등을 제안하였다.

④ 사회 특성과 개인 특성에 중점을 두는 개념이다.

---

16 단지 내의 주동 접근로는 환경적으로는 가장 좋지 않은 지역에 집중시킨다.

17 동식물의 서식환경을 최소화하는 것은 생태건축기술이 지향하는 방향과는 거리가 멀다.

18 경골목구조와 시카고학파는 직접적인 관련이 없으며 시카고 대화재를 시카고학파가 막았다고 보기도 어렵다. 시카고 학파는 시카고 대화재 발생 이후 등장한 세력이었다.

19 계단실 및 부속실의 실내에 접하는 부분의 마감은 불연재료로 하여야 한다.

20 방어적 공간은 계층 간 공간적·사회적 교류와 이를 바탕으로 한 공동체의식을 감소시킨다. (사회특성과 개인 특성에 중점을 두는 개념과는 거리가 있다.)
뉴먼의 방어공간 개념은 건축형태를 이용하여 범죄로부터 공영주택을 구조하기 위한 뛰어난 시도였다. 그는 거주자가 외부인을 인식하지 못하도록 하는 대규모건물을 비평하고, 프로젝트지구 내의 범죄에 대한 통계적 분석으로 이를 뒷받침했다. 그는 또한 익명성을 줄이고 감시를 증가시키고, 범죄자에 대한 도주로를 감소시킴으로써 방어공간을 창출할 수 있다는 상당히 많은 설계제안을 했다. 그는 범죄를 억제하는 네 가지 방어적 공간요소, 영역성(자기소유의 관념), 자연적 감시(자기영역을 감시할 수 있는 주민의 능력), 이미지(건물에 관련된 낙인 여부), 입지조건(주변, 공원, 다른 인근환경의 특징)을 제안하고 있는데, 이 요소들이 단독으로 또는 결합하여 지역의 범죄억제에 영향을 미쳐 안전한 환경조성에 기여한다고 강조했다.

정답 및 해설 16.① 17.③ 18.② 19.③ 20.④

1 공동주택의 평면형식에 대한 설명으로 옳지 않은 것은?

① 계단실(홀)형은 프라이버시와 거주성은 양호하나 엘리베이터의 이용률이 낮다.

② 편복도형은 프라이버시가 불리하나 복도가 개방형인 경우 각 호의 통풍 및 채광은 양호하다.

③ 중복도형은 대지의 이용률이 높고 주거환경이 좋아 고층 고밀형 공동주택에 적합하다.

④ 집중형은 통풍, 채광, 환기 등이 불리하여 이를 해결하기 위한 고도의 설비시설이 필요하다.

2 결로를 방지하기 위한 방법으로 옳지 않은 것은?

① 벽체의 열관류율을 낮춘다.

② 환기를 시켜 습한 공기를 제거한다.

③ 단열재를 설치하여 열의 이동을 줄인다.

④ 냉방을 통하여 벽체의 표면온도를 낮춘다.

3 공연장의 건축계획에 대한 설명으로 옳지 않은 것은?

① 배우의 표정이나 동작을 상세히 감상할 수 있는 시선 거리의 생리적 한계는 15m 정도이다.

② 객석의 평면형태가 타원형인 경우에는 음향적으로 유리하다.

③ 무대에서 막을 기준으로 객석 쪽으로 나온 앞쪽 무대를 에이프런 스테이지(apron stage)라 한다.

④ 그린룸(green room)은 출연자 대기실을 말하며, 무대와 인접해 배치한다.

4 호텔건축 분류상 시티호텔(City hotel)에 대한 설명으로 옳지 않은 것은?

① 커머셜호텔은 주로 상업상, 사무상의 여행자를 위한 호텔로서 교통이 편리한 도시 중심지에 위치한다.

② 레지던셜호텔은 커머셜호텔보다 규모는 작고 시설은 고급이며, 주로 도심을 벗어나 안정된 곳에 위치한다.

③ 아파트먼트호텔은 손님이 장기간 체재하는 데 적합한 호텔로서 각 실에 주방과 셀프서비스 설비를 갖추고 있어 호텔 전체에는 식당과 주방설비가 필요 없다.

④ 터미널호텔은 교통기관의 발착지점이나 근처에 위치한 호텔로서 이용자의 교통편의를 도모한다.

---

1 중복도형은 부지 이용률은 높으나 프라이버시, 소음, 채광, 통풍 등이 좋지 않아 주거환경이 좋다고 할 수 없다.

2 벽체의 표면온도를 낮추면 결로가 쉽게 유발된다.

3 객석의 평면형태가 타원형인 경우에는 음향적으로 불리하다.

4 아파트먼트호텔은 손님이 장기간 체재하는 데 적합한 호텔로서 각 객실에 부엌의 설비를 갖추고 있는 것이 대부분이지만 일반적으로 호텔 전체에 있어서 식당과 주방설비를 갖추고 있다.

정답 및 해설 1.③ 2.④ 3.② 4.③

5 게슈탈트(Gestalt) 이론에 대한 설명으로 옳지 않은 것은?

① 시각적 부분 요소들이 이루고 있는 세력의 관계에서 떠오르는 부분을 형상(figure)이라 하고, 후퇴한 부분을 배경(ground)이라 한다.

② 연속성은 유사한 배열이 하나의 묶음으로 되는 것이며 공동운명의 법칙이라고도 한다.

③ 유사성은 접근성보다 지각의 그루핑(grouping)에 있어 약하게 나타난다.

④ 폐쇄성은 시각의 요소들이 어떤 것을 형성하는 것을 허용하는 것으로 폐쇄된 원형이 묶여지는 성질이다.

6 반자 높이에 대한 설명으로 옳은 것은?

① 방의 바닥 구조체 윗면으로부터 위층 바닥 구조체의 윗면까지의 높이로 정한다.

② 한 방에서 반자 높이가 다른 부분이 있는 경우에는 반자가 가장 높은 부분의 높이로 정한다.

③ 한 방에서 반자 높이가 다른 부분이 있는 경우에는 반자 면적이 가장 넓은 부분의 높이로 정한다.

④ 한 방에서 반자 높이가 다른 부분이 있는 경우에는 그 각 부분의 반자 면적에 따라 가중 평균한 높이로 정한다.

7 다음은 기계 환기 설비에 대한 설명이다. 이에 해당하는 ㉠ <u>환기방법</u>, ㉡ <u>많이 사용되는 공간</u>, ㉢ <u>실내압 상태</u>를 바르게 연결한 것은?

> 배풍기만을 사용하여 실내의 공기를 배기하는 방식으로, 공기가 나가는 위치에 배풍기를 설치한다.

	㉠	㉡	㉢
①	제2종 환기법	수술실	부압
②	제2종 환기법	주방	정압
③	제3종 환기법	정밀공장	정압
④	제3종 환기법	주차장	부압

8 한국 전통 목조건축에 대한 설명으로 옳지 않은 것은?

① 보와 직각 방향의 횡가구재인 도리에는 단면이 방형인 굴도리와 단면이 원형인 납도리가 있다.

② 주심포식은 주두, 소첨차, 대첨차와 소로들로 짠 공포를 기둥 위에만 올려놓아 지붕틀을 떠받치는 구조이다.

③ 다포식은 평방이라는 수평부재를 놓고 주두와 소첨차, 대첨차 등으로 짠 공포를 놓아 주심도리와 출목도리를 받치는 구조이다.

④ 처마는 있으나 추녀를 구성하지 않는 맞배지붕의 예로는 봉정사 극락전, 강릉 객사문 등을 들 수 있다.

---

5 지각의 그루핑(Grouping)에 있어 유사성과 접근성 중 어느 것이 더 강하게 나타난다고 단정지을 수 없다.

6 ㉠ 층고 : 방의 바닥구조체 윗면으로부터 위층 바닥구조체의 윗면까지의 높이로 한다. 다만, 한 방에서 층의 높이가 다른 부분이 있는 경우에는 그 각 부분 높이에 따른 면적에 따라 가중평균한 높이로 한다.
  ㉡ 반자 높이 : 방의 바닥면으로부터 반자까지의 높이(다만, 한 방에서 반자 높이가 다른 부분이 있는 경우에는 그 각 부분의 반자면적에 따라 가중평균한 높이로 한다)
  ※ 반자 높이

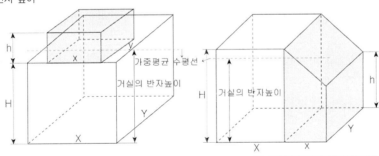

고저차가 있는 거실(꺾인 반자)의 가중평균 높이
$$= \frac{(X \times Y \times H) + (x \times y \times h)}{X \times Y}$$

고저차가 있는 거실(경사 반자)의 가중평균 높이
$$= \frac{(X \times Y \times H) + [(H+h) \times x/2] \times Y}{X \times Y}$$

7 보기의 기계 환기 설비는 제3종 환기법으로 주로 주차장에 사용되며 실내압의 상태는 부압상태이다.
  [※ 부록 참고 : 건축계획 4-5]

8 보와 직각 방향의 횡가구재인 도리에는 단면이 방형인 납도리와 단면이 원형인 굴도리가 있다.
  [※ 부록 참고 : 건축계획 3-2]

정답 및 해설 5.③ 6.④ 7.④ 8.①

9 사무소건축의 코어 내 각 공간의 위치관계에 대한 설명으로 옳지 않은 것은?

① 계단과 엘리베이터 및 화장실은 가능한 한 근접시킨다.

② 화장실은 엘리베이터가 운행되지 않는 층에서는 양 샤프트 사이에 배치가 가능하도록 고려한다.

③ 신속한 동선처리를 위해 엘리베이터 홀은 출입구에 면하여 최대한 근접하게 배치한다.

④ 샤프트나 공조실은 계단, 엘리베이터 또는 설비실 사이에 갇혀있지 않도록 계획하고, 필요한 경우 면적변경이 가능하게 한다.

10 전시공간의 전시실 순회형식에 대한 설명으로 옳지 않은 것은?

① 연속순로(순회) 형식은 공간 활용의 측면에서 효율적이며, 입체적인 계획이 가능하다.

② 중앙홀 형식은 동선이 복잡한 반면 장래의 확장 측면에서는 유리하다.

③ 연속순로(순회) 형식은 소규모 전시실에 적합하며, 중앙홀 형식은 대지의 이용률이 높은 장소에 건립할 수 있다.

④ 갤러리(gallery) 및 코리더(corridor) 형식은 복도가 중정을 감싸고 순로를 구성하는 경우가 많다.

11 태양광 발전 시스템에 대한 설명으로 옳지 않은 것은?

① 태양전지로 구성된 모듈과 축전지 및 전력변환장치로 구성된다.

② 건물일체형 태양광 발전(BIPV)은 건물지붕이나 외벽, 유리창 등에 태양광발전 모듈을 설치하는 시스템이다.

③ 에너지밀도가 높아 설치면적을 많이 필요로 하지 않는다.

④ 유지보수가 용이하고 무인화가 가능하다.

12 학교의 운영방식 중 교과교실형에 대한 설명으로 옳지 않은 것은?

① 모든 교실이 특정교과 때문에 만들어지며, 일반교실은 없다.

② 전문교실을 100%로 하기 때문에 순수율은 낮아지고, 이용률은 높아진다.

③ 이동 시 소지품을 보관할 장소 및 동선 처리에 대한 고려가 요구된다.

④ 각 교과의 특징에 맞는 교실이 계획되므로 시설의 수준이 높다.

---

9 엘리베이터 홀은 출입구와 어느 정도 간격을 확보해야만 한다.

10 중앙홀 형식이 큰 경우에는 동선의 혼란이 적지만, 장래의 확장 측면에서는 여러 가지 제약이 따른다.
[※ 부록 참고 : 건축계획 1-18]

11 태양광 발전시스템은 에너지밀도가 낮아 설치면적을 많이 필요로 한다.

12 교과교실형은 교과마다 교실이 마련된 방식으로서 순수율이 높아지고 이용률이 낮아진다. [※ 부록 참고 : 건축계획 1-10]

정답 및 해설 9.③ 10.② 11.③ 12.②

13 노인복지시설의 발코니 건축계획에 대한 설명으로 옳지 않은 것은?

① 노인들이 외부환경과 접촉할 수 있는 공간이다.

② 바닥면은 미끄럼 방지 재료로 계획한다.

③ 단조로울 수 있는 주거공간에서 입면 디자인 요소가 될 수 있다.

④ 비상시 안전한 곳으로 대피할 수 있는 통로의 역할을 하므로 취미생활을 위한 공간으로는 부적합하다.

14 개인공간(Personal space)에서 대인간의 거리에 대한 설명으로 옳지 않은 것은?

① 친근거리(intimacy distance)는 약 90cm 이내에서 편안함과 보호받는 느낌을 가질 수 있으며 의사전달이 가장 쉽게 이루어질 수 있다.

② 개인거리(personal distance)는 약 45~120cm 정도로 손을 뻗었을 때 상대방의 얼굴표정이나 시선의 움직임을 어느 정도 파악할 수 있다.

③ 사회적 거리(social distance)는 약 120~360cm 정도로 시각적인 접촉보다는 목소리의 높낮이나 크기에 의해 의사전달이 이루어진다.

④ 공적 거리(public distance)는 약 360~750cm 정도로 목소리는 커지고 신체의 자세한 부분을 볼 수 없으므로 비언어적인 의사전달방법이 단순해진다.

15 조립식(Prefabrication) 구조에 대한 설명으로 옳지 않은 것은?

① 공기를 단축할 수 있어 공사비가 절감된다.

② 품질의 균일성을 유지하기가 쉬워 감독 및 관리가 용이하다.

③ 표준화된 부재로 인해 건축계획에 제약을 받을 수 있다.

④ 현장타설 공법보다 접합부 설계가 쉬워 해체 및 증·개축이 편리하다.

16 도서관 건축계획에 대한 설명으로 옳지 않은 것은?

① 서고의 계획은 모듈러 시스템을 적용하며, 위치를 고정하지 않는다.

② 열람실에서 책상 위의 조도는 600lx 정도로 한다.

③ 참고실은 일반열람실 내부에 설치하며, 목록실과 출납실에 인접시켜 접근이 용이하도록 한다.

④ 이용도가 낮은 도서나 귀중서는 폐가식으로 계획한다.

---

13 발코니는 노인들을 위한 다양한 취미생활을 위한 공간으로 사용될 수 있다.

14 친근거리(intimacy distance)는 약 45cm 이내에서 편안함과 보호받는 느낌을 가질 수 있으며 의사전달이 가장 쉽게 이루어질 수 있고 가족, 애완동물, 매우 친한 친구 등을 위한 공간이 된다.

15 조립식 구조는 현장타설 공법에 비해 일체성이 적으므로 접합부에서의 결함이 많이 발생하며 설계가 어렵다.

16 참고실(참고열람실)은 열람자에게 도서안내 및 지도 등을 제공하는 곳이다. 일반열람실과는 별도로 하여 목록실이나 출납실에 가까이 두도록 한다.

정답 및 해설 13.④ 14.① 15.④ 16.③

17 건축법령상 건축선에 대한 설명으로 옳지 않은 것은?

① 건축선은 일반적으로 대지와 접하고 있는 도로의 경계선으로 건축물을 건축할 수 있는 한계선을 말한다.

② 도로 모퉁이의 가각전제된 부분의 대지는 대지 면적과 건폐율 산정에는 포함되지만 용적률 산정에서는 제외된다.

③ 도로 양쪽에 대지가 있고 법령에서 정한 소요너비에 미달되는 도로인 경우 도로 중심선에서 각 소요너비의 2분의 1의 수평거리만큼 물러난 선을 건축선으로 한다.

④ 시가지 안에서 건축물의 위치나 환경을 정비하기 위하여 건축선을 별도로 지정하고자 할 경우에는 주민의 의견을 들을 수 있다.

18 친환경 건물의 에너지절약을 위한 빛의 분산 전략으로 옳지 않은 것은?

① 창문높이와 위도(태양고도)를 기초로 지붕이나 발코니 등의 돌출부를 최적화한다.

② 창문에 광선반을 통합시킨다.

③ 천장의 조명시스템과 자연채광을 통합한다.

④ 천장면은 경사지거나 구부러지지 않게 계획한다.

19 다음에 해당하는 현대 건축가는?

> • 평면과 입체적 구성 측면에서는 기존의 상식적인 방법에서 탈피하여 추상적인 경향을 보인다.
> • 요소의 재결집과 축으로의 수렴, 추상적 조각물의 조합 등을 통해 '모호함(ambiguity)'을 극명하게 드러내는 경향을 보인다.
> • 대표 작품으로는 로젠탈 현대미술센터(Rosenthal Center for Contemporary Art), 베르기셀 스키점프대(Bergisel Ski Jump), 파에노 과학센터(Phaeno Science Center) 등이 있다.

① 자하 하디드(Zaha Hadid)

② 다니엘 리베스킨트(Daniel Libeskind)

③ 쿠프 힘멜브라우(Coop Himmelb(l)au)

④ 피터 아이젠만(Peter Eisenman)

20 종합병원 건축계획에 대한 설명으로 옳지 않은 것은?

① 수술실은 타부분의 통과 교통이 없는 건물의 익단부로 격리된 곳에 위치시킨다.

② 중앙소독 및 공급실(central supply facilities)을 수술부와 관리부의 중간에 두어 소독, 멸균, 재료보급 등이 원활할 수 있도록 중앙화 시킨다.

③ 병실에는 환자가 직사광선을 피할 수 있도록 실 중앙에는 전등을 달지 않도록 한다.

④ 외과 계통의 각 과는 1실에서 여러 환자를 볼 수 있도록 대실로 계획한다.

---

17 가각전제된 부분은 건폐율, 용적률 산정 때 대지면적에서 제외된다.

18 천장모양은 공간에서 빛을 분산시키기 위한 가장 단순한 형태이다. 기본적으로 창문 또는 천장에서 높은 지점으로부터 천장을 경사지게 하는 것은 공간 전체에 높은 천장을 유지하는 것과 같은 효과를 갖는다. 구부러진 형태의 천장은 극적인 효과를 나타내며 창문 또는 천창으로부터의 빛은 천장의 형태가 오목한 경우에는 초점이 맞춰지거나 일직선으로 될 수 있으며 볼록한 표면의 경우에는 빛을 더 깊게 산란시키거나 확산시킬 수 있다.

19 보기의 내용들은 모두 자하 하디드에 관한 설명이다.

20 중앙공급실은 되도록 병원 중심부에 위치시키며 동선은 짧게 하고, 수술부와 엘리베이터에 가까이 위치해야 한다.

정답 및 해설 17.② 18.④ 19.① 20.②

1 다음 중 주심포양식의 건축물이 아닌 것은?

① 수덕사 대웅전

② 봉정사 극락전

③ 부석사 무량수전

④ 심원사 보광전

2 오피스 랜드스케이프 계획의 장점으로 가장 옳지 않은 것은?

① 의사전달의 융통성이 있고, 장애요인이 거의 없다.

② 개실형 배치형식보다는 공간을 절약할 수 있다.

③ 변화하는 작업의 패턴에 따라 조절이 가능하며 신속하고 경제적으로 대처할 수 있다.

④ 소음 발생이 적고 사생활보호가 쉽다.

3 공장 건축에서 지붕의 종류에 대한 설명으로 가장 옳은 것은?

① 솟음지붕은 채광 및 환기에 적합한 형태로 채광창의 경사에 따라 채광이 조절된다.

② 뾰족지붕은 직사광선을 완전히 차단하는 형태이다.

③ 톱날지붕은 채광과 환기 등은 연구의 여지가 있지만 기둥이 적게 소요되어 공간이용이 효율적인 형태이다.

④ 샤렌구조에 의한 지붕은 기둥이 많이 필요하게 되어 기계 배치의 융통성 및 작업 능력의 감소를 초래한다.

1 심원사 보광전은 다포식 건축물이다. [※ 부록 참고 : 건축계획 3-2]

2 오피스 랜드스케이프는 소음 발생이 많으며 사생활 보호가 어렵다는 단점이 있다.

3 ② 뾰족지붕은 직사광선을 어느 정도 허용하는 형태이다.
③ 기둥이 적게 소요되어 공간이용이 효율적인 형태는 샤렌구조이다. (톱날지붕은 다른 지붕형태에 비해 기둥이 적게 소요된다고 보기 어렵다.)
④ 샤렌구조에 의한 지붕은 기둥이 적게 소요된다.
※ 지붕의 유형
　ⓐ 뾰족지붕
　　• 동일면에 천장을 내는 방법이다.
　　• 이 방법은 직사광선을 어느 정도 허용해야 하는 결점이 있다.
　ⓑ 솟음지붕
　　• 채광, 환기에 적합한 방법이다.
　　• 이 지붕은 폭이 좁으면 적당하지 않고, 적어도 건물 길이의 반 이상의 폭을 가져야 한다.
　　• 채광창의 경사에 따라 채광이 조절되며 상부 창의 개폐에 의해 환기량도 조절된다.
　ⓒ 톱날지붕
　　• 채광창을 북향으로 설치하여 균일한 조도를 유지하며, 작업능률을 향상시키는 데에 유리하다.
　　• 톱날지붕은 기둥이 많이 필요하고, 기둥 때문에 기계 배치의 융통성 및 작업능률이 떨어진다는 단점이 있다.
　ⓓ 샤렌구조에 의한 지붕 : 최근에 나타난 형태로 채광이나 환기 등은 연구의 여지가 있지만 공장의 바닥면적의 관계, 기둥이 적게 소요되는 관계 등으로 상당한 이용가치가 있다.

정답 및 해설 1.④ 2.④ 3.①

4 교과교실제(V형)에 대한 설명으로 가장 옳지 않은 것은?

① 모든 교실을 교과전용의 특별교실로 구성한다.

② 홈베이스는 학습준비를 위한 미디어 공간을 말한다.

③ 교과블록은 각 교과교실, 교사연구실, 미디어 공간, 세미나실이 하나의 공간에 집합되어 구성된다.

④ 각 교과마다 전문적인 시설을 갖출 수 있으며 높은 실 이용률로 공간의 효율성을 높이는 형태이다.

5 도서관 건축에 대한 설명으로 가장 옳지 않은 것은?

① 큰 규모의 도서관일 경우 이용자의 계층을 구분하여 출입구를 별도로 설정한다.

② 도서와 가까운 위치에 연구를 할 수 있는 개인연구용 열람실을 제공한다.

③ 서고는 모듈러 시스템에 의하며 위치를 고정하지 않는다.

④ 필요한 전체 바닥면적에 대한 층수를 많게 하여 1층당 면적을 작게 하는 것이 좋다.

6 모듈(module)계획에 관한 설명으로 가장 옳지 않은 것은?

① 현장조립가공이 주 업무가 되므로 시공기술에 따른 공사의 질적 저하와 격차가 커진다.

② 건축구성재의 대량 생산이 용이해지고, 생산비용이 낮아질 수 있다.

③ 설계작업과 현장작업이 단순화되어 공사 기간이 단축될 수 있다.

④ 동일 형태가 집단으로 이루어지므로 시각적 단조로움이 생길 수 있다.

7 병원 건축에 대한 설명으로 가장 옳지 않은 것은?

① 병동부문은 환자가 주·야로 생활하며, 입원생활을 하면서 진찰 및 간호를 받는다.

② 외래부문은 환자들이 찾기 쉽고 접근하기 쉬운 곳에 위치해야 하며 환자가 통원하면서 진찰과 진료를 받는다.

③ 중앙진료부문은 외래환자와 병동환자의 접근이 용이해야 하며, 변화와 확장에 대응할 수 있는 구조와 설비를 고려해야 한다.

④ 중앙진료부문은 병원의 가장 중요한 부분으로 병원 면적 중 가장 큰 면적을 차지한다.

---

4 교과교실제 … 각 교과별로 전용교실을 운영하고, 교실별로 해당 교과의 특색이 반영된 학습 환경을 조성하여 학생 맞춤형 교육과 참여형 활동수업을 활성화하는 학교운영 체제이다. 학생들은 매 교시마다 각자 다른 전용교실을 찾아 이동해야 하기 때문에 책이나 소지품들을 보관할 수 있는 사물함이 필요하며 쉴 새 없이 교실을 찾아 이동해야 하기 때문에 휴식을 취할 수 있는 공간인 '홈베이스'라는 특별실이 설치된다. 홈베이스에는 학생들의 사물함뿐만 아니라, 휴식을 취하거나 같이 모여 공부를 할 수 있는 탁자와 의자도 구비가 되어 있다.[※ 부록 참고 : 건축계획 1-9]

5 필요한 전체 바닥면적에 대한 층수를 많게 하는 것은 도서관 이용자에게 여러모로 불편함을 주므로 지양되어야 한다.

6 모듈(module)계획은 공장제작 방식을 기본으로 하므로 표준화, 규격화가 이루어져 시공기술의 질적 저하 및 격차가 줄어들게 된다.

7 병원 면적 중 가장 큰 면적을 차지하는 부분은 병동부이다.

정답 및 해설 4.② 5.④ 6.① 7.④

8 다음 중 호텔건축에서 관리부분에 속하는 실로 옳은 것은?

① 클로크 룸

② 린넨실

③ 보이실

④ 배선실

9 「장애인 · 노인 · 임산부 등의 편의증진 보장에 관한 법률 시행규칙」상 편의시설의 구조 · 재질 등에 관한 세부 기준으로 가장 옳지 않은 것은?

① 장애인 전용 주차구역은 직각주차의 경우 3.3m×5.0m 이상으로 한다.

② 출입구의 통과유효폭은 0.8m 이상으로 한다.

③ 장애인전용화장실의 대변기 전면 활동공간은 1.2m×1.2m 이상으로 한다.

④ 휠체어 사용자용 세면대의 경우 상단 높이는 바닥면으로부터 0.85m, 하단 높이는 0.65m 이상 으로 한다.

10 다음 중 간접난방방식에 해당하는 것은?

① 온풍난방

② 온수난방

③ 증기난방

④ 복사난방

11 「건축법 시행령」상 공개공지에 대한 설명으로 가장 옳은 것은?

① 건축물에 공개공지를 설치하는 경우 공개공지의 면적은 대지면적의 15% 이하의 범위에서 건 축조례로 정한다.

② 문화 및 집회시설이나 업무 및 숙박시설은 바닥면적의 합계가 3,000m² 이상인 경우 공개공지 를 확보해야 한다.

③ 건축물에 공개공지를 설치하는 경우 용적률은 해당 지역에 적용하는 용적률의 1.2배 이하의 범위 안에서 건축조례로 완화할 수 있다.

④ 공개공지에서는 주민을 위한 문화행사나 판촉행사를 할 수 없다.

12 테라스 하우스에 대한 설명으로 가장 옳지 않은 것은?

① 상향식 테라스 하우스는 가장 낮은 곳에는 차고를 두고 가장 높은 곳에는 정원을 둔다.

② 하향식 테라스 하우스는 상층에 거실 등 주 생활공간을 둔다.

③ 일반적으로 각 세대의 깊이가 6~7.5m 이상 되어서는 안 된다.

④ 지형의 경사도가 클수록 밀도는 낮아진다.

---

8 린넨실과 보이실은 '숙박부분'에, 배선실은 '요리부분'에 속한다. [※ 부록 참고 : 건축계획 1-14]

9 ② 출제 당시 '출입구의 통과 유효폭은 0.8m 이상으로 한다'가 옳은 지문이었으나 2018. 2. 9. 개정되어 현재 는 출입구의 통과 유효폭이 0.9m 이상이어야 한다.
③ 장애인전용 화장실의 대변기 전면 활동공간은 휠체어가 회전할 수 있도록 1.4m×1.4m 이상으로 한다.[※ 부록 참고 : 건축계획 6-22]

10 간접 난방은 실내를 난방할 때 공기와 열을 교환시켜 만든 온풍을 방에 보내 난방하는 방법이다. 반대로 실내 에 증기나 전기를 이끌어 방열기로 난방하는 방법을 직접 난방이라고 한다.

11 ① 건축물에 공개공지를 설치하는 경우 공개공지의 면적은 대지면적의 10% 이하의 범위에서 건축조례로 정한다.
② 문화 및 집회시설이나 업무 및 숙박시설은 바닥면적의 합계가 5,000m² 이상인 경우 공개공지를 확보해야 한다.
④ 공개공지에서는 연간 60일 이내의 기간 동안 건축조례로 정하는 바에 따라 주민들을 위한 문화행사를 열거 나 판촉활동을 할 수 있다.

12 지형의 경사도가 클수록 밀도는 높아진다.

정답 및 해설 8.① 9.②③ 10.① 11.③ 12.④

13 공연장 건축에 대한 설명으로 가장 옳은 것은?

① 프로시니엄(proscenium)형은 객석 수용능력에 탄력적으로 대응이 가능하다.

② 최전열 단부에 앉은 관객이 무대를 볼 때 수평시각의 허용한도는 보통 60°로 한다.

③ 명낭현상(fluttering echo)을 방지하기 위해 천장에 V형 경사면을 계획한다.

④ 이상적인 무대 상부공간의 높이는 프로시니엄 높이의 3배 이상이 되는 것이 좋다.

14 우리나라 전통 한식주택과 양식주택의 차이점으로 가장 옳은 것은?

① 한식주택은 개방형이며 실의 분화로 되어 있고 양식주택은 은폐적이며 실의 조합으로 되어 있다.

② 양식주택은 한식주택과 비교해 바닥이 높고 개구부가 작고 적다.

③ 한식주택은 안방, 건넌방, 사랑방 등으로 구분되어 있으나 각 실이 다목적이어서 실의 사용용
도가 확실히 구분되어 있지 않다.

④ 양식주택은 한식주택에 비해 개인의 생활공간이 보호되는 유리한 점이 있고 상대적으로 작은
주거면적이 소요된다.

15 흡음에 대한 설명으로 가장 옳지 않은 것은?

① 흡음률이 1이 되는 경우에는 벽면에 있는 창과 문 등의 개구부를 완전히 열어놓았을 때이다.

② 흡음률이 0.2 미만이면 고도의 흡음재로 분류한다.

③ 흡음은 재료표면에 입사하는 음에너지가 마찰저항, 진동 등에 의하여 열에너지로 변하는 현상
을 말한다.

④ 흡음률 측정을 위한 잔향실은 부정형이고 반사성이 큰 벽과 경사진 천장면으로 둘러싸인 양
호한 확산음장의 조건을 갖춘 실이다.

16 주차시설 건축에 대한 설명으로 가장 옳지 않은 것은?

① 평행주차방식의 대당 소요면적이 가장 크다.

② 기계식 주차의 경우 경사로를 절약할 수 있어 대규모 주차장에 유리하다.

③ 자주식 주차방식의 경우 기준층 모듈계획에 의해 평면계획을 하기 어렵다.

④ 주차를 위한 차량 동선의 원활함이 주차시설의 가장 중요한 요소이다.

13 ① 프로시니엄(proscenium)형은 객석 수용능력에 탄력적으로 대응하는 것이 불가능하다고 할 수 있을 정도로 매우 어렵다.
③ 반사성의 평행벽면이 있고 벽면은 흡음성이 아닌 경우 Flutter Echo현상이 심하게 발생한다. (방송국 스튜디오 및 음악당 등에서는 벽면을 경사지게(부정형) 한다든가 산란성 벽면으로 하여 이 현상이 생기는 것을 피해야 할 필요가 있다.)
④ 이상적인 무대 상부공간(플라이로프트)의 높이는 프로시니엄 높이의 4배 이상이 되는 것이 좋다.

14 ① 한식주택은 폐쇄적이며 실의 조합으로 되어 있고 양식주택은 개방적이며 실이 기능별로 분화가 되어 있다.
② 양식주택은 한식주택과 비교해 바닥이 낮고 개구부가 작고 적다.
④ 주거용도가 개별적으로 독립돼 있기 때문에 개인의 생활공간이 보호되는 유리한 점이 있는 관계로 많은 주거 면적이 소요된다. 양식주택에서는 침대, 의자 등의 가구가 비치되어야 하므로, 공간이 더 넓게 소요되며 가구비 부담이 따르게 된다.
※ 한식주택과 양식주택의 비교

분류	한식주택	양식주택
평면의 차이	• 실의 조합(은폐적) • 위치별 실의 구분 • 실의 다용도	• 실의 분화(개방적) • 기능별 실의 분화 • 실의 단일용도
구조의 차이	• 목조가구식 • 바닥이 높고 개구부가 크다.	• 벽돌조적식 • 바닥이 낮고 개구부가 작다.
습관의 차이	• 좌식(온돌)	• 입식(의자)
용도의 차이	• 방의 혼용용도(사용 목적에 따라 달라진다.)	• 방의 단일용도(침실, 공부방)
가구의 차이	• 부차적 존재(가구에 상관없이 각 소요실의 크기, 설비가 결정된다.)	• 중요한 내용물(가구의 종류와 형태에 따라 실의 크기와 폭이 결정된다.)

15 $$흡음률 = \frac{재료에\ 흡수된\ 음에너지}{재료에\ 투사된\ 음에너지}$$

흡음률은 0과 1 사이에 있는 것으로 1에 가까울수록 흡음능력이 좋다. 통상의 흡음재의 경우 0.3 정도이며, 0.4 이상인 경우 흡음능력이 뛰어나다 할 수 있다.
※ 흡음시험은 일반적으로 잔향실(실내의 형태가 부정형이고, 콘크리트와 같이 반사율이 높은 재질로 구성된 실내)에서 측정하며, 잔향실에 흡음 재료를 넣은 경우와 넣지 않은 경우의 잔향 시간의 차이로부터 단위 면적당 흡음률을 구한다.

16 기계식 주차장의 경우 경사로를 절약할 수 있고 좁은 면적의 대지를 효율적으로 사용할 수 있으나 대규모의 주차장으로 건립하기에는 많은 어려움이 있으므로 대규모 주차장에 유리하다고 볼 수 없다.

정답 및 해설 13.② 14.③ 15.② 16.②

17 「주택건설기준 등에 관한 규정」상 공동주택의 세대 내의 층간 바닥 콘크리트 슬래브 두께 기준으로 가장 옳은 것은? (단, 라멘구조 제외)

① 15cm 이상

② 18cm 이상

③ 21cm 이상

④ 25cm 이상

18 노인복지시설의 주거부 거실동 배치계획에 대한 설명으로 가장 옳지 않은 것은?

① 단복도형 – 전체면적과 실면적의 비율에 있어서 다른 유형보다 상대적으로 효율적이다.

② 이중복도형 – 복도 공간을 이용한 순환적 걷기 유형이 가능하다.

③ 삼각복도형 – 유닛확장이 어려우나 감시가 상대적으로 용이하다.

④ POD형 – 유사 필요성이 있는 거주자실들 간 친밀도를 높여준다.

17 「주택건설기준 등에 관한 규정」상 공동주택의 세대 내의 층간 바닥 콘크리트 슬래브 두께 기준(라멘구조 제외)은 21cm 이상이다. (라멘구조인 경우는 15cm 이상이다.)

※ 「주택건설기준 등에 관한 규정」 제14조의 2(바닥구조)

공동주택의 세대 내의 층간바닥(화장실의 바닥은 제외한다.)은 다음 각 호의 기준을 모두 충족하여야 한다.

1. 콘크리트 슬래브 두께는 210밀리미터[라멘구조(보와 기둥을 통해서 내력이 전달되는 구조를 말한다.)의 공동주택은 150밀리미터] 이상으로 할 것. 다만, 법 제51조 제1항에 따라 인정받은 공업화주택의 층간바닥은 예외로 한다.

2. 각 층간 바닥충격음이 경량충격음(비교적 가볍고 딱딱한 충격에 의한 바닥충격음을 말한다)은 58데시벨 이하, 중량충격음(무겁고 부드러운 충격에 의한 바닥충격음을 말한다)은 50데시벨 이하의 구조가 되도록 할 것. 다만, 다음 각 목의 어느 하나에 해당하는 층간바닥은 예외로 한다.

   가. 라멘구조의 공동주택(법 제51조 제1항에 따라 인정받은 공업화주택은 제외한다)의 층간바닥

   나. 가목의 공동주택 외의 공동주택 중 발코니, 현관 등 국토교통부령으로 정하는 부분의 층간바닥

18 노인요양원의 평면형태

ⓐ 단복도형(single corridor unit)은 단순한 순환체계를 갖고 있으며 간호대기실에서 복도지역의 감독이 용이하다. 방들의 일렬 배열로 인하여 유닛당의 거실수는 20~25명으로 제한된다. 또한 단복도형은 거주자들의 걷기 패턴에 있어서 다양성이 없다. 전체면적과 실면적의 비율에 있어서 다른 것보다 상대적으로 효율적이다.

ⓑ 이중복도형(double corridor unit)은 중증치료환경을 제공하는데 그 이유는 중앙에 N.S를 둠으로써 모든 병실과 만날 수 있고 이것이 병실들의 보조공간의 역할을 하기 때문이다. 또한 복도공간을 이용한 순환적 걷기 패턴이 가능한 형태이다.

ⓒ 삼각복도형(trianglar unit)은 관리공간을 중앙에 두는 복도공간 배치의 삼각형 건물로 모든 관리지역이 집중되고 순환하는 걷기루트를 만들어 준다. 이 형은 유닛의 확장이 어려우며 거실 주변 지역의 보조를 위한 코어공간의 균형을 주의 깊게 고려해야 한다. 또한 삼각복도형은 양쪽으로 예각모서리가 생겨 시야가 차단되므로 감시의 사각지대가 있다는 문제가 있다.

ⓓ 십자형 복도형(cross corridor)은 두 개의 복도가 중앙기능인 간호실이나 안내실에서 교차한다. 복도공간의 특출한 감독기능과 개방형으로의 유닛 확장이 용이하다. 이것은 중심에서 상대적으로 짧은 복도공간을 만들기 위해 고려된 것이다.

ⓔ 포드형(pod design)은 요양실들을 포드형으로 묶는다. 이것은 매우 다양한데 어떤 것은 거주자 망과 거주자의 보조공간, 즉 목욕실 그 밖에 다른 보조지역으로 집중되어 있다. 각 포드형마다 활동실이 계획되어 있어 거주자방들과의 가까운 친밀감이 생기게 한다.

정답 및 해설 17.③ 18.③

19 실내환경에 영향을 미치는 단열방식에 대한 설명으로 가장 옳지 않은 것은?

① 내단열은 내부측의 열관성(thermal inertia)이 높아 연속 난방에 유리하다.

② 외단열은 전체구조물의 보온에 유리하며 내부결로의 위험도를 감소시킬 수 있다.

③ 내단열은 외단열에 비해 빠른 시간에 더워지므로 간헐 난방에 유리하다.

④ 외단열은 외부환경의 변화에 충분히 견딜 수 있어야 한다.

20 다음 중 미스 반 데어 로에(Mies van der Rohe)의 건축 개념과 거리가 가장 먼 것은?

① 적을수록 더 풍요롭다(Less is More)

② 건축적 산책(Architectural Promenade)

③ 보편적 공간(Universal Space)

④ 신은 디테일 안에 있다(God is in the details)

19 • 내단열방식 : 연속 난방에 불리하며 칸막이나 바닥에서의 열교현상에 의한 국부적 열손실을 방지하기가 어렵다.
　　• 외단열방식 : 내부측의 열관성이 높기 때문에 연속 난방에 유리하다.

20 건축적 산책은 르 꼬르뷔제의 대표적인 건축어휘의 하나로 그가 동방여행 중 파르테논 신전과 이슬람 사원에서 공간을 이동하면서 보게 된 건축공간의 시퀀스들에서 착안한 것이다. 하나의 건축물에 건축가가 의도한 여러 가지 건축적 장치들을 따라 방문자의 동선을 건축가의 의도대로 진행시켜 다양한 건축공간을 보여주는 것이다.

정답 및 해설　19.① 　20.②

1 주차장계획에 대한 설명으로 옳지 않은 것은?

① 주차장 출입구는 도로의 교차점이나 모퉁이, 횡단보도에서 5m 이상 떨어진 곳에 배치한다.

② 주차장의 위치를 선정할 때 우측통행으로 교차 없이 출입이 가능한 대지를 선택하는 것이 유리하다.

③ 차로의 천장 높이는 2.3m 이상으로 하고, 주차부분의 천장 높이는 2.1m 이상으로 한다.

④ 수용 주차대수가 많을 경우에는 입구와 출구를 분리하고, 주차층 통로는 양방통행으로 계획한다.

2 단지계획 중 교통계획에 대한 설명으로 옳지 않은 것은?

① 단지 내 통과 교통량을 줄이기 위해 고밀도 지역은 진입구에서 멀리 배치시킨다.

② 근린주구 단위 내부로의 자동차 통과 진입을 극소화한다.

③ 2차 도로 체계(sub-system)는 주도로와 연결되어 쿨드삭(Cul-de-Sac)을 이루게 한다.

④ 통행량이 많은 고속도로는 근린주구 단위를 분리시킨다.

3 병원계획에 대한 설명으로 옳지 않은 것은?

① 병원의 조직은 시설계획상 병동부, 중앙진료부, 외래부, 공급부, 관리부 등으로 구분하며, 각 부는 동선이 교차되지 않도록 계획한다.

② 외부를 조망할 수 있도록 침대방향을 환자의 눈이 창과 직면하도록 계획한다.

③ 전염병동, 정신병동은 종합병원에 포함하지 않는 것을 원칙으로 하며, 부득이 포함할 경우에는 별동으로 계획한다.

④ 2인 이상의 병실은 개개 병상주위를 커튼으로 차폐할 수 있도록 하여 침대에서 의료간호조치가 쉽도록 한다.

4 사무소 건축계획 시 기준층 층고를 낮게 할 경우의 장점만을 모두 고른 것은?

> ㉠ 건축비를 절감할 수 있다.
> ㉡ 같은 건물높이에 더 많은 층수를 확보할 수 있다.
> ㉢ 실내의 온·습도 조절을 위한 공조 효과가 향상된다.

① ㉠, ㉡   ② ㉠, ㉢

③ ㉡, ㉢   ④ ㉠, ㉡, ㉢

---

1 수용 주차대수가 많을 경우에는 입구와 출구를 분리하고, 주차층 통로는 일방통행으로 계획하여 혼잡을 최소화시켜야 한다.

2 주거 및 아파트 단지 내의 통과 교통량을 줄이기 위해서는 고밀도 지역을 진입구에 가까이 배치시키는 것이 좋다.

3 창을 통한 빛의 유입은 눈부심을 유발하여 환자에게 좋지 않은 영향을 줄 수 있으므로, 되도록 침대방향을 환자의 눈이 창과 직면하지 않도록 계획해야 한다.

4 건축물의 층고를 낮게 하면 다음과 같은 장점이 있다.
• 단위세대당 건축비를 절감할 수 있다.
• 같은 건물높이에 더 많은 층수를 확보할 수 있다.
• 실내의 온·습도 조절을 위한 공조 효과가 향상된다.
• 구조적 안정성이 증가된다.
• 건물의 임대수익이 증가된다.

정답 및 해설   1.④   2.①   3.②   4.④

5 고대 로마 건축에 대한 설명으로 옳은 것은?

① 인슐라는 안뜰과 회랑으로 둘러싸인 도시 부유층 주택을 말한다.

② 바실리카는 시장, 재판소 등 법률과 상업의 기능을 수행하였다.

③ 아고라는 정치, 행정, 상업시설이 집적된 광장과 시장의 역할을 하였다.

④ 도무스는 집이라는 뜻의 라틴어로, 인구 증가와 지가 폭등으로 나타난 도시형 집합주택이다.

6 조선왕조의 정궁인 경복궁에 대한 설명으로 옳지 않은 것은?

① 경복궁 궁성 남쪽 중앙에 정문인 광화문을 내고, 남쪽 궁성 양 끝에 높은 대를 쌓고 누각을 올린 십자각을 세웠다.

② 경복궁에는 정전인 근정전과 편전인 사정전이 있다.

③ 경복궁의 내전으로는 왕과 왕비의 거처인 강녕전과 인정전이 있다.

④ 경복궁은 삼중의 문을 두고 정전과 침전이 놓인 전조후침(前朝後寢)의 구성을 하고 있다.

7 온수 방열기의 전체 방열량이 2,925 kcal/h일 때, 상당 방열 면적(E.D.R.)은?

① 4.5m^2

② 5.4m^2

③ 6.5m^2

④ 7.0m^2

8 다음은 도심지 건물 화재 사고를 재구성한 내용이다. 사고 내용 중 B, C 건물의 화재를 막을 수 있는 가장 적절한 설비는?

〈△△시 A건물 화재 사건〉

○○○○년 ○○월 ○○일 A건물 화재 사건은 1차 화재로 끝나지 않고 인접한 B건물로 2차 화재, C건물로 3차 화재가 번져 피해가 매우 컸다. 화재의 가장 큰 원인은 A, B, C 건물 모두 인동간격이 각각 1.5m 이내로 촘촘히 붙어 있어 화재가 번지기 쉬웠다는 점에 있다.

① 스프링클러(sprinkler) 설비

② 물 분무 소화 설비

③ 연결 살수 설비

④ 드렌처(drencher) 설비

5 ① 인슐라는 주로 중산층과 하층민이 거주했던 집단주거주택이었다. 1층은 주로 상가로 사용되었으며 2층부터는 주거용으로 사용되었다. (더 많은 집을 짓기 위해 나무, 진흙, 벽돌, 저품질의 시멘트 등을 사용하여 고층으로 지어진 경우도 있으나 붕괴나 화재의 위험이 심하였다.)
③ 아고라는 그리스 시대와 관련된 것으로, 아크로폴리스 언덕 바로 아래에 위치한 공간으로서 광장, 시장의 역할을 한 곳이다.
④ 도무스는 주택을 뜻하는 라틴어에서 유래되었으며, 안뜰과 회랑으로 둘러싸인, 로마 시민 중 상류층이 거주했던 고급주택이었다.

6 인정전은 창덕궁의 정전이다. [※ 부록 참고 : 건축계획 3-3]

7 온수방열기의 경우 표준상태에서 $1m^2$당 온수가 전달하는 열량은 450kcal/h이므로 전체 방열량이 2,925kcal/h일 때, 상당 방열 면적(E.D.R.)은 2925/450=6.5m^2이 산출된다.
※ **상당방열면적** : 방열기의 기준이 되는 방열면적의 크기를 표시하는 것으로, 기호로는 EDR을 사용하며 단위는 m^2이다. 이 값을 산정하기 위해 열매온도와 실내온도는 일정한 값이 주어진다. 이처럼 일정하게 주어지는 조건을 표준상태로 하여 표준 방열량을 구하면 다음과 같다.
  • 보일러 스팀을 방열기에 넣어 난방을 하는 경우 스팀의 온도는 102℃이다.
  • 보일러의 온수를 방열기에 넣어 난방을 하는 경우 온수의 온도는 80℃이다.
  • 이 때, 실내온도는 18.5℃로 가정한다.
  • 각 표준상태에서 $1m^2$당 온수와 증기가 전달하는 열량은 온수의 경우 450kcal/h, 증기의 경우 650kcal/h이다.
  이렇게 구한 표준 방열량을 기준으로 방열 넓이의 크기를 나타낸다.

8 드렌처(drencher) 설비 : 소방대상물을 인접 건물이나 장소 등의 화재 등으로부터 보호하기 위하여, 방화구획이나 연소 우려가 있는 부분의 개구부 상단에 설치를 하여 물을 수막(水幕)형태로 살수하여 소방을 하는 시설이다.

정답 및 해설 5.② 6.③ 7.③ 8.④

9 휠체어 사용 장애인을 위한 건축계획에 대한 설명으로 옳지 않은 것은? (단, 휠체어의 폭은 65cm 이하이다)

① 휠체어의 직진 이동 시에는 최소 80cm 이상의 공간 폭이 필요하다.

② 휠체어가 한쪽 바퀴를 중심으로 180도 회전하기 위해서는 180cm × 160cm 규모 이상의 공간이 필요하다.

③ 휠체어에 앉아 수직 방향으로 손을 뻗었을 경우 그 방향의 도달 범위는 바닥면에서 45cm 이상 160cm 이하로 설정한다.

④ 휠체어의 이동 통로에는 단이 있어서는 안 되지만, 만일 단차를 설치해야 할 경우에는 4cm 이내로 한다.

10 육상 경기장에 대한 설명으로 옳지 않은 것은?

① 관람석 좌석의 높이는 발 밑에서 최고 45cm로 하고 좌석의 너비는 45~50cm로 한다.

② 트랙 코스의 레인 폭은 1.22m 이상으로 코스의 안쪽(필드와의 경계선)은 높이 5cm, 너비 5cm의 시멘트, 기타 적당한 재료로 경계를 한다.

③ 좌석의 통로 및 출입구는 관객의 입장시간을 기준으로 계획하고, 통로폭은 1.2m 이상, 간격은 9 ~ 15m 정도로 한다.

④ 운동장은 대개 장축을 남북방향으로 배치하고, 오후의 서향 일광을 고려하여 경기장의 본부석을 서편에 둔다.

11 업무시설의 코어계획에 대한 설명으로 옳은 것은?

① 엘리베이터 홀이 건물 출입구에 근접해 있지 않도록 배치한다.

② 가능한 한 비내력 구조체로 축조하나, 지진이나 풍압 등에 대한 안전성을 적절히 고려한다.

③ 코어는 사무실과는 달리 생산성, 수익성이 낮은 부분이기 때문에 코어 면적을 높이기 위해 최대한의 규모로 계획하는 것이 일반적이다.

④ 사무소 건물 내에 다소의 용도 변경이 있을 때 가변적으로 활용될 수 있도록 전기배선 공간은 코어에서 분리한다.

12 「건축법」이 적용되는 건축물에 해당하는 것은?

① 교정(矯正) 및 군사 시설

② 고속도로 통행료 징수시설

③ 「문화재보호법」에 따른 지정문화재나 가지정(假指定) 문화재

④ 「하천법」에 따른 하천구역 내의 수문조작실

---

9 휠체어의 이동 통로에는 단이 있어서는 안 되지만, 만일 단차를 설치해야 할 경우에는 2cm 이내로 한다.
[※ 부록 참고 : 건축계획 6-22]

10 좌석의 통로 및 출입구는 관객의 퇴장시간을 기준으로 계획하고, 통로폭은 1.2m 이상, 간격은 9~15m 정도로 한다.

11 ② 가능한 한 내력구조체로 축조해야 한다.
③ 코어는 사무실과는 달리 생산성, 수익성이 낮은 부분이기 때문에 코어 면적을 법규가 허용하는 한에서 최소화 시켜야 한다.
④ 사무소 건물 내에 다소의 용도 변경이 있을 때 가변적으로 활용될 수 있도록 전기배선 공간은 코어에 통합시킨다.

12 건축법 적용 제외 대상〈건축법 제3조 제1항〉
　㉠ 「문화재보호법」에 따른 지정문화재나 임시지정문화재
　㉡ 철도나 궤도의 선로 부지(敷地)에 있는 다음 각 목의 시설
　　• 운전보안시설
　　• 철도 선로의 위나 아래를 가로지르는 보행시설
　　• 플랫폼
　　• 해당 철도 또는 궤도사업용 급수(給水)·급탄(給炭) 및 급유(給油) 시설
　㉢ 고속도로 통행료 징수시설
　㉣ 컨테이너를 이용한 간이창고(「산업집적활성화 및 공장설립에 관한 법률」에 따른 공장의 용도로만 사용되는 건축물의 대지에 설치하는 것으로서 이동이 쉬운 것만 해당)
　㉤ 「하천법」에 따른 하천구역 내의 수문조작실

정답 및 해설 9.④ 10.③ 11.① 12.①

13 수용인원 결정을 위한 건축물 규모 산정에 대한 설명으로 옳지 않은 것은?

① 일반적으로 영리를 목적으로 하는 시설과 공공시설은 각기 다른 기준으로 적정 규모를 설정한다.

② 주택의 침대식 침실과 학교의 전용교실 등과 같이 최댓값이 일정하고 이를 초과하는 경우가 없을 때는 시설의 수량을 최댓값으로 설정한다.

③ 다수의 사람들이 일시에 사용하기도 하고 전혀 사용되지 않는 경우도 있는 영화관의 화장실과 같은 시설은 수량을 최솟값으로 설정하여 혼잡한 경우에 어느 정도의 불편을 감수하도록 한다.

④ 혼잡의 정도가 심하고, 변화가 작으며 평균값의 주변에 비교적 작은 편차로 변동하는 경우에는 시설의 수량을 평균값보다 약간 상회하는 값으로 설정한다.

14 계획설계, 실시설계, 기본설계 등으로 구분되는 건축계획 설계업무에 대한 설명으로 옳지 않은 것은?

① 계획설계 → 기본설계 → 실시설계 순으로 이루어진다.

② 기본설계는 건축 인허가를 위한 설계 도서 작성을 포함한다.

③ 실시설계는 공사비 내역서 및 산출내역 등을 포함한다.

④ 시방서는 계획설계 단계에서 작성된다.

15 자연환기에 대한 설명으로 옳지 않은 것은?

① 중력환기의 경우 개구부의 면적이 클수록 환기량은 많아진다.

② 중력환기의 경우 실내·외의 온도차가 클수록 환기량은 많아진다.

③ 중력환기의 경우 공기 유입구와 유출구 높이의 차이가 작을수록 환기량은 많아진다.

④ 풍력환기의 경우 실외의 풍속이 클수록 환기량은 많아진다.

16 「주택법」상 용어의 정의에 대한 설명으로 옳지 않은 것은?

① '부대시설'이란 주택단지의 입주자 등의 생활복리를 위한 주민운동시설 및 경로당, 어린이놀이터 등을 말한다.

② '기간시설'이란 도로·상하수도·전기시설·가스시설·통신시설·지역난방시설 등을 말한다.

③ '도시형 생활주택'이란 300세대 미만의 국민주택규모에 해당하는 주택으로서 대통령령으로 정하는 주택을 말한다.

④ '에너지절약형 친환경주택'이란 저에너지 건물 조성기술 등 대통령령으로 정하는 기술을 이용하여 에너지 사용량을 절감하거나 이산화탄소 배출량을 저감할 수 있도록 건설된 주택을 말한다.

---

13 다수의 사람들이 일시에 사용하기도 하고 전혀 사용되지 않는 경우도 있는 영화관의 화장실과 같은 시설은 수량을 최댓값으로 설정하여 혼잡함을 최소화시켜야 한다.

14 시방서는 실시설계 단계에서부터 작성된다.

15 중력환기의 경우 공기 유입구와 유출구 높이의 차이가 클수록 환기량은 많아진다.

16 ① 복리시설에 대한 설명으로, 어린이놀이터, 근린생활시설, 유치원, 주민운동시설 및 경로당, 그 밖에 대통령령으로 정하는 공동시설이 이에 해당한다.
　　※ "부대시설"이란 주택에 딸린 다음의 시설 또는 설비를 말한다〈주택법 제2조 제13호〉.
　　　㉠ 주차장, 관리사무소, 담장 및 주택단지 안의 도로
　　　㉡ 「건축법」에 따른 건축설비
　　　㉢ ㉠ 및 ㉡의 시설·설비에 준하는 것으로서 대통령령으로 정하는 시설 또는 설비

정답 및 해설 13.③ 14.④ 15.③ 16.①

17 다음은 ○○학교 시간표 작성을 위한 기본 자료이다. 음악실 사용시간 중 순수 음악 수업에 사용한 시간은?

음악실 순수율	음악실 이용률	평균 수업시간(1주일)
80%	60%	25시간

① 10시간
② 12시간
③ 15시간
④ 20시간

18 「건축법 시행령」상 다가구주택이 갖추어야 할 요건만을 모두 고른 것은?

> ㉠ 주택으로 쓰는 층수(지하층은 제외한다)가 3개 층 이하일 것. 다만, 1층의 전부 또는 일부를 필로티 구조로 하여 주차장으로 사용하고 나머지 부분을 주택 외의 용도로 쓰는 경우에는 해당 층을 주택의 층수에서 제외한다.
> ㉡ 여러 사람이 장기간 거주할 수 있는 구조로 되어 있는 것
> ㉢ 19세대(대지 내 동별 세대수를 합한 세대) 이하가 거주할 수 있을 것
> ㉣ 1개 동의 주택으로 쓰이는 바닥면적(부설 주차장 면적은 제외한다)의 합계가 660제곱미터 이하일 것

① ㉠, ㉡, ㉢
② ㉠, ㉡, ㉣
③ ㉠, ㉢, ㉣
④ ㉡, ㉢, ㉣

19 건축 바닥면적 산정 시 바닥면적에 포함되는 것은?

① 옥상에 설치하는 물탱크 면적
② 평지붕일 때 층 높이가 1.8m인 다락 면적
③ 정화조 면적
④ 공동주택 지상층 기계실 면적

20 미술관의 출입구 및 동선계획에 대한 설명으로 옳지 않은 것은?

① 각 출입구는 방재시설로 셔터나 그릴 셔터를 설치한다.

② 전시실 전체의 주동선 방향이 정해지면 개개의 전시실은 입구에서 출구에 이르기까지 연속적인 일방통행 동선으로 교차의 역순을 피해야 한다.

③ 전시공간의 전체 동선체계는 관람자 동선, 관리자 동선, 자료의 동선으로 나뉘며, 이들 수평상 동선의 대부분의 체계는 복도형식으로 이루어진다.

④ 일반적으로 상설전시장과 특별전시장은 전시장 입구를 같이 사용한다.

---

17 평균수업시간 25시간 중 음악실의 이용률이 60%이므로 음악실은 15시간이 이용되며, 순수율이 80%이므로 15시간의 80%인 12시간 동안 음악실이 순수 음악수업에 사용된다. [※ 부록 참고 : 건축계획 1-10]

18 ⓒ은 다가구주택이 갖추어야 할 법적 요건으로 보기 어렵다.

※ 다가구주택〈건축법 시행령 별표1 제1호 다목〉 ··· 다음의 요건을 모두 갖춘 주택으로서 공동주택에 해당하지 아니하는 것

• 주택으로 쓰는 층수(지하층은 제외한다)가 3개 층 이하일 것. 다만, 1층의 전부 또는 일부를 필로티 구조로 하여 주차장으로 사용하고 나머지 부분을 주택 외의 용도로 쓰는 경우에는 해당 층을 주택의 층수에서 제외한다.

• 19세대(대지 내 동별 세대수를 합한 세대) 이하가 거주할 수 있을 것

• 1개 동의 주택으로 쓰이는 바닥면적(부설 주차장 면적은 제외한다)의 합계가 660제곱미터 이하일 것

19 층고가 1.5m 이하인 다락인 경우에 바닥면적에 산입하지 않는다. 따라서 1.8m 높이의 다락은 바닥면적에 산입된다.

※ 건축법 시행령 제119조(면적 등의 산정방법) 참조

• 승강기탑(옥상 출입용 승강장 포함), 계단탑, 장식탑, 다락[층고가 1.5미터(경사진 형태의 지붕인 경우에는 1.8미터) 이하인 것만 해당한다], 건축물의 외부 또는 내부에 설치하는 굴뚝, 더스트슈트, 설비덕트, 그 밖에 이와 비슷한 것과 옥상·옥외 또는 지하에 설치하는 물탱크, 기름탱크, 냉각탑, 정화조, 도시가스 정압기, 그 밖에 이와 비슷한 것을 설치하기 위한 구조물과 건축물 간에 화물의 이동에 이용되는 컨베이어벨트만을 설치하기 위한 구조물은 바닥면적에 산입하지 아니한다.

• 공동주택으로서 지상층에 설치한 기계실, 전기실, 어린이놀이터, 조경시설 및 생활폐기물 보관함의 면적은 바닥면적에 산입하지 아니한다.

20 일반적으로 상설전시장과 특별전시장은 전시장 입구를 서로 분리해야 한다.

정답 및 해설 17.② 18.③ 19.② 20.④

3월 24일 | 제1회 서울특별시 시행

1 건축 형태의 구성요소 및 원리에 대한 설명으로 가장 옳은 것은?

① 비례는 건물을 구성하는 각 요소들(지붕과 벽, 기둥, 창문 등)의 질적인 관계이다.

② 대칭은 형태의 비평형적 관계이다.

③ 리듬은 균형에 의해 형성된다.

④ 질감이란 물체를 만져보지 않고 시각적으로 표면 상태를 알 수 있는 것이다.

2 택지개발 및 주택단지 계획과 관련된 설명으로 가장 옳은 것은?

① 페리의 근린주구에서 규모는 하나의 중학교를 필요로 하는 인구에 대응하며, 그 물리적 크기는 인구밀도에 의해 결정된다.

② 국지도로 유형 중 하나인 쿨데삭(Cul-de-sac)은 교통량이 많으며, 도로의 최대 길이는 30m 이하이어야 한다.

③ 블록형 단독주택 용지는 개별필지로 구분하지 않으며 적정규모의 블록을 하나의 개발단위로 공급하는 용지를 말한다.

④ 탑상형 공동주택은 각 세대에 개방감을 주며 거주 조건이나 환경이 균등하다는 장점이 있다.

3 건축물 건축설비 관련 설명 중 가장 옳지 않은 것은?

① 온수난방은 예열시간이 길지만 잘 식지 않아 난방을 정지하여도 난방 효과가 지속된다.

② 서로 상이한 실에서 냉난방을 동시에 해야 하는 경우 가장 적절한 공조방식은 변풍량 단일덕트 방식이다.

③ 복사난방은 방 높이에 의한 실온의 변화가 적고, 실내가 쾌적하다는 장점이 있다.

④ 건축화 조명은 천장, 벽, 기둥 등 건축물의 내부에 조명 기구를 설치하여 건물의 내부 및 마감과 일체적으로 만들어 조명하는 방식이다.

---

1 ① 비례는 건물을 구성하는 각 요소들(지붕과 벽, 기둥, 창문 등)의 양적인 관계이다.
　② 대칭은 형태의 평형적 관계이다.
　③ 리듬은 규칙적인 요소들의 반복으로 나타나는 통제된 운동감이다. (균형에 의해 형성되는 것이 아니다.)
　[※ 부록 참고 : 건축계획 1-1]

2 ① 페리의 근린주구에서 규모는 하나의 초등학교를 필요로 하는 인구에 대응하며, 그 물리적 크기는 인구밀도에 의해 결정된다.
　② 국지도로 유형 중 하나인 쿨데삭(Cul-de-sac)은 각 가구를 잇는 도로가 하나인 막힌 골목길로서 교통량이 적으며, 적정길이는 120~300m 정도이다. (단, 300m 이상 시에는 중간부에 회전지점이 요구된다. 모든 쿨데삭은 2차선을 확보해야 하며, 보차분리를 준수하고 쿨데삭의 진출입부의 교통 혼잡에 유의해야 한다.)
　④ 탑상형 공동주택은 주호가 중앙홀을 중심으로 전면에 배치가 되어 있어 각 주호의 거주조건이나 환경조건이 불균등하다는 단점이 있다.

3 서로 상이한 실에서 냉난방을 동시에 해야 하는 경우 가장 적절한 공조방식은 이중덕트 방식이다.
　※ 이중덕트 방식
　　• 혼합박스가 있어 각 방의 온도조절이 가능하다.
　　• 계절마다 냉난방의 전환이 필요하지 않다.
　　• 운전 및 보수가 용이하다.
　　• 덕트의 면적이 상당히 크다.
　　• 운전 시 에너지소비가 많으며 설비비가 많이 든다.

정답 및 해설 1.④ 2.③ 3.②

4 쇼핑센터의 입지 조건 및 배치 특성에 대한 설명으로 가장 옳은 것은?

① 보행자 몰(Pedestrian Mall)은 가능한 한 인공조명을 설치하여 내부공간의 분위기와 같은 느낌을 주는 계획이 필요하다.

② 시티센터(City Center)형은 뉴타운(Newtown)의 중심부에 조성하고 비교적 중·소규모의 형태로 계획한다.

③ 보행자 몰(Pedestrian Mall)은 코트(Court), 알코브(Alcove) 등을 평균 50m 길이마다 설치하여 변화를 주거나 다층화를 도모함으로써 비교적 단조롭게 조성하는 것이 좋다.

④ 교외형 쇼핑센터는 교외의 간선도로에 면하여 입지하는 비교적 대규모시설로 단지차원의 계획이며 대규모 주차 시설의 계획이 필요하다.

5 학교 교사 계획의 배치유형에 따른 특징으로 가장 적합한 것은?

① 폐쇄형 : 화재 및 비상시에 유리하다.

② 분산 병렬형 : 구조계획이 간단하고 규격형의 이용이 편리하다.

③ 집합형 : 시설물의 지역사회 이용과 같은 다목적 계획이 불리하다.

④ 클러스터형 : 건물 동 사이에 놀이 공간을 구성하기 불리하다.

6 종합병원의 병동부 계획에 대한 내용으로 가장 옳은 것은?

① 병실 출입구는 안목치수를 1m 이상으로 하여 침대가 통과할 수 있도록 하고 차음성은 고려할 필요가 없다.

② 일반 병동부는 다른 부문과 공간적으로 분리하여 감염을 방지하도록 한다.

③ 중환자 병동과 신생아 병동은 다른 부문과 공간적으로 분리하고, 공기와 접촉을 통한 전염의 방지를 위해 설비 및 공간을 계획한다.

④ 정신 병동의 문은 밖여닫이로 하고 실내를 감시할 수 있는 창문을 설치한다.

7 문화재시설 담당 공무원으로서 전통건축물 수리보수를 감독하고자 한다. 건축 문화재에 관한 용어 설명으로 가장 옳지 않은 것은?

① 평방(平枋)은 다포형식의 건물에서 주간포를 받기 위해 창방 위에 얹는 부재를 말한다.

② 부연(附椽)은 처마 서까래의 끝에 덧얹어 처마를 위로 올린 모양이 나도록 만든 짤막한 서까래를 말한다.

③ 첨차(檐遮)는 건물 외부기둥의 윗몸 부분을 가로로 연결하고 그 위에 평방, 소로, 화반 등을 높이는 수평부재를 말한다.

④ 닫집은 궁궐의 용상, 사찰·사당 등의 불단이나 제단 위에 지붕모양으로 씌운 덮개를 말한다.

---

4 ① 보행자 몰(Pedestrian Mall)은 자연광을 이용하여 외부공간과 같은 느낌을 주도록 한다.
② 시티센터(City Center)형은 도심의 상업지역에 입지하는 사회, 문화시설 등과 함께 대규모로 계획한다.
③ 보행자 몰(Pedestrian Mall)은 코트(Court), 알코브(Alcove) 등을 평균 20m~30m 길이마다 설치하여 변화를 주거나 다층화를 도모하여 변화감과 쾌적함을 제공하고 휴식장소로도 활용이 가능하도록 계획해야 한다.
※ 쇼핑센터의 분류(입지에 의한 분류)
• 시티센터형 : 도심의 상업지역에 입지하는 사회, 문화시설 등과 함께 계획하는 경우가 많다.
• 터미널형 : 교통기관의 터미널에 상업시설이 입지하는 것을 말한다.
• 지하상가형 : 도심의 지하에 상점을 설치하여 상점가로 이용할 목적으로 계획한다.
• 역전형 : 뉴타운 계획에 수반하여 뉴타운 근처 역전에 계획한 것이다.

5 ① 폐쇄형 : 화재 및 비상시에 불리하다.
③ 집합형 : 시설물의 지역사회 이용과 같은 다목적 계획이 용이하다.
④ 클러스터형 : 건물 동 사이에 놀이 공간을 구성하기 유리하다.

6 ① 병실 출입구는 차음성을 반드시 고려해야 한다.
② 일반 병동부는 다른 부문과 공간적으로 연결하되, 출입문을 필히 설치하여 감염을 방지하도록 한다.
④ 정신 병동의 문은 안여닫이로 하고 실내를 감시할 수 있는 창문을 설치한다.

7 첨차(檐遮)는 주두, 소로 및 살미와 함께 공포를 구성하는 기본 부재로 살미와 반턱맞춤에 의해 직교하여 결구되는 도리 방향의 부재이다. 한식 목조건물의 기둥 위에 가로 건너질러 연결하고 평방 또는 화반, 소로 등을 받는 수평부재는 창방이다.

정답 및 해설 4.④ 5.② 6.③ 7.③

8 도서관의 배치 및 기능에 대한 설명으로 가장 옳지 않은 것은?

① 별도의 아동실을 설치할 경우에는 이용이 빈번한 장소에 그 입구를 설치하여야 한다.

② 30~40년 후의 장래를 고려하여 충분한 여유 공간이 있어야 한다.

③ 서고 내에 설치하는 캐럴(Carrel)은 창가나 벽면 쪽에 위치시켜 이용자가 타인으로부터 방해 받는 일이 없도록 한다.

④ 도서관은 조사, 학습, 교양, 레크리에이션과 사회교육에 기여함을 목적으로 하는 시설을 말한다.

9 사무소의 실 배치 방법에 대한 설명으로 가장 옳은 것은?

① 개실배치(Individual Room System)는 임대에 불리하다.

② 개방식 배치(Open Room System)는 개실배치에 비해 공사비가 저렴하다.

③ 개방식 배치는 인공조명과 인공환기가 불필요하다.

④ 오피스 랜드스케이핑(Office Landscaping)은 개방된 사무 공간에 관리자를 위한 독립실을 제공하여 업무능률 향상을 도모하는 방식이다.

10 경주 및 포항 지진 이후 내진설계에 대한 국민들의 관심이 증가하고 있다. 건축물을 건축하거나 대수선하는 경우 착공신고 시에 건축주가 설계자로부터 구조안전 확인서류를 받아 허가권자에게 제출해야 하는 대상 건축물이 아닌 것은?

① 층수가 2층(주요구조부인 기둥과 보를 설치하는 건축물로서 그 기둥과 보가 목재인 목구조 건축물의 경우에는 3층) 이상인 건축물

② 연면적이 200m^2(목구조 건축물의 경우에는 500m^2) 이상인 건축물

③ 높이가 13m 이상인 건축물

④ 기둥과 기둥 사이의 거리가 10m 이하인 건축물

11 건물의 리모델링 중 성능개선의 원인으로 가장 적합하지 않은 것은?

① 건물이 물리적 내용 연수의 한계에 달하는 경우 준공시점 수준까지 건물의 기능을 회복하기 위하여 수리 · 수선이 필요하다.

② 건물의 노후화에 따라 발생할 수 있는 구조적 성능저하를 개선하기 위하여 구조성능 개선이 필요하다.

③ 사회적 구조변화와 환경변화에 따라 건물의 기능적 성능을 새롭게 바꾸는 기능적 개선이 필요하다.

④ 시대적 성향의 변화에 따라 건물의 외관과 내부의 형태 및 마감 상태를 새롭게 하는 미관적 개선이 필요하다.

---

8 별도의 아동실을 설치할 경우에는 이용이 빈번하지 않은 장소에 그 입구를 설치하여야 한다.

9 ① 개실배치(Individual Room System)는 여러 실이 만들어져서 임대에 유리하다.
③ 개방식 배치는 인공조명과 인공환기가 필요하다.
④ 오피스 랜드스케이핑(Office Landscaping)은 칸막이를 제거하여 부서 간의 업무 연계 및 작업능률의 효율화를 도모하기 위한 방식이다.

10 기둥과 기둥 사이의 거리가 10m 이상인 건축물이 해당된다. [※ 부록 참고 : 건축계획 6-7]

11 ① 건물이 물리적 내용 연수의 한계에 달하는 경우 준공시점 수준까지 건물의 기능을 회복하기 위하여 수리 · 수선을 하는 것은 보수(repair)이다.
• 리모델링이란 기존건물의 구조적, 기능적, 미관적, 환경적 성능이나 에너지 성능을 개선하여 거주자의 생산성과 쾌적성 및 건강을 향상시킴으로써 건물의 가치를 상승시키고 경제성을 높이는 것을 말한다.
• 리모델링은 현재 정상적으로 운영되고 있는 건물시스템의 성능을 개선시킨다는 점에서 건물의 보수, 보강, 수선, 개수, 교체 등과는 약간의 의미적 차이를 가지고 있다. 즉, 건축물의 리모델링은 기존의 성능을 그대로 유지해도 건물의 운영에는 문제가 없으나 성능개선을 통하여 가치를 향상시키고자 하는 선택적 수단임에 반해, 보수, 보강, 개수, 교체 등은 건물시스템의 하자나 불량, 고장, 성능저하로 인한 불가피한 선택인 것이다.

정답 및 해설 8.① 9.② 10.④ 11.①

12 집합주택의 단면 형식에 의한 분류 중 그 내용으로 가장 적합하지 않은 것은?

① 스킵플로어형(Skip Floor Type) : 주택 전용면적비가 높아지며 피난 시 불리하다.

② 트리플렉스형(Triplex Type) : 프라이버시 확보에 유리하며 공용면적이 적다.

③ 메조네트형(Maisonette Type) : 주호의 프라이버시와 독립성 확보에 불리하며 속복도일 경우 소음 처리도 불리하다.

④ 플랫형(Flat Type) : 프라이버시 확보에 불리하며 규모가 클 경우 복도가 길어져 공용면적이 증가한다.

13 범죄를 예방하고 안전한 생활환경을 조성하기 위하여 건축물, 건축설비 및 대지에 관한 범죄예방 기준에 따라 건축하여야 하는 건축물로 가장 옳지 않은 것은?

① 공동주택 중 세대 수가 300세대 이상인 아파트

② 제1종 근린생활시설 중 일용품을 판매하는 소매점

③ 제2종 근린생활시설 중 다중생활시설

④ 노유자시설

14 공연장의 평면형식에 대한 내용으로 가장 옳은 것은?

① 아레나(Arena)형은 객석과 무대가 하나의 공간에 있으므로 일체감을 주며 긴장감이 높은 연극 공간을 형성한다.

② 오픈스테이지(Open Stage)형은 무대와 객석의 크기, 모양, 배열 그리고 그 상호관계를 한정하지 않고 변경할 수 있다.

③ 프로시니엄(Proscenium)형은 관객이 연기자에게 근접하여 공연을 관람할 수 있다.

④ 가변형 무대는 배경이 한 폭의 그림과 같은 느낌을 주어 전체적인 통일감을 형성하는 데 가장 좋은 형태이다.

12 메조네트형(Maisonette Type)은 주호의 프라이버시와 독립성 확보 및 통풍, 채광에 유리하다. (속복도형은 중복도형을 의미한다.)

13 출제 당시에는 '공동주택 중 세대수가 500세대 이상인 아파트'가 범죄예방 기준 대상 건축물에 해당되어 ①이 정답이었으나, 2019. 7. 이후 시행되는 법에서 해당 조문이 '다가구주택, 아파트, 연립주택 및 다세대주택'으로 개정되었으므로 아파트는 세대 수 구분 없이 범죄예방 기준에 따라 건축하여야 한다.

　※ **범죄예방 기준에 따라 건축하여야 하는 건축물**〈시행령 제63조의2〉
　　㉠ 다가구주택, 아파트, 연립주택 및 다세대주택
　　㉡ 제1종 근린생활시설 중 일용품을 판매하는 소매점
　　㉢ 제2종 근린생활시설 중 다중생활시설
　　㉣ 문화 및 집회시설(동ㆍ식물원은 제외)
　　㉤ 교육연구시설(연구소 및 도서관은 제외)
　　㉥ 노유자시설
　　㉦ 수련시설
　　㉧ 업무시설 중 오피스텔
　　㉨ 숙박시설 중 다중생활시설

14 ② 가변형 스테이지(Adaptable Stage)형은 무대와 객석의 크기, 모양, 배열 그리고 그 상호관계를 한정하지 않고 변경할 수 있다.
　③ 오픈스테이지(Open Stage)형은 관객이 연기자에게 근접하여 공연을 관람할 수 있다.
　④ 프로시니엄(Proscenium)형 무대는 배경이 한 폭의 그림과 같은 느낌을 주어 전체적인 통일감을 형성하는 데 가장 좋은 형태이다.

정답 및 해설 12.③ 13.정답 없음 14.①

15 주민자치센터 건축과정에서 「장애인 · 노인 · 임산부 등의 편의증진 보장에 관한 법률」의 기준에 의한 장애 없는(barrier free) 공공업무시설을 구현할 때 편의시설의 설치기준으로 가장 옳지 않은 것은?

① 경사로의 시작과 끝, 굴절 부분 및 참에는 1.5m×1.5m 이상의 활동공간을 확보하여야 한다.

② 휠체어 사용자용 세면대의 상단 높이는 바닥면으로부터 0.80m, 하단 높이는 0.55m 이상으로 하여야 한다.

③ 계단 및 참의 유효폭은 1.2m 이상으로 하여야 한다.

④ 장애인용 출입구(문)의 0.3m 전면에 시각장애인을 위한 점형블록을 설치하여야 한다.

16 1950년대 후반 지오데식 돔(geodesic dome) 건축기법을 개발하여 10층 높이의 축구 경기장으로 사용 가능한 규모의 구조물을 설계한 건축가는?

① 산티아고 칼라트라바(Santiago Calatrava)

② 루이스 바라간(Luis Barragán)

③ 리차드 버크민스터 풀러(Richard Buckminster Fuller)

④ 피에르 루이지 네르비(Pier Luigi Nervi)

17 지구단위계획에 대한 설명으로 가장 옳은 것은?

① 지구단위계획은 「건축법」에 근거한다.

② 지구단위계획은 토지이용의 합리화와 체계적인 관리를 목적으로 한다.

③ 지구단위계획은 모든 도시계획 수립 대상 지역에 대한 관리계획이다.

④ 지구단위계획구역은 도시관리계획으로 관리하기 어려운 지역을 대상으로 한다.

18 주택계획의 기본방향에 대한 설명으로 가장 옳은 것은?

① 개인의 사적 영역을 보장한다.

② 건강 증진을 위해 가급적 동선을 길게 한다.

③ 활동성 증대와 전통성 강화를 위해 좌식을 우선시한다.

④ 가족전체 영역보다는 구성원 개인의 영역을 우선시한다.

---

15 휠체어 사용자용 세면대의 상단 높이는 바닥면으로부터 0.85m, 하단 높이는 0.65m 이상으로 하여야 한다. [※ 부록 참고 : 건축계획 6-22]

④ 점형블록을 설치하거나 바닥재의 질감 등을 달리할 수 있다(건축물 주출입구의 0.3미터 전면에는 문의 폭만큼 점형블록을 설치하거나 시각장애인이 감지할 수 있도록 바닥재의 질감 등을 달리하여야 한다. – 시행규칙 별표1).

16 리차드 버크민스터 풀러(Richard Buckminster Fuller)에 관한 설명이다. 최초로 지오데식 돔(삼각형을 짝지어 돔을 형성하는 공법)을 비롯한 획기적인 아이디어를 실현한 인물로 건축기술의 발전에 큰 영향을 끼친 인물이다.

17 ① 지구단위계획은 「국토의 계획 및 이용에 관한 법률」에 근거한다.

③ 지구단위계획구역은 도시 · 군계획 수립 대상지역의 일부에 대한 것이다.

④ 지구단위계획구역은 토지 이용을 합리화하고 그 기능을 증진시키며 미관을 개선하고 양호한 환경을 확보하며, 그 지역을 체계적 · 계획적으로 관리하기 위하여 수립하는 도시 · 군관리계획을 말한다.

18 ② 가급적 동선을 짧게 해야 한다.

③ 활동성 증대를 위해 입식을 우선시한다.

④ 가족전체 영역과 구성원 개인 영역의 균형을 추구해야 한다.

정답 및 해설 15.② 16.③ 17.② 18.①

19 친환경 건축계획 기법의 하나인 중수 이용에 관한 설명으로 가장 옳지 않은 것은?

① 일정 규모 이상의 시설물을 신축(증축·개축 또는 재축하는 경우를 포함)하는 경우 물 사용량의 10% 이상의 중수도를 설치·운영하여야 한다.

② 중수는 소화용수, 변기세정수, 조경용수로 사용할 수 있다.

③ 중수의 청결도는 상수와 하수의 중간 정도이다.

④ 환경오염의 우려가 있으므로 빗물을 모아서 중수로 사용해서는 안 된다.

20 최근 다양한 건축분쟁이 증가하고 있는데, 주거지역 안에서 일조 등의 확보를 위한 높이제한 내용 중 가장 옳지 않은 것은?

① 전용주거지역이나 일반주거지역에서 건축하는 경우 건축물의 각 부분을 정북방향으로의 인접 대지경계선으로부터 높이 9m 이하인 부분은 1.5m 이상의 범위에서 건축조례로 정하는 거리 이상을 띄워 건축한다.

② 전용주거지역이나 일반주거지역에서 건축하는 경우 건축물의 각 부분을 정북방향으로의 인접 대지 경계선으로부터 높이 9m를 초과하는 부분은 해당 건축물 각 부분 높이의 2분의 1 이상 범위에서 건축조례로 정하는 거리 이상을 띄워 건축한다.

③ 공동주택의 경우 건축물 각 부분의 높이는 그 부분으로부터 채광을 위한 창문 등이 있는 벽면에서 직각 방향으로 인접 대지경계선까지의 수평거리의 2배(근린상업지역 또는 준주거지역의 건축물은 4배) 이하로 한다.

④ 같은 대지에서 두 동 이상의 건축물이 서로 마주보는 경우, 건축물 각 부분 사이의 거리는 그 대지의 모든 세대가 동지를 기준으로 9시에서 15시 사이에 1시간 이상 계속하여 일조를 확보할 수 있는 거리 이상 띄워서 건축해야 한다.

19 한 번 사용한 물을 어떠한 형태로든 한 번 혹은 반복적으로 사용하는 물을 중수라 하며, 빗물 역시 중수로 사용할 수 있다. (중수도 : 배수나 하수를 처리, 재생한 것을 청소, 변소, 살수 등의 양질의 물을 필요로 하지 않는 부분에 상수도와는 다른 계통으로 공급하는 수도)

20 같은 대지에서 두 동 이상의 건축물이 서로 마주보는 경우, 건축물 각 부분 사이의 거리는 일정 거리 이상(시행령 제86조 참조) 띄워서 건축해야 한다. 다만, 그 대지의 모든 세대가 동지를 기준으로 9시에서 15시 사이에 2시간 이상 계속하여 일조를 확보할 수 있는 거리 이상으로 할 수 있다.

정답 및 해설 19.④ 20.④

1 공장건축의 계획 시 고려해야 할 사항으로 옳지 않은 것은?

① 건물의 배치는 공장의 작업내용을 충분히 검토하여 결정한다.

② 중층형 공장은 주로 제지·제분 등 경량의 원료나 재료를 취급하는 공장에 적합하다.

③ 증축 및 확장 계획을 충분히 고려하여 배치계획을 수립한다.

④ 무창공장은 냉·난방 부하가 커져 운영비용이 많이 든다.

2 병원건축 계획에 대한 설명으로 옳지 않은 것은?

① 중앙진료부에 해당하는 수술실은 병동부와 외래부 중간에 위치시킨다.

② ICU(Intensive Care Unit)는 중증 환자를 수용하여 집중적인 간호와 치료를 행하는 간호단위이다.

③ 종합병원의 병동부 면적비는 연면적의 $\frac{1}{3}$ 정도이다.

④ 1개 간호단위의 적절한 병상 수는 종합병원의 경우 70~80bed가 이상적이다.

3 공공문화시설에 대한 설명으로 옳지 않은 것은?

① 전시장 계획 시 연속순로(순회)형식은 동선이 단순하여 공간이 절약된다.

② 공연장 계획 시 객석의 형(形)이 원형 또는 타원형이 되도록 하는 것이 음향적으로 유리하다.

③ 도서관 계획 시 서고의 수장능력은 서고 공간 1m³당 약 66권을 기준으로 한다.

④ 극장 계획 시 고려해야 할 가시한계(생리적 한도)는 약 15m이고, 1차 허용한계는 약 22m, 2차 허용한계는 약 35m이다.

4 치수계획에 대한 설명으로 옳지 않은 것은?

① 건축공간의 치수는 인간을 기준으로 할 때 물리적, 생리적, 심리적 치수(scale)로 구분할 수 있다.

② 국제 척도조정(M.C.)을 사용하면 건축구성재의 국제교역이 용이해진다.

③ 건축공간의 치수는 인체치수에 대한 여유치수를 배제하고 계획하는 것이 좋다.

④ 모듈의 예로 르 꼬르뷔지에(Le Corbusier)의 모듈러(Le Modular)가 있다.

---

1 무창공장은 열손실이 적어 냉·난방 부하가 줄어드는 효과가 있다.

2 1개 간호단위의 적절한 병상 수는 종합병원의 경우 30~40bed가 이상적이다.

3 공연장 계획 시 객석의 형(形)이 원형 또는 타원형이 되도록 하는 것은 음향적으로 매우 좋지 않다.

4 건축공간의 치수는 인체치수에 대한 여유치수를 고려하여 계획하는 것이 좋다.

정답 및 해설 1.④ 2.④ 3.② 4.③

5 건축법령상 비상용 승강기에 대한 설명으로 옳지 않은 것은?

① 비상용 승강기를 설치하는 경우 설치대수는 건축물 층수를 기준으로 한다.

② 피난층이 있는 승강장의 출입구로부터 도로 또는 공지에 이르는 거리는 30m 이하로 계획하여야 한다.

③ 2대 이상의 비상용 승강기를 설치하는 경우에는 화재가 났을 때 소화에 지장이 없도록 일정한 간격을 두고 설치하여야 한다.

④ 승강장의 바닥면적은 옥외에 승강장을 설치하는 경우를 제외하고 비상용 승강기 1대에 대하여 6m^2 이상으로 한다.

6 주거밀도에 대한 설명으로 옳지 않은 것은?

① 호수밀도는 단위 토지면적당 주호수로 주택의 규모와 중요한 관계가 있다.

② 건폐율은 건축밀도(건축물의 밀집도)를 산출하는 기초 지표로 대지면적에 대한 건축면적의 비율(%)이다.

③ 인구밀도는 거주인구를 토지면적으로 나눈 것이며, 단위 토지면적에 대한 거주인구수로 나타낸다.

④ 인구밀도는 호수밀도에 1호당 평균세대 인원을 곱하여 구할 수 있다.

7 공동주택에 대한 설명으로 옳지 않은 것으로만 묶은 것은?

> ㉠ 편복도형은 엘리베이터 1대당 단위 주거를 많이 둘 수 있다.
> ㉡ 집중형은 대지 이용률이 낮으나 모든 단위 주거가 환기 및 일조에 유리하다.
> ㉢ 중복도형은 사생활 보호에 불리하며 대지 이용률이 낮다.
> ㉣ 계단실형은 사생활 보호에 유리하다.

① ㉠, ㉢   ② ㉠, ㉣

③ ㉡, ㉢   ④ ㉡, ㉣

8 우리나라 시대별 전통건축의 특징에 대한 설명으로 옳지 않은 것은?

① 통일신라시대의 가람배치는 불사리를 안치한 탑을 중심으로 하였던 1탑식 가람배치 방식에서 불상을 안치한 금당을 중심으로 그 앞에 두 개의 탑을 시립(侍立)한 2탑식 가람배치로 변화하였다.

② 고려 초기에는 기둥 위에 공포를 배치하는 주심포식 구조형식이 주류를 이루었고, 고려 말경에는 창방 위에 평방을 올려 구성하는 다포식 구조형식을 사용하였다.

③ 조선시대에는 다포식과 주심포식이 혼합된 절충식이 나타나기도 하였으며, 절충식 건축물로는 해인사 장경판고(대장경판전), 옥산서원 독락당, 서울 동묘, 서울 사직단 정문 등이 있다.

④ 20세기 초에 서양식으로 지어진 건물 중 조선은행(한국은행본관)은 르네상스식 건물이고, 경운궁의 석조전은 신고전주의 양식을 취한 건물이다.

---

5 비상용 승강기를 설치하는 경우 설치대수는 건축물의 바닥면적을 고려하여 산정한다.

※ 비상용 승강기의 설치기준

- 높이 31m를 넘는 각 층의 바닥면적 중 최대 바닥면적이 1,500m² 이하인 건축물의 경우 : 1대 이상

- 높이 31m를 넘는 각 층의 바닥면적 중 최대 바닥면적이 1,500m²를 넘는 건축물의 경우 : $\left(\dfrac{A - 1,500m^2}{3,000m^2} + 1 \right)$대 이상

6 호수밀도는 단위면적당 그곳에 입지하는 주택수의 평균으로서 주택의 규모보다는 주택 수와 더 중요한 관련이 있다.

7 ㉡ 집중형은 대지 이용률이 매우 높으나 모든 단위 주거가 환기 및 일조에 불리하다.
㉢ 중복도형은 대지 이용률이 높으나 환경이 좋지 않고 사생활 보호에 좋지 않다.

8 해인사 장경판고(대장경판전), 옥산서원 독락당, 서울 동묘, 서울 사직단 정문에는 익공양식을 적용하였다.
[※ 부록 참고 : 건축계획 3-2]
조선초기에 사용된 절충식은 다포를 주로 하고 주심포를 혼합·절충하여 만들어진 양식으로서 이를 절충식다포, 또는 주심다포 또는 화반다포라고 한다.

정답 및 해설 5.① 6.① 7.③ 8.③

9 빛 환경에 대한 설명으로 옳지 않은 것만을 모두 고른 것은?

> ㉠ 조명의 목적은 빛을 인간생활에 유익하게 활용하는 데 있으며 좋은 조명은 조도가 높아야 한다.
> ㉡ 국부조명은 조명이 필요한 부분에만 집중적으로 조명을 행하는 것으로 눈이 쉽게 피로해진다.
> ㉢ 시야 내에 눈이 순응하고 있는 휘도보다 현저하게 높은 휘도 부분이 있으면 눈부심 현상이 일어나 불쾌감을 느끼게 된다.
> ㉣ 간접조명은 조도 분포가 균일하여 적은 전력으로도 직접조명과 같은 조도를 얻을 수 있다.
> ㉤ 실내상시보조인공조명(PSALI)은 주광과 인공광을 병용한 방식이다. 이때 조명설비는 주광의 변동에 대응해서 인공광 조도를 조절할 수 있는 시스템이다.

① ㉠, ㉡

② ㉠, ㉣

③ ㉡, ㉢, ㉣

④ ㉢, ㉣, ㉤

10 먼셀표색계(Munsell System)에 대한 설명으로 옳지 않은 것은?

① 빨강(R), 노랑(Y), 녹색(G), 파랑(B), 보라(P)의 5가지 주색상을 기본으로 총 100색상의 표색계를 구성하였다.

② 모든 색은 백색량, 흑색량, 순색량의 합을 100으로 하여 배합하였기 때문에 어떠한 색도 혼합량은 항상 100으로 일정하다.

③ 명도는 가장 어두운 단계인 순수한 검정색을 0으로, 가장 밝은 단계인 순수한 흰색을 10으로 하였다.

④ 색채기호 5R7/8은 색상이 빨강(5R)이고, 명도는 7, 채도는 8을 의미한다.

11 교육시설의 건축계획에 대한 설명으로 옳은 것은?

① 초등학교의 복도 폭은 양 옆에 거실이 있는 복도일 경우 2.4m 이상으로 계획한다.

② 체육관 천장의 높이는 5m 이상으로 한다.

③ 교사의 배치에서 분산병렬형은 좁은 부지에 적합하지만 일조, 통풍 등 교실의 환경조건이 불균등하다.

④ 학교 운영방식 중 달톤형은 전 학급을 양분하여 한쪽이 일반교실을 사용할 때, 다른 한쪽은 특별교실을 사용한다.

---

9 ㉠ 조명의 목적은 빛을 인간생활에 유익하게 활용하는 데 있으며 좋은 조명은 조도가 요구조건에 적합한 정도여야 한다.
  ㉣ 간접조명은 조도 분포가 균일하지 않은 경우가 많으며 직접조명보다 조도 및 효율이 낮다.

10 ②는 오스트발트 색체계에 대한 설명이다. 먼셀 표색계는 인간의 심리적 지각을 반영한 직관적인 색 분류법으로, 색상·명도·채도의 색의 3속성에 따라 색을 나타내며, 색상환, 색입체 등의 형식을 통해 일정한 간격으로 색을 배치하였다.

11 ② 체육관 천장의 높이는 6m 이상으로 한다.
  ③ 교사의 배치에서 분산병렬형은 좁은 부지에는 적합하지 않지만 일조, 통풍 등 교실의 환경조건이 균등하다.
  ④ 전 학급을 양분하여 한쪽이 일반 교실을 사용할 때, 다른 한쪽은 특별교실을 사용하는 것은 플래툰형으로서 교사의 수와 적당한 시설이 없으면 실시가 곤란하다. 시간을 할당하는 데 상당한 노력이 든다. (달톤형은 학급, 학생 구분을 없애고 학생들이 각자의 능력에 맞게 교과를 선택하고 일정한 교과가 끝나면 졸업하는 방식으로서 하나의 교과에 출석하는 학생 수가 정해져 있지 않기 때문에 같은 형의 학급교실을 몇 개 설치하는 것은 부적당하다.) [※ 부록 참고 : 건축계획 1-9]

정답 및 해설 9.② 10.② 11.①

12 동선계획에 대한 설명으로 옳지 않은 것은?

① 동선은 단순하고 명쾌해야 한다.

② 동선의 3요소는 속도, 빈도, 하중이다.

③ 사용 정도가 높은 동선은 짧게 계획하여야 한다.

④ 서로 다른 종류의 동선끼리는 결합과 교차를 통하여 동선의 효율성을 높여야 좋다.

13 변전실의 위치에 대한 설명으로 옳지 않은 것은?

① 기기의 반출입이 용이할 것

② 습기와 먼지가 적은 곳일 것

③ 가능한 한 부하의 중심에서 먼 장소일 것

④ 외부로부터 전원의 인입이 쉬운 곳일 것

14 「주차장법 시행규칙」상 주차장의 주차구획으로 옳지 않은 것은? (※ 기출변형)

① 평행주차형식의 이륜자동차전용 : 1.2m 이상(너비) × 2.0m 이상(길이)

② 평행주차형식의 경형 : 1.7m 이상(너비) × 4.5m 이상(길이)

③ 평행주차형식 외의 확장형 : 2.6m 이상(너비) × 5.2m 이상(길이)

④ 평행주차형식 외의 장애인전용 : 3.3m 이상(너비) × 5.0m 이상(길이)

15 「건축물의 에너지절약 설계기준」 건축부문의 의무사항에 대한 설명으로 옳지 않은 것은?

① 바닥난방에서 단열재를 설치할 때 온수배관하부와 슬래브 사이에 설치되는 구성재료의 열저항 합계는 층간바닥인 경우에는 해당 바닥에 요구되는 총열관류저항의 60% 이상으로 하는 것이 원칙이다.

② 외기에 직접 면하고 1층 또는 지상으로 연결된 출입문 중 바닥면적 200m^2 이상의 개별점포 출입문, 너비 1.0m 이상의 출입문은 방풍구조로 하여야 한다.

③ 단열재의 이음부는 최대한 밀착해서 시공하거나, 2장을 엇갈리게 시공하여 이음부를 통한 단열성능 저하가 최소화될 수 있도록 조치하여야 한다.

④ 방풍구조를 설치하여야 하는 출입문에서 회전문과 일반문이 같이 설치된 경우, 일반문 부위는 방풍실 구조의 이중문을 설치하여야 한다.

---

12 서로 다른 종류의 동선은 가능한 한 분리하고 필요 이상의 교차를 피한다.

13 변전실은 가능한 한 부하의 중심에서 가까운 곳에 위치해야 한다.

14 이륜자동차의 평행주차형식에 따른 주차단위구획은 너비 1.0미터 이상, 길이 2.3미터 이상으로 하고, 평행주차형식 외의 경우에도 너비 1.0미터 이상, 길이 2.3미터 이상으로 설치하도록 한다.
[※ 부록 참고 : 건축계획 6-16]

15 외기에 직접 면하고 1층 또는 지상으로 연결된 출입문은 방풍구조로 하여야 한다. 다만, 다음 각 호에 해당하는 경우에는 그러하지 않을 수 있다.
• 바닥면적 3백 제곱미터 이하의 개별 점포의 출입문
• 주택의 출입문(단, 기숙사는 제외)
• 사람의 통행을 주목적으로 하지 않는 출입문
• 너비 1.2미터 이하의 출입문

정답 및 해설 12.④ 13.③ 14.① 15.②

16 건물의 단열에 대한 설명으로 옳지 않은 것은?

① 열교는 벽이나 바닥, 지붕 등에 단열이 연속되지 않는 부위가 있을 경우 발생하기 쉽다.

② 단열재의 열전도율은 재료의 종류와는 무관하며 물리적 성질인 밀도에 반비례한다.

③ 반사형 단열재는 복사의 형태로 열 이동이 이루어지는 공기층에 유효하다.

④ 벽체의 축열성능을 이용하여 단열을 유도하는 방법을 용량형 단열이라 한다.

17 「건축물의 설비기준 등에 관한 규칙」상 공동주택 및 다중이용시설의 환기설비기준에 대한 설명으로 옳지 않은 것은?

① 다중이용시설의 기계환기설비 용량기준은 시설이용 인원당 환기량을 원칙으로 산정한다.

② 환기구를 안전펜스 또는 조경 등을 이용하여 보행자 및 건축물 이용자의 접근을 차단하는 구조로 하는 경우에는 환기구의 설치 높이 기준을 완화해 적용할 수 있다.

③ 신축 또는 리모델링하는 100세대 이상의 공동주택은 시간당 0.5회 이상의 환기가 이루어질 수 있도록 자연환기설비 또는 기계환기설비를 설치하여야 한다.

④ 환기구는 보행자 및 건축물 이용자의 안전이 확보되도록 바닥으로부터 1.8미터 이상의 높이에 설치하는 것이 원칙이다.

18 근대건축과 관련된 설명에서 ㉠에 들어갈 용어로 옳은 것은?

(㉠)은/는 1917년에 결성되어 화가, 조각가, 가구 디자이너 그리고 건축가들을 중심으로 추상과 직선을 강조하는 새로운 양식으로 전개되었다. 아울러 (㉠)은/는 신 조형주의 이론을 조형적, 미학적 기본원리로 하여 회화, 조각, 건축 등 조형예술 전반에 걸쳐 전개하였으며 입체파의 영향을 받아 20세기 초 기하학적 추상 예술의 성립에 결정적 역할을 하였고, 근대건축이 기능주의적인 디자인을 확립하는 데 커다란 역할을 하였다.

① 예술공예운동(Arts and Crafts Movement)

② 데 스틸(De Stijl)

③ 세제션(Sezession)

④ 아르누보(Art Nouveau)

16 단열재의 열전도율은 재료의 종류와 밀접한 관련을 가지며 밀도와 반드시 비례·반비례 관계를 가진다고 할 수 없다.

17 환기구는 보행자 및 건축물 이용자의 안전이 확보되도록 바닥면으로부터 2미터 이상의 높이에 설치하는 것이 원칙이다. ③의 경우 2020. 4. 9. 법이 개정되어 '30세대 이상의 공동주택' 또는 '주택을 주택 외의 시설과 동 일건축물로 건축하는 경우로서 주택이 30세대 이상인 건축물'을 신축 또는 리모델링하는 경우에 시간당 0.5회 이상의 환기가 이루어질 수 있도록 자연환기설비 또는 기계환기설비를 설치해야 한다(2020. 10. 10. 시행).

18 데 스틸(De Stijl)에 관한 설명이다.

정답 및 해설 16.② 17.④ 18.②

19 르네상스 시대의 건축가와 그의 작품의 연결이 옳지 않은 것은?

① 안드레아 팔라디오 – 빌라 로톤다(빌라 카프라)

② 필리포 브루넬레스키 – 일 레덴토레 성당

③ 미켈란젤로 부오나로티 – 라우렌찌아나 도서관

④ 레온 바티스타 알베르티 – 루첼라이 궁전

20 소화설비 중 소화활동설비에 해당하지 않는 것은?

① 자동화재탐지설비

② 제연설비

③ 비상콘센트설비

④ 연결살수설비

19 일 레덴토레 성당은 베니스에 위치한 성당으로서, 안드레아 팔라디오의 작품이다.

20 자동화재탐지설비는 경보설비에 해당한다.

※ 소방시설의 종류

소화설비(물 또는 그 밖의 소화약제를 사용하여 소화하는 기계·기구 또는 설비)	
• 소화기구	• 스프링클러설비등
• 자동소화장치	• 물분무등소화설비
• 옥내소화전설비(호스릴옥내소화전설비 포함)	• 옥외소화전설비

경보설비(화재발생 사실을 통보하는 기계·기구 또는 설비)	
• 단독경보형 감지기	• 자동화재속보설비
• 비상경보설비	• 통합감시시설
• 시각경보기	• 누전경보기
• 자동화재탐지설비	• 가스누설경보기
• 비상방송설비	

피난구조설비(화재가 발생할 경우 피난하기 위하여 사용하는 기구 또는 설비)	
• 피난기구	• 유도등
• 인명구조기구	• 비상조명등 및 휴대용비상조명등

소화용수설비(화재를 진압하는 데 필요한 물을 공급하거나 저장하는 설비)	
• 상수도소화용수설비	• 소화수조·저수조, 그 밖의 소화용수설비

소화활동설비(화재를 진압하거나 인명구조활동을 위하여 사용하는 설비)	
• 제연설비	• 비상콘센트설비
• 연결송수관설비	• 무선통신보조설비
• 연결살수설비	• 연소방지설비

정답 및 해설   19.②   20.①

1 병원 건축의 형태에서 집중식(Block type)에 대한 설명으로 옳지 않은 것은?

① 대지를 효율적으로 이용할 수 있는 형태이다.

② 의료, 간호, 급식 등의 서비스 제공이 쉽다.

③ 환자는 주로 경사로를 이용하여 보행하거나 들것으로 이동된다.

④ 일조, 통풍 등의 조건이 불리해지며, 각 병실의 환경이 균일하지 못한 편이다.

2 사무소 건축에 대한 설명으로 옳은 것은?

① 엘리베이터 대수 산정 시 단시간에 이용자로 혼잡하게 되는 아침 출근 시간대의 경우, 10분간에 전체 이용자의 1/3~1/10을 처리해야 하기 때문에 10분간의 출근자 수를 기준으로 산정한다.

② 엘리베이터는 되도록 한곳에 집중 배치하며, 8대 이하는 직선배치한다.

③ 오피스 랜드스케이프는 사무공간을 절약할 수 있으나, 변화하는 작업의 패턴에 따라 조절이 불가능하다.

④ 개실형은 독립성과 쾌적감의 장점이 있지만 공사비가 비교적 많이 드는 단점이 있다.

3 오스카 뉴먼(O. Newman)이 제시한 공동주택의 안전한 환경창조를 위해 개별적으로 또는 결합해서 작용하는 4개의 요소가 아닌 것은?

① 영역성(Territoriality)

② 자연스러운 감시(Natural surveillance)

③ 이미지(Image)

④ 통제수단(Restriction method)

4 은행의 평면계획에 대한 설명으로 옳지 않은 것은?

① 은행실은 일반적으로 객장과 영업장으로 나누어진다.

② 전실이 없을 경우 주 출입문은 화재 시 피난 등을 고려하여 밖여닫이로 계획하는 것이 일반적이다.

③ 객장 대기홀은 모든 은행의 중핵공간이며 조직상의 중심이 되는 공간이다.

④ 영업장은 소규모 은행의 경우 단일공간으로 이루어지는 것이 보통이다.

---

1 집중식의 경우, 병원에서 환자는 주로 엘리베이터 등을 통해 이동하거나 이동된다.

2 ① 엘리베이터 대수 산정 시 단시간에 이용자로 혼잡하게 되는 아침 출근 시간대의 경우, 5분간에 전체 이용자의 1/3~1/10을 처리해야 하기 때문에 5분간의 출근자 수를 기준으로 산정한다.
② 엘리베이터는 가급적 중앙에 집중배치하며 직선배치는 4대 이하로 한다.
③ 오피스 랜드스케이프는 변화하는 작업의 패턴에 따라 조절이 가능하다.

3 오스카 뉴먼(O. Newman)이 제시한 공동주택의 안전한 환경창조를 위해 개별적으로 또는 결합해서 작용하는 4개의 요소는 영역성(Territoriality), 자연스러운 감시(Natural surveillance), 이미지(Image), 안전지역(환경, safe zone)이다.

4 전실이 없을 경우 주 출입문은 안여닫이로 계획하는 것이 일반적이다.

정답 및 해설 1.③ 2.④ 3.④ 4.②

5 도서관 건축계획에 대한 설명으로 옳지 않은 것은?

① 이용자의 접근이 쉽고 친근한 장소로 선정하며, 서고의 증축공간을 고려한다.

② 서고는 도서 보존을 위해 항온·항습장치를 필요로 하며 어두운 편이 좋다.

③ 이용자의 입장에서 신설 공공도서관은 가급적 기존 도서관 인근에 건립하여 시너지 효과를 내는 것이 바람직하다.

④ 이용자, 관리자, 자료의 출입구를 가능한 한 별도로 계획하는 것이 바람직하다.

6 미술관 건축계획에 대한 설명으로 옳지 않은 것은?

① 전시실 순회형식 중 중앙홀 형식은 홀이 클수록 동선 혼란이 적어지고 장래 확장에 유리하다.

② 전시실 순회형식 중 갤러리 및 코리더 형식은 각 실에 직접 들어갈 수 있는 장점이 있다.

③ 특수전시기법 중 아일랜드전시는 벽이나 천장을 직접 이용하지 않고 전시물 또는 전시장치를 배치함으로써 전시공간을 만들어내는 기법이다.

④ 출입구는 관람객용과 서비스용으로 분리하고, 오디토리움이 있을 경우 별도의 전용 출입구를 마련하는 것이 좋다.

7 배수트랩(Trap)에 대한 설명으로 옳지 않은 것은?

① S트랩 – 사이펀 작용이 발생하기 쉬운 형상이기 때문에 봉수가 파괴될 염려가 많다.

② P트랩 – 각개 통기관을 설치하면 봉수의 파괴는 거의 일어나지 않는다.

③ U트랩 – 비사이펀계 트랩이어서 봉수가 쉽게 증발된다.

④ 드럼트랩 – 봉수량이 많기 때문에 봉수가 파괴될 우려가 적다.

8 「건축물의 피난·방화구조 등의 기준에 관한 규칙」상 공연장의 피난시설에 대한 설명으로 옳지 않은 것은? (단, 공연장 또는 개별 관람석의 바닥면적합계는 300제곱미터 이상이다)

① 관람실로부터 바깥쪽으로의 출구로 쓰이는 문은 안여닫이로 하여서는 안 된다.

② 개별 관람실의 각 출구의 유효너비는 1.5미터 이상으로 해야 한다.

③ 개별 관람실 출구의 유효너비의 합계는 개별 관람실의 바닥면적 100제곱미터마다 0.6미터의 비율로 산정한 너비 이상으로 하여야 한다.

④ 개별 관람실의 바깥쪽에는 앞쪽 및 뒤쪽에 각각 복도를 설치하여야 한다.

---

5 이용자의 입장에서 신설 공공도서관은 가급적 기존 도서관과 거리가 서로 떨어진 곳에 설치를 하는 것이 좋다.

6 전시실 순회형식 중 중앙홀 형식은 홀이 클수록 동선의 혼란이 증대되며, 장래 확장에 어려움이 증가하게 된다. [※ 부록 참고 : 건축계획 1-18]

7 U트랩은 사이펀계 트랩으로, 배수 횡주관 말단에 설치하여 공공 하수도에서 나오는 악취 및 유해가스의 역류를 방지한다. 배수관 내의 유속을 저해하는 단점이 있으나 봉수가 안전하다. [※ 부록 참고 : 건축계획 5-3]

8 개별 관람실을 2개소 이상 연속하여 설치하는 경우에 관람실 바깥쪽의 앞쪽 및 뒤쪽에 각각 복도를 설치한다.
   ※ 공연장 복도의 설치기준
      ㉠ 공연장의 개별 관람실(바닥면적이 300제곱미터 이상인 경우에 한정)의 바깥쪽에는 그 양쪽 및 뒤쪽에 각각 복도를 설치할 것
      ㉡ 하나의 층에 개별 관람실(바닥면적이 300제곱미터 미만인 경우에 한정)을 2개소 이상 연속하여 설치하는 경우에는 그 관람실의 바깥쪽의 앞쪽과 뒤쪽에 각각 복도를 설치할 것

정답 및 해설 5.③ 6.① 7.③ 8.④

9 인체의 온열 감각에 영향을 주는 요소에서 주관적인 변수로 옳지 않은 것은?

① 착의 상태(Clothing value)

② 기온(Air temperature)

③ 활동 수준(Activity level)

④ 연령(Age)

10 색(色)에 대한 설명으로 옳지 않은 것은?

① 색상대비는 보색관계에 있는 2개의 색이 인접한 경우 강하게 나타난다.

② 먼셀(Munsell) 색입체에서 수직축은 명도를 나타낸다.

③ 강조하고 싶은 요소가 있으면 그 요소의 배경색으로 채도가 높은 것을 선정한다.

④ 동일 명도와 채도일 경우, 난색은 거리가 가깝게 느껴지고 한색은 멀게 느껴진다.

11 음(音)에 대한 설명으로 옳지 않은 것은?

① 음의 회절은 주파수가 낮을수록 쉽게 발생한다.

② 음악 감상을 주로 하는 실에서는 회화 청취를 주로 하는 실에서보다 짧은 잔향시간이 요구된다.

③ 볼록하게 나온 면(凸)은 음을 확산시키고 오목하게 들어간 면(凹)은 반사에 의해 음을 집중시키는 경향이 있다.

④ 음의 효과적인 확산을 위해서는 각기 다른 흡음처리를 불규칙하게 분포시킨다.

12 학교 건축의 교사배치계획에서 분산병렬형(Finger plan)에 대한 설명으로 옳지 않은 것은?

① 편복도 사용 시 유기적인 구성을 취하기 쉽다.

② 대지에 여유가 있어야 한다.

③ 각 교사동 사이에 정원 등 오픈스페이스가 생겨 환경이 좋아진다.

④ 일조, 통풍 등 교실의 환경조건이 균등하다.

13 급수방식에서 수도직결 방식에 대한 설명으로 옳지 않은 것은?

① 수질오염이 적어서 위생상 바람직한 방식이다.

② 중력에 의하여 압력을 일정하게 얻는 방식이다.

③ 주택 또는 소규모 건물에 적용이 가능하고 설비비가 적게 든다.

④ 저수조가 없기에 경제적이지만 단수 시는 급수가 불가능하다.

---

9 기온은 객관적인 변수이다.

10 강조하고 싶은 요소가 있으면 그 요소의 배경색으로 채도가 낮은 것을 선정한다.

11 음악 감상을 주로 하는 실에서는 회화 청취를 주로 하는 실에서보다 비교적 긴 잔향시간이 요구된다.

12 분산병렬형은 편복도 사용 시 유기적인 구성을 취하기 매우 어렵다.

13 중력에 의한 급수 방식은 고가수조방식으로 볼 수 있으나 압력을 일정하게 얻기 위해서는 수위차를 고려하여 별도의 수압조절 장치가 요구된다.

정답 및 해설 9.② 10.③ 11.② 12.① 13.②

14 팀텐(Team X)과 가장 관계가 없는 건축가는?

① 조르주 칸딜리스(Georges Candilis)

② 알도 반 아이크(Aldo Van Eyck)

③ 피터 쿡(Peter Cook)

④ 야콥 바케마(Jacob Bakema)

15 공기조화방식에서 변풍량단일덕트방식(VAV)에 대한 설명으로 옳지 않은 것은?

① 고도의 공조환경이 필요한 클린룸, 수술실 등에 적합하다.

② 가변풍량 유닛을 적용하여 개별 제어가 가능하다.

③ 저부하 시 송풍량이 감소되어 기류 분포가 나빠지고 환기 성능이 떨어진다.

④ 정풍량 방식에 비해 설비용량이 작아지고 운전비가 절약된다.

16 「국토의 계획 및 이용에 관한 법률」상 용도지역의 지정에 해당되지 않는 것은?

① 도시지역

② 자연환경보전지역

③ 관리지역

④ 산업지역

14 피터 쿡은 영국출신의 혁신적 성향의 건축가로서 오스트리아 그라츠의 쿤스트하우스로 유명한 건축가이며 아키그램(Archigram)의 일원이었으나 팀텐(Team X)과는 거리가 먼 건축가이다.

※ 팀텐(Team X) : C.I.A.M.의 제10회를 준비한 스미슨 등이 제창한 주제는 '클러스터', '모빌리티', '성장과 변화', '도시와 건축'이었으며, 이것은 신구세대의 대립으로 C.I.A.M.을 해체시키는 원인이 된다. C.I.A.M.의 붕괴 후 이를 이어 받은 젊은 건축가들에 의해 TEAM-X이 탄생하게 된다. 관련 건축가는 다음과 같다.
  - 카를로(Carlo)
  - 조르주 칸딜리스(Georges Candilis)
  - 우즈(Shadrach Woods)
  - 스미슨 부부(Alison & Peter Smithson)
  - 야콥 바케마 (Jacob Bakema)
  - 반 아이크(Aldo van Eyck)
  - 데 칼로 (Giancarlo de Carlo)

15 변풍량 단일덕트방식 : 단일덕트방식의 변형으로서 가장 에너지절약적인 방식이다. 실의 부하조건에 따라 풍량을 제어하여 송풍할 수 있는 방식이다. 이 방식은 발열량 변화가 심한 내부존, 일사량의 변화가 심한 외부존, OA 사무소 건물 등에 주로 적용된다.

16 용도지역의 지정〈국토의 계획 및 이용에 관한 법률 제36조〉
  ① 도시지역(주거지역, 상업지역, 공업지역, 녹지지역)
  ② 관리지역(보전관리지역, 생산관리지역, 계획관리지역)
  ③ 농림지역
  ④ 자연환경 보전지역

정답 및 해설 14.③ 15.① 16.④

17 「주차장법 시행규칙」상 노외주차장의 출구 및 입구의 적합한 위치에 대한 설명으로 옳은 것만을 모두 고르면?

ⓐ 횡단보도, 육교 및 지하횡단보도로부터 10미터에 있는 도로의 부분
ⓑ 교차로의 가장자리나 도로의 모퉁이로부터 10미터에 있는 도로의 부분
ⓒ 유아원, 유치원, 초등학교, 특수학교, 노인복지시설, 장애인복지시설 및 아동전용시설 등의 출입구로부터 10미터에 있는 도로의 부분
ⓓ 너비가 10미터, 종단 기울기가 5%인 도로

---

① ㉠, ㉢
② ㉢, ㉣
③ ㉠, ㉡, ㉣
④ ㉠, ㉡, ㉢, ㉣

18 하수설비에서 부패탱크식 정화조의 오물 정화 순서가 옳은 것은?

① 오수 유입 → 1차 처리(혐기성균) → 소독실 → 2차 처리(호기성균) → 방류
② 오수 유입 → 1차 처리(혐기성균) → 2차 처리(호기성균) → 소독실 → 방류
③ 오수 유입 → 스크린(분쇄기) → 침전지 → 폭기탱크 → 소독탱크 → 방류
④ 오수 유입 → 스크린(분쇄기) → 폭기탱크 → 침전지 → 소독탱크 → 방류

19 부석사의 건축적 특징에 대한 설명으로 옳지 않은 것은?

① 부석사는 통일신라 때 창건되었다.
② 무량수전은 주심포식 건축이다.
③ 무량수전 앞마당에는 신라 양식의 5층 석탑이 있다.
④ 산지가람의 배치특성을 가진다.

20 「노인복지법」상 노인주거복지시설에 해당하는 것으로만 나열한 것은?

① 양로시설, 노인공동생활가정, 노인복지주택

② 노인요양시설, 경로당, 노인복지주택

③ 주야간보호시설, 단기보호시설, 노인공동생활가정

④ 노인공동생활가정, 노인복지주택, 단기보호시설

---

17 ㉡은 노외주차장 출입구 금지 장소인 「도로교통법」 제32조 제2호(교차로의 가장자리나 도로의 모퉁이로부터 5 미터 이내인 곳)에 해당하지 않는다.

노외주차장의 출구 및 입구는 다음의 어느 하나에 해당하는 장소에 설치하여서는 아니 된다〈주차장법 시행규칙 제5조 제5호〉.

- 「도로교통법」 제32조(정차 및 주차의 금지) 제1호부터 제4호까지, 제5호(건널목의 가장자리만 해당한다) 및 같은 법 제33조(주차금지의 장소) 제1호부터 제3호까지의 규정에 해당하는 도로의 부분
- 횡단보도(육교 및 지하횡단보도 포함)로부터 5m 이내에 있는 도로의 부분
- 너비 4m 미만의 도로(주차대수 200대 이상인 경우에는 너비 6m 미만의 도로)와 종단 기울기가 10%를 초과하는 도로
- 유아원, 유치원, 초등학교, 특수학교, 노인복지시설, 장애인복지시설 및 아동전용시설 등의 출입구로부터 20m 이내에 있는 도로의 부분

18 부패탱크식 정화조의 오물정화순서 : 오수 유입 → 1차 처리(혐기성균) → 2차 처리(호기성균) → 소독실 → 방류

19 영주 부석사 무량수전 앞마당에는 통일신라 양식의 3층 석탑(부석사 삼층석탑)이 있다.

[※ 부록 참고 : 건축계획 3-2]

20 노인복지시설의 종류

노인주거복지시설	양로시설, 노인공동생활가정, 노인복지주택	노인보호전문기관	–
노인의료복지시설	노인요양시설, 노인요양공동생활가정	노인일자리지원기관	–
노인여가복지시설	노인복지관, 경로당, 노인교실	학대피해노인 전용쉼터	–
재가노인복지시설	방문요양서비스, 주·야간보호서비스, 단기보호서비스, 방문목욕서비스, 그 밖의 보건복지부령으로 정하는 서비스		

1 사무소 건축 코어(core)별 장점 중 내진구조의 성능에 유리한 유형과 방재·피난에 유리한 유형이 바르게 짝지어진 것은?

① 편단 코어형 – 중심 코어형

② 중심 코어형 – 양단 코어형

③ 외 코어형 – 양단 코어형

④ 양단 코어형 – 편단 코어형

2 사무소 지하주차장 출입구 계획에 대한 설명으로 가장 옳은 것은?

① 전면도로가 2개 이상인 경우 교통연결이 쉬운 큰 도로에 설치한다.

② 도로의 교차점 또는 모퉁이에서 3m 이상 떨어진 곳에 설치한다.

③ 출구는 도로에서 2m 이상 후퇴한 곳으로 차로 중심선상 1.4m 높이에서 좌우 60° 이상 범위가 보이는 곳에 설치한다.

④ 공원, 초등학교, 유치원의 출입구에서 10m 이상 떨어진 곳에 설치한다.

3 주거단지 교통 및 동선계획에 대한 설명으로 가장 옳지 않은 것은?

① 근린주구단위 내부로의 자동차 통과 진입을 최소화한다.

② 목적동선은 최단거리로 계획하며, 가급적 오르내림이 없도록 한다.

③ 보행도로의 너비는 충분히 넓게 하고 쾌적한 문화공간이 되도록 지향한다.

④ 단지 내 통과교통량을 줄이기 위해 고밀도지역은 진입구에서 가장 먼 위치에 배치시킨다.

4 학교 건축계획 시 소요교실의 산정에 필요한 이용률과 순수율의 계산식이 〈보기〉와 같을 때 ㈎, ㈏에 들어갈 내용으로 바르게 짝지어진 것은?

$$\cdot \text{이용률}(\%) = \frac{㈎}{1주\ 평균수업시간} \times 100$$

$$\cdot \text{순수율}(\%) = \frac{㈏}{교실이\ 사용되는\ 시간} \times 100$$

	㈎	㈏
①	교실 사용 시간	일정 교과에 사용되는 시간
②	일정 교과에 사용되는 시간	교실 사용 시간
③	1주일간 교실사용 평균 시간	1주일간 해당 교실로 사용되는 평균 시간
④	1주일간 해당 교실로 사용되는 평균 시간	1주일간 교실사용 평균 시간

---

1 • 중심 코어형 : 내진구조로 적합하여 코어외주 구조벽을 내력벽으로 한다.
  • 양단 코어형 : 코어가 분리되어 있어 2방향 피난에 이상적이며 방재상 유리하다.

2 ① 전면도로가 2개 이상인 경우에는 그 전면도로 중 자동차교통에 미치는 지장이 적은 도로에 설치한다.
   ② 교차로의 가장자리나 도로의 모퉁이로부터 5미터 이내인 곳에는 주차장의 출입구를 설치할 수 없다.
   ④ 유아원, 유치원, 초등학교, 특수학교, 노인복지시설, 장애인복지시설 및 아동전용시설 등의 출입구로부터 20 미터 이내에 있는 도로의 부분에는 노외주차장의 출입구를 설치할 수 없다.

3 단지 내 통과교통량을 줄이기 위해 고밀도지역은 진입구 주변에 배치시킨다.

4 • 이용률$(\%) = \dfrac{교실사용시간}{1주평균수업시간} \times 100$

  • 순수율$(\%) = \dfrac{일정교과에 사용되는 시간}{교실이 사용되는 시간} \times 100$

정답 및 해설 1.② 2.③ 3.④ 4.①

5 극장건축 객석 단면계획에 대한 설명으로 가장 옳은 것은?

① 앞사람의 머리가 관객의 머리 끝과 무대 위의 점을 연결하는 가시선을 가리지 않도록 한다.

② 앞부분 2/3를 수평으로, 뒷부분 1/3을 구배 1/10의 경사진 바닥으로 한다.

③ 발코니 층을 두는 경우 단의 높이는 50cm 이하, 단의 폭은 80cm 이상으로 한다.

④ 시초선은 극장의 경우 무대 면에서 60cm 위 스크린 밑 부분, 영화관의 경우 무대의 앞 끝을 기준으로 한다.

6 옥내 소화전 개폐밸브는 바닥으로부터 (㈎)m 이하, 방화 대상물의 층마다 그 층의 각부에서 호스 접속구까지의 수평 거리는 (㈏)m 이하가 되어야 한다. ㈎와 ㈏에 들어갈 값으로 가장 옳은 것은?

	㈎	㈏
①	1.5	25
②	2	30
③	2.5	40
④	3	50

7 현대생활을 위해 주택설계에서 해결해야 할 주생활내용과 관계된 계획의 기본목표로 가장 옳지 않은 것은?

① 양산화와 경제성

② 가사노동의 경감

③ 생활의 쾌적함 증대

④ 가족 위주의 주거

8 은행건축 규모계획에 대한 설명으로 가장 옳지 않은 것은?

① 연면적은 행원수×16m²~26m²로 한다.

② 고객용 로비 면적은 1일 평균 내점 고객수×0.13m²~0.2m²로 한다.

③ 고객용 로비와 영업실 면적의 비율은 1 : 0.1~0.2로 한다.

④ 연면적은 은행실 면적×1.5m²~3m²로 한다.

---

5 ① 앞사람의 머리가 관객의 눈과 무대 위의 점을 연결하는 가시선을 가리지 않도록 한다. 모든 객석에서 제일 앞 열의 객석에 앉은 관객의 머리가 방해가 되어서는 안 된다.
② 단면상 관람석의 바닥면은 앞에서 1/3을 수평바닥으로 하고, 뒷부분 2/3를 구배 1/12의 경사진 바닥으로 한다.
④ 시초선은 영화관의 경우 무대 면에서 60cm 위 스크린 밑부분, 극장의 경우 무대의 앞 끝을 기준으로 한다.

6 옥내 소화전 개폐밸브는 바닥으로부터 1.5m 이하, 방화 대상물의 층마다 그 층의 각부에서 호스 접속구까지의 수평 거리는 25m 이하가 되어야 한다.

7 논란의 여지가 있는 문제이다. 경제성은 주택계획에 있어 큰 범주에서 생각할 경우 계획단계에서도 필수적으로 고려를 해야 하는 사항이다. 또한 주택의 양산화를 통해 편리함과 경제성을 갖출 수 있다면 양산화 역시 계획의 기본목표가 충분히 될 수 있는 사항이다.

8 고객용 로비와 영업실 면적의 비율은 2 : 3 정도로 한다.

정답 및 해설   5.③ 6.① 7.① 8.③

9 병원건축 단위공간계획에 대한 설명으로 가장 옳은 것은?

① 간호사 대기실은 계단과 엘리베이터에 인접해 보행거리가 35m 이상이 되도록 하고, 병동부의 중앙에 위치시킨다.

② 병실의 출입구는 문턱이 없고 팔꿈치 조작이 가능한 밖여닫이로 하며 폭은 90cm로 한다.

③ 병실의 규모는 1인실의 경우 최소면적 $6.3m^2$ 이상, 2인실 이상의 경우는 1인당 최소면적 $4.3m^2$ 이상으로 한다.

④ 병실의 창면적은 바닥면적의 1/10 정도로 하며, 창문 높이는 1.2m 이상으로 하여 환자가 병상에서 외부를 전망할 수 있게 한다.

10 공장건축에서 제품중심 레이아웃형식의 특징에 대한 설명으로 가장 옳지 않은 것은?

① 대량생산에 유리하고, 생산성이 높다.

② 건축, 선박 등과 같이 제품이 큰 경우에 적합하다.

③ 장치공업(석유, 시멘트), 가전제품 조립공장 등에 유리하다.

④ 공정 간의 시간적, 수량적 균형을 이룰 수 있고, 상품의 연속성이 유지된다.

11 한식주택과 양식주택의 특징에 대한 설명으로 가장 옳지 않은 것은?

① 한식주택은 실의 조합으로 되어 있고, 양식주택은 실의 분화로 되어 있다.

② 한식주택의 가구는 주요한 내용물이며, 양식주택의 가구는 부차적 존재이다.

③ 한식주택은 혼용도(混用途)이며, 양식주택은 단일용도(單一用途)이다.

④ 한식주택은 좌식생활이며, 양식주택은 입식(의자식)생활이다.

9 의료법 시행규칙 개정(2017.2.3)내용 미반영으로 정답 없음으로 결정되었다.

① 보행거리가 24m 이내가 되도록 중앙부에 위치해야 한다.

② 병실의 출입구는 안여닫이로 하며 폭은 최소 1.1m로 한다.

③ 병실의 규모는 1인실의 경우 최소 면적 $10m^2$ 이상, 2인실 이상의 경우 1인당 최소면적 $6.3m^2$ 이상으로 한다.

④ 병실의 창면적은 바닥면적의 1/3~1/4 정도로 하며, 창문 높이는 90cm 이하로 한다.

10 건축, 선박 등과 같이 제품이 큰 경우에 적합한 방식은 고정식 레이아웃방식이다.

※ 공장건축의 레이아웃 형식

　① 제품의 중심의 레이아웃(연속 작업식)

　　• 생산에 필요한 모든 공정, 기계 기구를 제품의 흐름에 따라 배치하는 방식이다.

　　• 대량생산 가능, 생산성이 높음, 공정시간의 시간적, 수량적 밸런스가 좋고 상품의 연속성이 가능하게 흐를 경우 성립한다.

　② 공정중심의 레이아웃(기계설비 중심)

　　• 동일종류의 공정 즉 기계로 그 기능을 동일한 것, 혹은 유사한 것을 하나의 그룹으로 집합시키는 방식으로 일명 기능식 레이아웃이다.

　　• 다종 소량생산으로 예상생산이 불가능한 경우, 표준화가 행해지기 어려운 경우에 채용한다.

　③ 고정식 레이아웃

　　• 주가 되는 재료나 조립부품은 고정된 장소에, 사람이나 기계는 그 장소로 이동해 가서 작업이 행해지는 방식이다.

　　• 제품이 크고 수가 극히 적을 경우(선박, 건축)에 적합한 방식이다.

11 한식주택의 경우 가구는 부차적 존재이나 양식주택의 경우 가구는 중요한 내용물이다.

정답 및 해설 9.정답 없음　10.②　11.②

12 근린생활권 주택지 단위 중 근린주구에 대한 설명으로 가장 옳지 않은 것은?

① 1,600~2,000호의 가구 수를 기준으로 한다.

② 보육시설(유치원, 탁아소)을 중심으로 한 단위이며, 후생시설(공중목욕탕, 진료소, 약국 등)을 설치한다.

③ 1단지 주택계획 단위는 인보구 → 근린분구 → 근린주구로 구성된다.

④ 100ha의 면적을 기준으로 한다.

13 호텔 동선계획 시 고려되어야 할 사항으로 가장 옳지 않은 것은?

① 최상층에 레스토랑을 설치하는 방안은 엘리베이터 계획에 영향을 미치므로 기본계획 시 결정해야 한다.

② 숙박고객이 프런트 데스크(front desk)를 통하지 않고 직접 주차장으로 갈 수 있도록 동선을 계획한다.

③ 고객동선과 서비스동선이 교차되지 않도록 출입구를 분리하는 편이 좋다.

④ 고객동선은 방재계획상 고객이 혼동하지 않고 목적한 장소에 갈 수 있도록 명료하고 유연한 흐름이 되어야 한다.

14 르 코르뷔지에(Le Corbusier)의 건축작품으로 가장 옳지 않은 것은?

① 롱샹교회(Notre-Dame du Haut, Ronchamp)

② 빌라 사보아(Villa Savoye)

③ 찬디가르 국회의사당(Legislative Assembly Building and Capital Complex, chandigarh)

④ 크라운 홀(S. R. Crown Hall)

15 공연장 건축 후(後)무대 관련실에 대한 설명으로 가장 옳지 않은 것은?

① 의상실(dressing room)은 연기자가 분장을 하고 옷을 갈아입는 곳으로, 가능하면 무대 근처가 좋다.

② 그린룸(green room)은 연기자가 공연 중간에 휴식을 취할 수 있는 친환경적 온실을 말한다.

③ 리허설룸(rehearsal room)은 실제로 연기를 행하는 무대와 같은 크기이면 좋으나, 규모에 따라 알맞게 설정한다.

④ 연주자실은 오케스트라 피트(orchestra pit)와 같은 층에 설치하는 것이 일반적이다.

---

12 근린주구는 초등학교를 중심으로 한다. 근린주구란 1924년 미국의 페리(C. A. Perry)가 제안한 주거단지계획 개념으로서 어린이들이 위험한 도로를 건너지 않고 걸어서 통학할 수 있는 단지규모에서 생활의 편리성과 쾌적성, 주민들간의 사회적 교류 등을 도모할 수 있도록 조성된 물리적 환경을 말한다. 이는 친밀한 사회적 교류가 어린이들 간의 친근감을 통하여 시작된다는 전제에서 초등학교구를 일상생활권의 단위로 하고 초등학교를 근린생활의 중심으로 한다. [※ 부록 참고 : 건축계획 1-3]

※ 근린주구 구성의 6가지 계획원리
• 규모 : 하나의 초등학교가 필요하게 되는 인구규모이며 수용인구는 약 5000명 정도이다.
• 경계 : 통과교통이 내부를 관통하지 않고 용이하게 우회할 수 있도록 충분한 폭의 간선도로에 의해 구획되어야 한다.
• 오픈스페이스 : 개개의 근린주구의 요구에 부합되도록 전체 면적 10% 정도의 계획된 소공원과 위락공간의 체계가 있어야 한다.
• 공공건축물 : 단지의 경계와 일치하는 서비스구역을 갖는 학교나 공공건축용지는 근린주구의 중심위치에 적절히 통합되어야 한다.
• 근린점포 : 주민들에게 서비스를 제공할 수 있는 1~2개소 이상의 상점지구가 교통의 결절점이나 인접 근린주구 내의 유사지구 부근에 설치되어야 한다. (근린상가는 근린주구와 근린주구의 교차점이나 경계점에 배치한다.)
• 지구 내 가로체계 : 외곽 간선도로는 예상되는 교통량에 적절해야 하고, 내부가로망은 단지 내의 교통을 원활하게 하기 위하여 통과교통이 배제되어야 한다.

13 숙박고객이 주차장으로 갈 때 되도록 프런트 데스크를 통해서 가도록 계획해야 한다.

14 크라운 홀은 미스 반 데어로에(Mies van der Rohe)의 작품이다.

15 그린룸(green room)은 출연자 대기실을 말하며, 무대와 인접한 곳에 배치한다.

정답 및 해설 12.② 13.② 14.④ 15.②

16 「노인복지법」에 따라 노인복지시설을 크게 4가지로 분류할 때 해당하지 않는 것은?

① 재가노인복지시설   ② 노인의료복지시설

③ 노인여가복지시설   ④ 실버노인요양시설

17 상점건축에서 대면판매와 측면판매에 대한 설명으로 가장 옳지 않은 것은?

① 대면판매는 판매원이 설명하기 편하고 정위치를 정하기도 용이하다.

② 대면판매는 판매원 통로면적이 필요하므로 진열면적이 감소한다.

③ 측면판매는 대면판매에 비해 충동적 구매가 어려운 편이다.

④ 측면판매는 양복, 서적, 전기기구, 운동용구점 등에서 주로 쓰인다.

18 미술관건축에서 자연채광법에 대한 설명으로 가장 옳지 않은 것은?

① 정광창(top light) 형식은 유리 전시대 내의 공예품 전시실 등 채광량이 적게 요구되는 곳에 적합한 방법이다.

② 측광창(side light) 형식은 소규모의 전시실에 적합한 방법이다.

③ 고측광창(clerestory) 형식은 천장의 가까운 측면에서 채광하는 방법이다.

④ 정측광창(top side light monitor) 형식은 중앙부는 어둡고 전시벽면의 조도는 충분한 이상적 채광법이다.

19 체육관 기본계획에 대한 설명으로 가장 옳지 않은 것은?

① 개구부를 통해 채광을 받을 경우 경기자의 눈부심 방지를 고려해야 한다.

② 통풍은 자연환기를 고려해 환풍되는 것이 좋다.

③ 체육관은 크게 경기부문, 관람부문, 관리부문으로 구성된다.

④ 체육관은 육상경기장과 마찬가지로 장축을 남북으로 배치해야 한다.

20 도서관 서고 건축계획에 대한 설명으로 가장 옳지 않은 것은?

① 환기 및 채광을 위해 가급적 창문을 크게 두어야 한다.

② 자료의 수직이동을 위해 덤웨이터나 도서용 엘리베이터를 둘 수 있다.

③ 가변성, 확장성 및 융통성 등을 고려하여 계획한다.

④ 개가식 열람실일 경우 열람실 내부나 주위에도 배치 가능하다.

---

16 노인복지시설을 크게 4가지로 분류하면 노인주거복지시설, 노인의료복지시설, 노인여가복지시설, 재가노인복지시설로 나눌 수 있으며 그 외에 노인보호전문기관, 노인일자리지원기관, 학대피해노인 전용쉼터가 있다.

※ 노인복지시설의 종류

노인주거복지시설	양로시설, 노인공동생활가정, 노인복지주택	노인보호전문기관	−
노인의료복지시설	노인요양시설, 노인요양공동생활가정	노인일자리지원기관	−
노인여가복지시설	노인복지관, 경로당, 노인교실	학대피해노인 전용쉼터	−
재가노인복지시설	방문요양서비스, 주·야간보호서비스, 단기보호서비스, 방문목욕서비스, 그 밖의 보건복지부령으로 정하는 서비스		

17 측면판매는 대면판매에 비해 충동적 구매가 쉽게 이루어진다.

18 정광창(top light) 형식은 전시실의 중앙부를 가장 밝게 하여 전시벽면에 조도를 균등하게 하는 방법이다. 따라서 채광량이 적게 요구되는 곳에 적합한 방법이 아니다. [※ 부록 참고 : 건축계획 1-19]

19 체육관은 장축을 동서로 하고 남북방향으로부터 채광을 한다.

20 도서관 서고는 책의 보존(직사광선과 바람 등에 의한 파손을 막기 위함)을 위하여 되도록 창문을 작게 해야 한다.

정답 및 해설 16.④ 17.③ 18.① 19.④ 20.①

1 병원건축에 대한 설명으로 가장 옳은 것은?

① 간호사 대기실은 간호작업에 편리한 수직통로 가까이에 배치하며 외부인의 출입도 감시할 수 있도록 한다.

② 병실 계획 시 조명은 조도가 높을수록 좋고 마감재는 반사율이 클수록 좋다.

③ 중앙 진료실은 외래부, 관리부 및 병동부에서 별도로 독립된 위치가 좋으며 수술부, 물리치료부, 분만부 등은 통과교통이 되지 않도록 한다.

④ 고층 밀집형 병원 건축은 각 실의 환경이 균일하고 관리가 편리하지만 설비 및 시설비가 많이 든다는 단점이 있다.

2 입주 후 평가(POE: Post Occupancy Evaluation)에 대한 설명으로 가장 옳지 않은 것은?

① 입주 후 생활을 통한 평가과정은 건축행위주기에서 중요하다.

② 이 과정을 통해 얻어지는 여러 자료들은 설계정보로 활용된다.

③ 설계작업에 대한 가정(hypothesis)의 단계로 볼 수 있다.

④ 순환성의 설계과정이 끝없이 연계되는(open ended) 과정으로 볼 수 있다.

3 '미적 대상을 구성하는 부분과 부분 사이에 질적으로나 양적으로 모순되는 일이 없이 질서가 잡혀 있는 것'을 의미하는 건축의 형태구성원리는?

① 통일성

② 균형

③ 비례

④ 조화

4 원시사회의 석조조형인 고인돌에 대한 설명으로 가장 옳지 않은 것은?

① 청동기 사람들이 제사의식과 함께 특별히 중요하게 여겼다.

② 고인돌은 지석묘(支石墓)라고도 한다.

③ 탁자식, 기반식, 개석식으로 구분하기도 한다.

④ 기반식은 북한강 이북에 많이 분포하여 북방식이라고도 한다.

---

1 ② 병실 계획 시 조명은 조도가 적당해야 하며 마감재는 반사율이 적을수록 좋다.
　③ 중앙 진료실은 외래부, 관리부 및 병동부에서 접근이 용이한 위치에 있어야 하며 수술부, 물리치료부, 분만부 등은 통과교통이 되지 않도록 한다.
　④ 고층 밀집형 병원 건축은 각 실의 환경이 불균일하므로 이에 대한 관리가 요구된다.

2 입주 후 평가는 글자 그대로 건물입주 후 행해지는 건물에 대한 평가이다.

3 ④ '미적 대상을 구성하는 부분과 부분사이에 질적으로나 양적으로 모순되는 일이 없이 질서가 잡혀 있는 것'을 의미하는 건축의 형태구성원리는 조화이다.
　① 통일성은 구성체 각 요소들 간에 이질감이 느껴지지 않고 전체로서 하나의 이미지를 주는 것이다.
　② 균형은 안정감을 주는 시각적 평형을 의미한다.
　③ 비례는 부분과 부분 또는 부분과 전체와의 수량적 관계를 말한다.

4 기반식(바둑판식)은 판돌, 깬돌, 자연석 등으로 쌓은 무덤방을 지하에 만들고 받침돌을 놓은 뒤, 거대한 덮개돌을 덮은 형태로서 주로 한강 이남에 분포하여 남방식 고인돌이라고도 한다.

정답 및 해설　1.① 2.③ 3.④ 4.④

5 전시실 관람순회형식으로 가장 옳지 않은 것은?

① 중앙홀 형식
② 연속순로 형식
③ 갤러리 및 코리더 형식
④ 디오라마 형식

6 18세기 말부터 19세기 말 이전까지의 양식적인 혼란기에 전개된 '낭만주의 건축'에 대한 설명으로 가장 옳은 것은?

① 그리스와 로마양식을 다시 빌려서 새로운 시대에 대응하는 건축
② 이탈리아를 중심으로 유럽에서 전개된 고전주의 양식의 건축
③ 과도기적인 건축양식으로 고딕양식에 의해 새로운 시대의 과제를 해결하고자 노력한 건축
④ 각 양식을 새로운 건축의 성격에 따라 적절히 선택 채용하는 건축

7 모듈에 의한 치수계획에 대한 설명으로 가장 옳은 것은?

① 프랭크 로이드 라이트(Frank Lloyd Wright)의 모듈러는 인체의 치수를 기본으로 해서 황금비를 적용하여 고안된 것이다.
② 현재 국제표준기구(ISO)에서 MC(Modular Coordination)에 의거하여 사용하고 있는 기본 모듈은 미터법 사용 국가에서는 10mm로 의견이 일치하고 있다.
③ MC(Modular Coordination)의 이점으로는 설계 작업이 단순 간편하고, 구성재의 대량생산이 용이해지며, 현장 작업에서 시공의 균질성을 확보할 수 있다는 점 등이 있다.
④ MC(Modular Coordination)는 합리적인 건축공간 구성 시 여러 치수들을 계열화, 규격화하여 조정해서 사용할 필요에 의해 고려되는 것으로 건축공간의 형태에 창조성을 높이는 데 크게 기여한다.

8 국토교통부 장관은 범죄를 예방하고 안전한 생활환경을 조성하기 위해 건축물, 건축설비 및 대지에 대한 범죄예방 기준을 정하여 고시할 수 있다. 다음 중 범죄예방 기준에 따라 건축해야 하는 건축물로 가장 옳지 않은 것은?

① 공동주택 중 세대수가 500세대 이상인 아파트
② 동·식물원을 제외한 문화 및 집회시설
③ 도서관 등 교육연구시설
④ 업무시설 중 오피스텔

---

5 디오라마 형식은 전시실 관람순회형식이 아닌, 전시실의 전시물 배치형식의 일종이다.
[※ 부록 참고 : 건축계획 1-18]

6 낭만주의 건축
  ㉠ 고전복원의 신고전주의 건축이 자신들과 시간, 거리상으로 먼 이국적 양식을 도입하고 건물외관의 피상적 형태를 추구하는 데 반발
  ㉡ 고대보다는 당시와 시간적으로 가까우며 자기 국가와 민족의 기원으로 삼고 있던 중세의 고딕양식에 주목
  ㉢ 오거스투스 퓨긴은 [고딕건축 실례집(1821~23년)]을 출판하여 고딕건축을 전파
    • 신고전주의 건축이 그리스와 로마의 고전건축에 열중한 반면 낭만주의 건축은 중세의 고딕건축에 관심
    • 자신들의 국가와 민족의 기원이 중세에 있는 것을 보고 중세를 낭만주의의 이상으로 삼음
    • 구조와 재료의 정직한 표현이라는 진실성이 반영된 고딕건축의 양식과 방법을 그대로 유지하려고 시도

7 ① 르코르뷔지에의 모듈러는 인체의 치수를 기본으로 해서 황금비를 적용하여 고안된 것이다.
  ② 현재 국제표준기구(ISO)에서 MC(Modular Coordination)에 의거하여 사용하고 있는 기본 모듈은 미터법 사용 국가에서는 10cm로 의견이 일치하고 있다.
  ④ MC(Modular Coordination)는 합리적인 건축공간 구성 시 여러 치수들을 계열화, 규격화하여 조정해서 사용할 필요에 의해 고려되는 것으로 건축공간의 형태를 규격화, 정형화시켜 창조성을 저하시키는 단점이 있다.

8 교육연구시설 중 연구소 및 도서관은 범죄예방 기준에 따라 건축해야 하는 건축물 대상에서 제외된다.
  ※ 범죄예방 기준에 따라 건축하여야 하는 건축물〈시행령 제63조의2〉
    ㉠ 다가구주택, 아파트, 연립주택 및 다세대주택
    ㉡ 제1종 근린생활시설 중 일용품을 판매하는 소매점
    ㉢ 제2종 근린생활시설 중 다중생활시설
    ㉣ 문화 및 집회시설(동·식물원은 제외)
    ㉤ 교육연구시설(연구소 및 도서관 제외)
    ㉥ 노유자시설
    ㉦ 수련시설
    ㉧ 업무시설 중 오피스텔
    ㉨ 숙박시설 중 다중생활시설

정답 및 해설 5.④ 6.③ 7.③ 8.③

9 「장애인 · 노인 · 임산부 등의 편의증진 보장에 관한 법률」의 내용에 대한 설명으로 가장 옳지 않은 것은?

① 법률에서 '장애인 등'이란 장애인 · 노인 · 임산부 등 일상생활에서 이동, 시설이용 및 정보접근 등에 불편을 느끼는 사람을 말한다.

② 본 법률에서 편의시설을 설치해야 하는 대상 중에 통신시설은 포함되지 않는다.

③ 장애물 없는 생활환경 인증의 유효기간은 인증을 받은 날로부터 5년으로 한다.

④ 장애인 전용 주차구역에서는 누구든지 물건을 쌓거나 그 통행로를 가로막는 등 주차를 방해하는 행위를 해서는 안 된다.

10 백화점의 매장계획에 대한 설명으로 가장 옳지 않은 것은?

① 백화점의 합리적인 평면계획은 매장 전체를 멀리서도 넓게 보이도록 하되 시야에 방해가 되는 것은 피하는 것이다.

② 매장 내의 통로 폭은 상품의 종류, 품질, 고객층, 고객 수 등에 따라 결정되며, 고객의 혼잡도가 고려되어야 한다.

③ 매대배치는 통로계획과 밀접한 관계를 가지며 직각 배치 방법은 판매장의 면적을 최대로 활용할 수 있다.

④ 매장 구성에서 동일 층에서는 수평적으로 높이 차가 있을수록 좋다.

11 LCC(Life Cycle Cost, 생애주기비용)에 대한 설명으로 가장 옳은 것은?

① 건축재료, 부품 생산에서 설계 및 시공에 이르기까지 건축생산 전반에 걸쳐 통일적으로 적용 가능한 모듈을 만드는 데 소요되는 총 비용

② 완공된 건축물 사용 후 사용자들의 만족도를 측정하여 건물의 성능을 진단 및 평가하는 데 소요되는 총 비용

③ 건축물의 기획, 설계, 시공에서부터 유지관리 및 해체에 이르기까지 소요되는 총 비용

④ 건축물의 효율적 기획, 설계, 시공 및 유지관리를 위해 건축요소별 객체정보를 3차원 정보모델에 담아내는 데 소요되는 총 비용

12 공연장의 실내음향계획에 대한 설명으로 가장 옳은 것은?

① 부채꼴의 평면형태는 객석의 앞부분에 측벽 반사음이 쉽게 도달한다.

② 타원이나 원형의 평면형태는 음이 집중되어 전체적으로 불균일하게 분포되기 쉽다.

③ 음의 균일한 분포를 위해 객석 전면 무대측에는 흡음재를, 객석 후면측에는 반사재를 계획한다.

④ 발코니 밑의 객석은 공간 깊이가 깊을수록 음이 커지는 음향적 그림자 현상이 생기기 쉽다.

---

9 편의시설 설치 대상에는 '공원, 공공건물 및 공중이용시설, 공동주택, 통신시설, 그 밖에 장애인 등의 편의를 위하여 편의시설을 설치할 필요가 있는 건물·시설 및 그 부대시설의 어느 하나에 해당하는 것으로서 대통령령으로 정하는 것이 포함된다.

　※ 2021. 12. 4. 이후부터 장애물 없는 생활환경 인증의 유효기간은 인증을 받은 날로부터 10년으로 한다 (2019. 12. 3. 개정).

10 ④ 매장 구성에서 동일 층에서는 수평적으로 높이 차가 있으면 안전문제나 동선제약 등의 문제로 좋지 않다.

11 LCC(Life Cycle Cost, 생애주기비용) ⋯ 건축물의 기획, 설계, 시공에서부터 유지관리 및 해체에 이르기까지 소요되는 총 비용

12 ① 부채꼴의 평면형태는 객석의 앞부분에 측벽 반사음이 쉽게 도달하지 못한다.

③ 음의 균일한 분포를 위해 객석 전면 무대측에는 반사재를, 객석 후면측에는 흡수재를 계획한다.

④ 발코니 밑의 객석은 공간 깊이가 깊을수록 음이 작아지는 문제가 발생하게 된다. 음원으로부터 유효한 반사음이 도달하기 어려우며 객석 1인당의 체적도 줄어들게 되므로 잔향시간도 짧아지게 된다.

정답 및 해설 9.② 10.④ 11.③ 12.②

13 교과교실형(V형, department system) 학교운영방식에 대한 설명으로 가장 옳은 것은?

① 교실의 수는 학급 수와 일치한다.
② 학생 개인물품 보관 장소와 이동 동선에 대한 고려가 필요하다.
③ 전 학급을 2분단으로 나누어 운영한다.
④ 학급별로 하나씩 일반교실을 두고, 별도의 특별교실을 갖춘다.

14 상하수도, 직선가로망, 녹지 등의 도시기반시설을 설치하고, 가로변 주택, 기념비적 공공시설 등의 건축물을 조성하여 19세기 중반에서 20세기 초까지 프랑스 파리를 중세 도시에서 근대 도시로 개조하는 파리개조 사업을 주도했던 인물은?

① 토니 가르니에(Tony Garnier)
② 조르주 외젠 오스만(Georges Eugéne Haussmann)
③ 오귀스트 페레(Auguste Perret)
④ 르 꼬르뷔지에(Le Corbusier)

15 유치원의 일반적인 평면형식에 대한 설명으로 가장 옳지 않은 것은?

① 일실형 – 관리실, 보육실, 유희실을 분산시키는 유형이다.
② 중정형 – 안뜰을 확보하여 주위에 관리실, 보육실, 유희실을 배치한다.
③ 십자형 – 유희실을 중앙에 두고 주위에 관리실과 보육실을 배치한다.
④ L형 – 관리실에서 보육실, 유희실을 바라볼 수 있는 장점이 있다.

13 ① 교과교실의 경우 교실의 수는 학급 수와 일치하지 않는다.
③ 전 학급을 2분단으로 나누어 운영하는 방식은 플래툰방식이다.
④ 학급별로 하나씩 일반교실을 두고, 별도의 특별교실을 갖춘 형식은 종합교실형과 교과교실형의 혼용방식이다.
[※ 부록 참고 : 건축계획 1-9]

14 조르주 외젠 오스만은 파리개조 사업을 주도하여 방사상의 대도로망, 새로운 수도와 대하수도, 오페라 등의 공공시설을 건설하였고 파리 도시 전체의 3/7에 이르는 가옥을 개축하였다.

15 ① 일실형은 보육실, 유희실을 통합시킨 형태이다.
※ 유치원교사 평면형
  ㉠ **일실형** : 보육실, 유희실 등을 통합시킨 형으로서 기능적으로는 우수하나 독립성이 결여된 형태이다.
  ㉡ **일자형** : 각 교실의 채광조건이 좋으나 한 줄로 나열되어 단조로운 평면이 된다.
  ㉢ **L자형** : 관리실에서 교실, 유희실을 바라볼 수 있는 장점이 있다.
  ㉣ **중정형** : 건물 자체에 변화를 주면 동시에 채광조건의 개선이 가능하다.
  ㉤ **독립형** : 각 실의 독립으로 자유롭고 여유있는 플랜이다.
  ㉥ **십자형** : 불필요한 공간 없이 기능적이고 활동적이지만 정적인 분위기가 결여되어 있다.

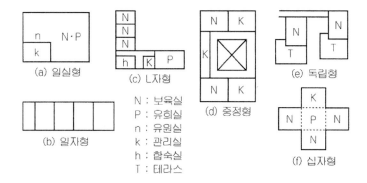

N : 보육실
P : 유희실
n : 유원실
k : 관리실
h : 합숙실
T : 테라스

16 건물이 지어지는 과정에서 '기획단계'를 설명한 내용으로 가장 옳지 않은 것은?

① 구체화 정도에 따라 계획설계, 기본설계, 실시설계로 나뉜다.
② 본질적으로 건축주의 업무이기도 하나 건축사에게 의뢰되기도 한다.
③ 사용자의 요구사항, 제약점 등 조건을 반영한다.
④ 타당성 검토와 프로그래밍을 수반한다.

17 건물에너지 디자인에서 자연채광을 활용한 건축계획에 대한 설명으로 가장 옳은 것은?

① 아트리움이 에너지 측면에서 효율적이고 쾌적한 공간이 되기 위해서는 전도와 복사로 인한 열손실, 열획득, 열전달 등을 충분히 고려하여야 한다.
② 자연채광 효과를 높이기 위해서 아트리움에 환기장치를 둘 필요는 없다.
③ 태양광을 반사 루버나 광선반을 활용하여 실내에 사입시키기 위해서는 실내에 되도록 반사율이 낮은 재료로 마감하는 것이 좋다.
④ 덕트 채광방식은 고반사율의 박판경을 사용한 도광 덕트에 의해 주로 천공산란광을 효율적으로 실내에 삽입하며 야간 우천 시에도 자연 채광을 적극 활용한다.

18 건축물들의 동선 계획 시 고려해야 하는 사항으로 가장 옳은 것은?

① 주차장에서 진입동선을 가급적 길게 계획한다.
② 은행에서 고객동선은 가급적 짧게 계획한다.
③ 상점에서 고객동선을 가급적 짧게 계획한다.
④ 호텔에서는 숙박객이 프런트를 거치지 않고 바로 주차장으로 갈 수 있도록 계획한다.

16 ① 기획단계는 계획설계 이전에 행해지는 과정이다.

17 ② 자연채광 효과를 높이기 위해서 아트리움에 환기장치를 두는 것이 좋다.
　　③ 태양광을 반사 루버나 광선반을 활용하여 실내에 사입시키기 위해서는 실내에 되도록 반사율이 높은 재료로
　　　 마감하여 반사가 이루어지도록 하는 것이 좋다.
　　④ 덕트 채광방식은 고반사율의 박판경을 사용한 도광 덕트에 의해 주로 천공산란광을 효율적으로 실내에 삽입
　　　 하며 야간이나 우천 시에는 인공조명을 점등하여 보통조명기구의 역할을 하게 한다.

18 ① 주차장에서 진입동선을 가급적 짧게 계획한다.
　　③ 상점에서 고객동선을 가급적 길게 계획한다.
　　④ 호텔에서는 숙박객이 프런트를 거쳐서 주차장으로 갈 수 있도록 계획한다.

정답 및 해설　16.① 17.① 18.②

19 「건축기본법」에 대한 내용 중 가장 옳지 않은 것은?

① 건축정책기본계획에는 건축분야 전문인력의 육성·지원 및 관리에 관한 사항이 포함된다.
② 건축정책기본계획의 수립권자는 국토교통부장관이다.
③ 국가건축정책위원회에서 건축행정 개선에 관한 사항을 심의한다.
④ 광역건축기본계획은 4년마다 수립 및 시행한다.

20 「주차장법 시행규칙」에 따른 주차장 계획 시 적용사항으로 가장 옳지 않은 것은?

① 부설주차장의 총 주차대수가 6대인 자주식 주차장에서 주차단위구획과 접하지 않는 차로의 너비를 2.5미터로 한다.
② 횡단보도로부터 6미터 이격된 곳에 노외주차장 출입구를 계획한다.
③ 사람이 통행하는 중형기계식 주차장의 출입구를 너비 2.3미터 높이 1.6미터로 계획한다.
④ 지하식 노외주차장의 직선 경사로의 종단경사로를 15퍼센트로 계획한다.

19 ④ 광역건축기본계획은 시·도지사가 건축정책기본계획에 따라 5년마다 수립 및 시행한다.

※ 건축정책기본계획의 내용
 ㉠ 건축의 현황 및 여건변화, 전망에 관한 사항
 ㉡ 건축정책의 기본목표 및 추진방향
 ㉢ 건축의 품격 및 품질 향상에 관한 사항
 ㉣ 도시경관 향상을 위한 통합된 건축디자인에 관한 사항
 ㉤ 지역의 건축에 관한 발전 및 지원대책
 ㉥ 우수한 설계기법 및 첨단건축물 등 연구개발에 관한 사항
 ㉦ 건축분야 전문인력의 육성·지원 및 관리에 관한 사항
 ㉧ 건축디자인 등 건축의 국제경쟁력 향상에 관한 사항
 ㉨ 건축문화 기반구축에 관한 사항
 ㉩ 건축 관련 기술의 개발·보급 및 선도시범사업에 관한 사항
 ㉪ 건축정책기본계획의 시행 및 그 밖에 대통령령으로 정하는 건축진흥에 필요한 사항

20 ③ 중형 기계식주차장의 출입구 크기는 너비 2.3미터 이상, 높이 1.6미터 이상으로 하여야 한다. 다만, 사람이 통행하는 기계식주차장치 출입구의 높이는 1.8미터 이상으로 한다.
 ① 부설주차장의 총 주차대수 규모가 8대 이하인 자주식주차장의 차로의 너비는 2.5미터 이상으로 한다(주차단위구획과 접하여 있지 않은 경우).
 ② 횡단보도(육교 및 지하횡단보도를 포함한다)로부터 5미터 이내에 있는 도로의 부분에는 노외주차장의 출입구를 설치할 수 없다.
 ④ 지하식 또는 건축물식 노외주차장 경사로의 종단경사도는 직선 부분에서는 17퍼센트를 초과하여서는 아니 되며, 곡선 부분에서는 14퍼센트를 초과하여서는 아니 된다.

정답 및 해설 19.④ 20.③

1 급수방식 중 고가수조 방식에 대한 설명으로 옳지 않은 것은?

① 건축구조에 부담을 주게 되며 초기 설비비가 많이 든다.

② 단수 시에 급수가 가능하다.

③ 일정한 수압으로 급수할 수 있다.

④ 급수방식 중 수질오염 가능성이 가장 낮은 방식이다.

2 극장무대와 관련된 용어의 설명으로 옳지 않은 것은?

① 플라이 갤러리(fly gallery)는 그리드아이언에 올라가는 계단과 연결되는 좁은 통로이다.

② 그리드아이언(gridiron)은 와이어로프를 한 곳에 모아서 조정하는 장소로 작업이 편리하고 다른 작업에 방해가 되지 않는 위치가 좋다.

③ 사이클로라마(cyclorama)는 무대의 제일 뒤에 설치되는 무대배경용 벽이다.

④ 프로시니엄(proscenium)은 무대와 관람석의 경계를 이루며, 관객은 프로시니엄의 개구부를 통해 극을 본다.

3 내부결로 방지대책으로 옳지 않은 것은?

① 단열공법은 외단열로 하는 것이 효과적이다.

② 단열성능을 높이기 위해 벽체 내부 온도가 노점온도 이상이 되도록 열관류율을 크게 한다.

③ 중공벽 내부의 실내측에 단열재를 시공한 벽은 방습층을 단열재의 고온측에 위치하도록 한다.

④ 벽체 내부로 수증기의 침입을 억제한다.

4 건축화조명에 대한 설명으로 옳지 않은 것은?

① 실내장식의 일부로서 천장이나 벽에 배치된 조명기법으로 조명과 건물이 일체가 되는 조명시스템이다.

② 다운라이트조명, 라인라이트조명, 광천장조명 등이 있다.

③ 눈부심이 적고 명랑한 느낌을 주며, 필요한 곳에 적절하게 조명을 설치하여 직접조명보다 조명효율이 좋다.

④ 건축물 자체에 광원을 장착한 조명방식이므로 건축설계 단계부터 병행하여 계획할 필요가 있다.

---

1 고가수조 방식
  ㉠ 수도본관의 인입관으로부터 상수를 일단 저수조에 저수한 후, 펌프를 이용하여 옥상 등 높은 곳에 설치한 고가수조에 양수하여 중력에 의해 건물 내의 필요한 곳에 급수하는 방식이다.
  ㉡ 단수, 정전 시에도 급수가 가능하며 배관부속품의 파손이 적고 대규모 급수설비에 적합하다.
  ㉢ 급수가 오염되기 쉽고 저수시간이 길면 수질이 나빠지며 설비비가 많이 들고 옥상탱크의 하중 때문에 구조 검토가 요구된다.

2 와이어 로프를 한 곳에 모아서 조정하는 장소는 록 레일(lock rail)에 대한 설명이며, 벽에 가이드레일을 설치해야 하기 때문에 무대의 좌우 한쪽 벽에 위치시킨다. 그리드아이언은 격자 발판으로 무대 천장에 설치되어 무대의 배경이나 조명기구 또는 음향반사판 등을 매달 수 있도록 한 장치이다. [※ 부록 참고 : 건축계획 1-17]

3 ② 열관류율이 크면 단열성능이 저하된다.
  ※ **열관류율** … 단위 면적을 통하여 단위 시간에 이동하는 열량을 의미하며 단위는 $[kcal/m^2h℃]$이다.

4 건축화조명은 직접조명보다 조명효율이 좋지 않다.
  ※ 건축화조명
  ㉠ 실내장식의 일부로서 천장이나 벽에 배치된 조명기법으로 조명과 건물이 일체가 되는 조명시스템이다.
  ㉡ 다운라이트조명, 라인라이트조명, 광천장조명 등이 있다.
  ㉢ 가급적 조명기구를 노출시키지 않고 벽, 천장, 기둥 등의 구조물을 이용한 조명이 되도록 한다.
  ㉣ 발광하는 면적이 넓어져 확산되는 빛으로 인하여 실내가 부드럽다.
  ㉤ 주간과 야간에 따라 실내 분위기를 전혀 다르게 할 수 있다.
  ㉥ 건축물 자체에 광원을 장착한 조명방식이므로 건축설계 단계부터 병행하여 계획할 필요가 있다.
  ㉦ 직접조명보다는 조명 효율이 낮은 편이다.

정답 및 해설 1.④ 2.② 3.② 4.③

5 근대건축의 거장과 그의 작품의 연결이 옳지 않은 것은?

① 미스 반 데 로에(Mies van der Rohe) – 투겐하트 주택(Tugendhat House)
② 발터 그로피우스(Walter Gropius) – 데사우 바우하우스(Dessau Bauhaus)
③ 알바 알토(Alvar Aalto) – 시그램 빌딩(Seagram Building)
④ 프랭크 로이드 라이트(Frank Lloyd Wright) – 로비 하우스 (Robie House)

6 전시실의 순회형식에 대한 설명으로 옳지 않은 것은?

① 연속순로형식은 소규모 전시실에 적용가능하고, 갤러리 및 코리더형식은 각 실에 직접 들어갈 수 있는 점이 유리하다.
② 중앙홀형식은 홀이 클수록 장래확장이 용이하고, 연속순로형식은 1실을 폐쇄하였을 때 전체 동선이 막히게 되는 단점이 있다.
③ 중앙홀형식은 중심부에 하나의 큰 홀을 두고, 갤러리 및 코리더형식은 복도가 중정을 포위하게 하여 순로를 구성하는 경우가 많다.
④ 중앙홀형식은 각 전시실을 자유로이 출입 가능하고, 연속순로 형식은 실을 순서대로 통해야 한다.

7 「건축법」상 용어의 정의에 대한 설명으로 옳지 않은 것은?

① '건축'이란 건축물을 신축 · 증축 · 개축 · 재축하거나 건축물을 이전하는 것을 말한다.
② '거실'이란 건축물 안에서 거주, 집무, 작업, 집회, 오락, 그 밖에 이와 유사한 목적을 위하여 사용되는 방을 말한다.
③ '고층건축물'이란 층수가 30층 이상이거나 높이가 120미터 이상인 건축물을 말한다.
④ '주요구조부'란 내력벽, 기둥, 최하층 바닥, 보를 말한다.

5 시그램 빌딩(Seagram Building)은 미스 반 데 로에(Mies van der Rohe)의 작품이다.

① **미스 반 데 로에(Mies Van der Rohe)**
- 독일의 대표적 표현주의 건축가. 유리를 주재료로 사용하여 환상적인 건축을 계획하였으며 콘크리트를 사용하여 유기적인 건축형태로 순수한 기능미를 추구하였다.
- 전통적인 고전주의 미학과 근대 산업이 제공하는 소재를 교묘하게 통합하였다.
- "더 적은 것이 더 많은 것이다(Less is More)."라는 말로써 모더니즘의 특성을 압축하여 표현하였다.
- 콘크리트, 강철, 유리를 건축재료로 사용하여 고층 건축물들을 설계하였다. 콘크리트와 철은 건물의 뼈이고, 유리는 뼈를 감싸는 외피로서의 기능을 하였다.
- 주요 작품으로는 투겐하트 저택, 바르셀로나 파빌리온, 시그램빌딩, 크라운 홀, 레이크쇼어드라이브 아파트, 국제박람회의 독일관 등이 있다.

② **발터 그로피우스(Walter Gropius)**
- 바우하우스를 설립하여 기능을 반영한 형태라는 근대적인 원칙과 노동자 계층을 위한 환경을 제공하기 위한 헌신적 활동을 하였다.
- 바우하우스(Bauhaus) : 독일어로 "건축의 집"을 의미한다. 1919년부터 1933년까지 독일에서 그로피우스에 의해 설립·운영된 학교로, 미술과 공예, 사진, 건축 등과 관련된 종합적인 내용을 교육하였다. 바우하우스의 양식은 현대식 건축과 디자인에 큰 영향을 주게 되었다. 교육의 최종 목표는 건축을 중심으로 모든 미술 분야를 통합하는 데 있었다.
- 주요 작품으로는 (구두를 만드는) 파구스 공장, 데사우의 바우하우스 건물, 하버드대학의 그레듀에이트 센터 등이 있다.

③ **알바 알토(Alvar Aalto)**
- 그의 건축적 사고는 스칸디나비아 반도의 문화예술운동인 '낭만적 풍토주의(National Romanticism)'와 관련이 깊다.
- 유기주의적 구성원리를 바탕으로 합리주의적 구성원리를 수용하여 표준화와 유기적 구성의 결합을 추구하였다.
- 핀란드의 역사적, 지리적 전통과 지역성을 독자적 건축 어휘로 표현한 근대건축가로서 프리츠커상을 수상하였다.
- 비대칭적이면서 물결처럼 부드러운 곡선으로 자연으로부터 유추한 형상들을 건축작품으로 표현하였으며 북유럽의 자연을 우아한 곡선으로 형상화해 기능주의에 접목시켰다는 평을 받는 건축가이다.
- 주요 작품으로는 MIT기숙사, 비퓨리 시립도서관 등이 있다.

④ **프랭크 로이드 라이트(Frank Lloyd Wright)**
- 미국 출신의 건축가로서 모더니즘 건축의 거장으로 꼽힌다.
- 건축 자체의 조건(condition)과 조화되는 외부로부터 발전하는 건축인 '유기적 건축'을 강조하였다.
- 주택건축에 특히 관심을 보였으며, 일본의 건축양식에 감명을 받아 이를 자신의 작품에 반영하기도 하였다.
- 주요 작품으로는 뉴욕 구겐하임 미술관, 카프만주택(낙수장), 존슨왁스 빌딩, 도쿄 제국호텔 등이 있다.

※ 근대 모더니즘 건축의 4대 거장으로 흔히 "르 꼬르뷔지에, 미스 반 데 로에, 프랭크 로이드 라이트, 발터 그로피우스"를 꼽는다.

6 ② 중앙홀형식은 홀이 커질수록 장래확장이 어려워지며, 동선계획 시 여러 가지 문제가 발생하게 된다.
　　[※ 부록 참고 : 건축계획 1-18]

7 ④ "주요구조부"란 내력벽(耐力壁), 기둥, 바닥, 보, 지붕틀 및 주계단(主階段)을 말한다. 다만, 사이 기둥, 최하층 바닥, 작은 보, 차양, 옥외 계단, 그 밖에 이와 유사한 것으로 건축물의 구조상 중요하지 아니한 부분은 제외한다.

정답 및 해설 5.③ 6.② 7.④

8 기계환기방식 중 송풍기에 의한 급기와 자연적인 배기로 클린룸과 수술실 등에 적용하는 환기방식은?

① 제1종 환기
② 제2종 환기
③ 제3종 환기
④ 제4종 환기

9 「건축법 시행령」상 건축물의 바닥면적 산정방법에 대한 설명으로 옳지 않은 것은?

① 건축물의 노대등의 바닥은 외벽의 중심선으로부터 노대등의 끝 부분까지의 면적에서 노대등이 접한 가장 긴 외벽에 접한 길이에 1.2미터를 곱한 값을 뺀 면적을 바닥면적에 산입한다.
② 공동주택으로서 지상층에 설치한 기계실의 면적은 바닥면적에 산입하지 아니한다.
③ 벽·기둥의 구획이 없는 건축물의 바닥면적은 그 지붕 끝 부분으로부터 수평거리 1미터를 후퇴한 선으로 둘러싸인 수평투영면적으로 한다.
④ 계단탑, 장식탑의 면적은 바닥면적에 산입하지 아니한다.

10 상점건축에서 입면 디자인 시 적용하는 AIDMA 법칙에 대한 설명으로 옳지 않은 것은?

① A(Attention, 주의) – 주목시키는 배려가 있는가?
② I(Interest, 흥미) – 공감을 주는 호소력이 있는가?
③ D(Describe, 묘사) – 묘사를 통해 구체적인 정보를 인식하게 하는가?
④ M(Memory, 기억) – 인상적인 변화가 있는가?

11 건축 형태구성원리에 대한 설명으로 옳지 않은 것은?

① 리듬은 부분과 부분 사이에 시각적으로 강한 힘과 약한 힘이 규칙적으로 연속될 때 나타난다.

② 비례는 선·면·공간 사이에서 상호 간의 양적인 관계를 말하며, 점증, 억양 등이 있다.

③ 균형은 대칭을 통해 가장 손쉽게 구현할 수 있지만, 시각적 구성에서는 비대칭 기법을 통한 구성이 더 역동적인 경우가 많다.

④ 조화는 부분과 부분 사이에 질적으로나 양적으로 모순되는 일이 없이 질서가 잡혀 있는 것을 말한다.

---

8 ① 제1종(병용식) 환기 : 송풍기와 배풍기 모두를 사용해서 실내 환기를 행하는 것이며, 실내외의 압력차를 조정할 수 있고, 가장 우수한 환기를 행할 수 있다.

② 제2종(압입식) 환기 : 기계환기방식 중 송풍기에 의한 급기와 자연적인 배기로 클린룸과 수술실 등에 적용하는 환기방식이다. 송풍공기 이외의 외기라든가 기타 침입공기는 없지만, 역으로 다른 실로 배기가 침입할 수 있으므로 주의해야만 한다.

③ 제3종(흡출식) 환기 : 배풍기에 의해서 일방적으로 실내공기를 배기한다. 따라서, 공기가 실내로 들어오는 장소를 설치해서 환기에 지장이 없도록 해야만 한다. 주방, 화장실 등 냄새 또는 유해가스, 증기발생이 있는 장소에 적합하다.

9 ① 건축물의 노대등의 바닥은 난간 등의 설치 여부에 관계없이 외벽의 중심선으로부터 노대등의 끝 부분까지의 면적에서 노대등이 접한 가장 긴 외벽에 접한 길이에 1.5미터를 곱한 값을 뺀 면적을 바닥면적에 산입한다.

10 A : Attention(주의)

I : Interest(흥미)

D : Desire(욕망)

M : Memory(기억)

A : Action(행동)

11 ② 비례는 부분과 부분 또는 부분과 전체와의 수량적 관계를 말하는 것이다.

※ 리듬(rhythm)이란 부분과 부분 사이에 시각적으로 강한 힘과 약한 힘이 규칙적으로 연속될 때 나타나는 것으로, 반복(repetition), 점증(gradation), 억양(accentuation) 등이 있다.

정답 및 해설 8.② 9.① 10.③ 11.②

12 난방방식에 대한 설명으로 옳지 않은 것은?

① 증기난방은 증발잠열을 이용하고, 열의 운반 능력이 크다.

② 온수난방은 온수의 현열을 이용하고, 온수 온도를 조절할 수 있다.

③ 복사난방은 방열면의 복사열을 이용하고, 바닥면의 이용도가 높은 편이다.

④ 온풍난방은 복사난방에 비하여 설비비가 많이 드나 쾌감도가 좋다.

12 ④ 온풍난방은 복사난방에 비해 쾌감도가 좋지 않다.

　※ 난방방식의 특징

　　㉠ 증기난방의 특징
　　　• 증발잠열을 이용하므로 열의 운반능력이 크다.
　　　• 예열시간이 짧고 증기순환이 빠르다.
　　　• 방열면적과 관경이 작아도 된다.
　　　• 설비비와 유지비가 저렴하다.
　　　• 쾌감도가 좋지 않으며 방열량 제어가 어렵다.
　　　• 소음이 크게 발생하며 화상의 우려가 있다.
　　　• 관의 부식이 빠르게 진행된다.
　　　• **분류**: 배관환수방식-단관식, 복관식 / 응축수 환수방식-중력환수식, 기계환수식, 진공환수식 / 환수주관
　　　　의 위치-습식환수, 건식환수

　　㉡ 온수난방의 특징
　　　• 방열량의 조절이 용이하다.
　　　• 증기난방보다 쾌감도가 좋다.
　　　• 열용량이 크므로 난방을 중지해도 여열이 오래 가 연속난방에 유리하다.
　　　• 예열시간이 길어서 간헐운전에 부적합하며 열운반능력이 작다.
　　　• 한랭지에서는 난방정지 시 동결의 우려가 있다.
　　　• 소음이 적은 편이나 설비비가 비싸다.
　　　• 온수의 순환시간이 길다.
　　　• **분류**: 온수의 온도-저온수난방, 고온수난방 / 순환방법-중력환수식, 강제순환식 / 배관방식-단관식, 복
　　　　관식 / 온수의 공급방향-상향공급식, 하향공급식, 절충식

　　㉢ 복사난방의 특징
　　　• 천장, 벽, 바닥에 동관이나 플라스틱관 등으로 된 코일을 매설하여 여기에 온수나 증기를 통과시켜 발생
　　　　하는 복사열로 실을 난방하는 방식이다.
　　　• 실내의 수직온도분포가 균등하고 쾌감도가 높다.
　　　• 방을 개방상태로 해도 난방효과가 높다.
　　　• 바닥의 이용도가 높고 열손실이 적다.
　　　• 대류가 적으므로 바닥면의 먼지가 상승하지 않는다.
　　　• 외기의 급변에 따른 방열량 조절이 곤란하다.
　　　• 예열시간이 길고, 열손실을 막기 위한 단열층을 필요로 한다.
　　　• 설치공사가 어렵고 수리비, 설비비가 비싸다.
　　　• 매입배관이므로 고장 시 결함부위의 발견이 어렵다.
　　　• 바닥의 하중과 두께가 증가한다.

　　㉣ 온풍난방
　　　• 온풍로를 이용하여 가열된 공기를 실내로 직접 공급하여 난방하는 방식이다.
　　　• 예열시간이 짧으며 누수, 동결의 우려가 적다.
　　　• 설비비가 저렴하며 온습도의 조절이 용이하다.
　　　• 쾌감도가 좋지 않으며 소음이 많이 발생한다.

정답 및 해설　12.④

13 척도조정(Modular Coordination)의 장점이 아닌 것은?

① 설계작업이 단순해지고 대량생산이 용이하다.
② 건축재의 수송이나 취급이 편리하다.
③ 건축물 외관의 융통성 확보가 용이하다.
④ 현장작업이 단순해지고 공기가 단축된다.

14 건축 열환경과 관련된 용어의 설명으로 옳지 않은 것은?

① '현열'이란 물체의 상태변화 없이 물체 온도의 오르내림에 수반하여 출입하는 열이다.
② '잠열'이란 물체의 증발, 응결, 융해 등의 상태 변화에 따라서 출입하는 열이다.
③ '열관류율'이란 열관류에 의한 관류열량의 계수로서 전열의 정도를 나타내는 데 사용되며 단위는 kcal/mh℃이다.
④ '열교'란 벽이나 바닥, 지붕 등의 건물부위에 단열이 연속되지 않은 열적 취약부위를 통한 열의 이동을 말한다.

15 사무소 건축에 대한 설명으로 옳은 것만을 모두 고르면?

> ㉠ 소시오페탈(sociopetal) 개념을 적용한 공간은 상호작용에 도움이 되지 못하는 공간으로 개인을 격리하는 경향이 있다.
> ㉡ 코어는 복도, 계단, 엘리베이터 홀 등의 동선부분과 기계실, 샤프트 등의 설비관련부분, 화장실, 탕비실, 창고 등의 공용서비스 부분 등으로 구분된다.
> ㉢ 엘리베이터 대수산정은 아침 출근 피크시간대의 5분 동안에 이용하는 인원수를 고려하여 계획한다.
> ㉣ 비상용 엘리베이터는 평상시에는 일반용으로 사용할 수 있으나 화재 시에는 재실자의 피난을 주요 목적으로 계획한다.

① ㉡, ㉢   ② ㉠, ㉡, ㉢
③ ㉠, ㉢, ㉣   ④ ㉠, ㉡, ㉢, ㉣

13 ③ 척도조정은 규격화가 되어 융통성 확보가 어렵게 되는 단점이 있다.

※ 척도조정

㉠ 설계작업이 단순해지고 간편해진다.

㉡ 대량생산이 용이하다.(생산가가 낮아지고 질이 향상된다.)

㉢ 건축재의 수송이나 취급이 편리하다.

㉣ 현장작업이 단순해지고 공기가 단축된다.

㉤ 국제적인 MC 사용 시 건축 구성재의 국제교역이 용이하다.

㉥ 건축물 형태에 있어서 창조성 및 인간성을 상실할 우려가 있다.

㉦ 동일한 형태가 집단을 이루는 경향이 있어 건물의 배치와 외관이 단순해지므로 배색에 신중을 기해야 한다.

14 ③ 열관류율의 단위는 kcal/m^{2}h℃이다.

15 ㉠ [×] 소시오페탈 공간(Sociopetal space)은 사회구심적 역할을 하는 공간으로서 상호작용이 활발하게 이루어질 수 있는 공간이다.

㉣ [×] 비상용 엘리베이터는 평상시는 승객이나 승객 화물용으로 사용되고 화재 발생 시에는 소방대의 소화·구출 작업을 위해 운전하는 엘리베이터로서 높이 31m를 넘는 건축물에 설치하도록 의무화되어 있다. (재실자의 피난은 계단이나 피난용승강기를 이용해야 하며 비상용 승강기는 비상시 소방관 등의 소방활동 등을 위한 것이다.)

정답 및 해설   13.③   14.③   15.①

16 다음에 해당하는 근대건축운동은?

- 장식, 곡선을 많이 사용
- 자연주의 경향과 유기적 형식 사용
- 대표 건축가로는 안토니오 가우디

① 미술공예운동(Arts & Crafts Movement)
② 시카고파(Chicago School)
③ 빈 세제션(Wien Secession)
④ 아르누보(Art Nouveau)

17 병원건축에 대한 설명으로 옳지 않은 것은?

① 정형외과 외래진료부는 보행이 부자연스러운 환자가 많으므로 타과 진료부보다 멀리 떨어진 한적한 곳에 배치한다.
② 중앙진료부는 성장, 변화가 많은 부분이므로 증개축을 고려하여 계획한다.
③ 간호사 대기소(nurses station)는 간호단위 또는 각층 및 동별로 설치하되, 외부인의 출입을 확인할 수 있고, 환자를 돌보기 쉽도록 배치한다.
④ 대형 병원의 동선계획 시 병동부, 중앙진료부, 외래부, 공급부, 관리부 등 각부 동선이 가급적 교차되지 않도록 계획한다.

18 주거건축에서 사용 인원수 대비 필요한 환기량을 고려하여 침실 규모를 결정할 경우, 다음과 같은 조건에서 성인 2인용 침실의 적정한 가로변의 길이는? (단, 성인은 취침 중 0.02m³/h의 탄산가스나 기타의 유해물을 배출한다)

- 침실의 자연환기 횟수는 1회/h이다.
- 침실의 천장고는 2.5m이다.
- 침실의 세로변 길이는 5m이다.

① 2m
② 4m
③ 6m
④ 8m

16 보기에 제시된 사항들은 아르누보(Art Nouveau)에 관한 것들이다.

※ 아르누보(Art Nouveau)
- 프랑스어로 신 예술이란 뜻으로 1890년~1910년 사이에 전 유럽에 퍼진 낭만적이고 개성적이며 과거와 결별한 변역사적 양식을 제창한 건축운동이다.
- 넓은 뜻으로는 영국의 모던스타일, 독일의 유겐트스틸, 오스트리아 빈의 세제션 스타일까지 포함된 당시 유럽의 전위예술을 의미한다.
- 자연 속에서 나타나는 생동감있는 형태 중 특히 곡선적인 미를 중시하였다.
- 식물의 구조를 추상화하거나 식물이나 꽃에서 영감을 얻는 이 스타일은 기계를 모델로 하는 20세기 디자인의 구성과는 대립되는 면이 강하였다.

※ 미술공예운동(Arts & Crafts Movement)
- 19세기 후반, 영국에서 윌리엄 모리스와 그의 동료들이 수공예를 중시하면서 건축과 공예를 중심으로 전개하였던 예술운동이다.
- 산업혁명의 물결 속에서 가구 등의 일용품과 건축시장에 범람하기 시작한 값이 싸고 저속하며 조잡한 기계생산 공예품에 대한 반작용으로서 시작이 되었다.
- 기계를 부정하고 중세시대의 수공예 생산방식으로 복귀하는 것을 주장하였으며 특히 고딕양식에 대한 향수를 가지고 있었다.

※ 빈 세제션 운동(Wien Secession)
- 1897년 오스트리아 빈에서 시작된 운동으로 일체의 과거양식에서 벗어나 예술활동을 하려는 운동이었다.
- 오토바그너(빈 우체국), 아돌프로스(슈타이너 주택), 조셉호프만, 피터베렌스(AEG 터빈공장) 등이 대표적 건축가이다.

※ 시카고파(Chicago School)
- 1880년대 초에서 1900년대 초까지 미국 시카고에서 활약했던 건축가들 또는 그들이 만든 건물의 특정한 양식을 의미한다.
- 1871년 발생된 시카고 대화재로 인해 전소된 도시의 재건을 위해 건축가와 공학기술자들이 일을 찾아 시카고로 몰려들었고, 상업적인 건물의 수요가 많아지던 당시의 상황과 그들의 실용주의적인 성격, 그리고 철골재료의 발전 등이 어우러져 기존의 건축양식과는 전혀 다른 건축양식을 만들어내었다.
- 철골구조와 넓은 유리 창문, 넓어진 내부 사용공간은 시카고학파가 유행시킨 새로운 건축양식이다.
- 오티스의 엘리베이터 발명에 영향을 주었으며 고층빌딩의 발전을 가속화하였다는 평을 받았다.
- 대표적인 인물과 작품으로는 윌리엄 레바론 제니(William Le Baron Jenny)의 홈 인슈어런스 빌딩, 다니엘번험의 풀러빌딩(Fuller Building, 형상이 다리미를 닮아서 다리미 빌딩으로 불린다.) 등이 있다.

17 ① 정형외과 외래진료부는 보행이 부자연스러운 환자가 많으므로 되도록 타과보다 가까운 곳에 배치하여야 한다.

18 이산화탄소를 기준으로 한 성인 1인당 소요환기량은 50[m³/h]이다. (아동은 1/2을 적용한다.)
침실의 용적은 '12.5[m²]×가로변의 길이'이다.
환기횟수는 1시간에 방의 공기를 외기와 교체하는 횟수를 의미한다.

$V = \dfrac{Q}{n}$ (V는 침실의 용적, Q는 환기량, n은 환기횟수)

$V = 2.5 \times 5 \times x = \dfrac{Q}{n} = \dfrac{50[m^3/h] \cdot 2명}{1[회/h]} = 100[m^3]$

이를 만족하는 $x = 8[m]$ 이다.

정답 및 해설 16.④ 17.① 18.④

19 건축법령상 건축신고 대상이 아닌 것은?

① 바닥면적의 합계가 100제곱미터인 개축

② 내력벽의 면적을 30제곱미터 이상 수선하는 것

③ 공업지역에서 건축하는 연면적 400제곱미터인 2층 공장

④ 기둥을 세 개 이상 수선하는 것

20 근린주구 이론에 대한 설명으로 옳지 않은 것은?

① 페리(Clarence Perry)는 「뉴욕 및 그 주변지역계획」에서 일조문제와 인동간격의 이론적 고찰을 통해 근린주구이론을 정리하였다.

② 라이트(Henry Wright)와 스타인(Clarence Stein)은 보행자와 자동차 교통의 분리를 특징으로 하는 래드번(Radburn)을 설계하였다.

③ 아담스(Thomas Adams)는 「새로운 도시」를 발표하여 단계적인 생활권을 바탕으로 도시를 조직적으로 구성하고자 하였다.

④ 하워드(Ebenezer Howard)는 도시와 농촌의 장점을 결합한 전원도시 계획안을 발표하고, 「내일의 전원도시」를 출간하였다.

19 바닥면적의 합계가 85m² 이내의 증축·개축 또는 재축인 경우에 건축신고 대상이다. 85m²를 초과하는 경우 건축허가를 받아야 한다.

②④ '내력벽의 면적을 30m² 이상 수선하는 것'과 '기둥을 세 개 이상 수선하는 것'은 주요구조부의 해체가 없는 등 대통령령으로 정하는 대수선에 해당되는 건축신고 대상이다.

③ 산업단지에서 건축하는 2층 이하인 건축물로서 연면적 합계 500m² 이하인 공장은 건축신고 대상이다.

20 ③ 〈새로운 도시〉를 발표한 인물은 페더(G. Feder)이다. 〈새로운 도시〉는 독일 여러 도시의 상세한 통계적 분석과 인구 20,000명을 갖는 자급자족적인 소도시를 지구단계 구성에 의해 만들어낸 연구논문(소도시론)이다.

정답 및 해설 19.① 20.③

1 공동주택의 평면형식 중에서 공사비는 많이 소요되나 출입이 편리하고 사생활 보호에 좋으며 통풍과 채광이 유리한 것은?

① 집중형

② 편복도형

③ 중복도형

④ 계단실형

2 모듈계획에 대한 설명으로 옳지 않은 것은?

① 모듈의 사용으로 공간의 통일성과 합리성을 얻을 수 있다.

② 모듈의 사용은 다양하고 자유로운 계획에 유리하다.

③ 사무소 건축에서는 지하주차를 고려한 모듈 설정이 바람직하다.

④ 설계 작업을 단순화, 간편화 할 수 있다.

3 학교 운영 방식과 교실 구성에 대한 설명으로 옳은 것은?

① 특별교실형은 교실 안에서 모든 교과를 학습할 수 있게 계획하는 방식으로 초등학교 저학년에 적합한 방식이다.

② 종합교실형은 설비, 가구, 자료 등이 필요하게 되어 교실 바닥면적이 증가될 수 있다.

③ 교과교실형은 전교 교실을 보통교실 이용 그룹과 특별교실 이용 그룹으로 분리하여 두 개의 학급 군이 각 교실 군을 교대로 사용하는 방식이다.

④ 플래툰형은 학급, 학년을 없애고 학생들이 각자의 능력에 따라 교과를 선택하고 수업하는 방식이다.

1 공동주택의 평면형식 중에서 공사비는 많이 소요되나 출입이 편리하고 사생활 보호에 좋으며 통풍과 채광이 유리한 것은 계단실형이다.

※ 복도의 유형

ⓐ 계단실형(홀형)
- 계단 또는 엘리베이터 홀로부터 직접 주거단위로 들어가는 형식
- 각 세대 간 독립성이 높다.
- 고층아파트일 경우 엘리베이터 비용이 증가한다.
- 단위주호의 독립성이 좋다.
- 채광, 통풍조건이 양호하다.
- 복도형보다 소음처리가 용이하다.
- 통행부의 면적이 작으므로 건물의 이용도가 높다.

ⓑ 편복도형
- 남면일조를 위해 동서를 축으로 한쪽 복도를 통해 각 주호로 들어가는 형식
- 거주자의 자연적 환경을 동일하게 만들고자 할 때 일반적으로 채용
- 통풍 및 채광은 양호한 편이지만 복도 폐쇄 시 통풍이 불리

ⓒ 중복도형
- 부지의 이용률이 높다.
- 고층고밀화에 유리하여 주로 독신자아파트에 적용된다.
- 통풍 및 채광이 불리하다.
- 프라이버시가 좋지 않다.

ⓓ 집중형(코어형)
- 채광 및 통풍조건이 좋지 않으므로 기후조건에 따라 기계적 환경조절이 필요하다.
- 부지이용률이 극대화된다.
- 프라이버시가 좋지 않다.

2 ② 모듈은 규격에 맞추어 공간이 구성되므로 계획안의 구성에 있어 제약을 받게 된다.

3 ① 교실 안에서 모든 교과를 학습할 수 있게 계획하는 방식은 종합교실형이다. 또한 특별교실형은 초등학교 저학년에는 부적합한 방식이다.
③ 전교 교실을 보통교실 이용 그룹과 특별교실 이용 그룹으로 분리하여 두 개의 학급 군이 각 교실 군을 교대로 사용하는 방식은 플래툰형이다.
④ 학급, 학년을 없애고 학생들이 각자의 능력에 따라 교과를 선택하고 수업하는 방식은 달톤형이다.
[※ 부록 참고 : 건축계획 1-9]

정답 및 해설 1.④ 2.② 3.②

4 「건축법」상 용어 정의에 대한 설명으로 옳지 않은 것은?

① 고층건축물이란 층수가 30층 이상이거나 높이가 120m 이상인 건축물을 말한다.

② 거실이란 건축물 안에서 거주, 집무, 작업, 집회, 오락, 그 밖에 이와 유사한 목적을 위하여 사용되는 방을 말한다.

③ 지하층이란 건축물의 바닥이 지표면 아래에 있는 층으로서 바닥에서 지표면까지 평균높이가 해당 층 높이의 3분의 1 이상인 것을 말한다.

④ 리모델링이란 건축물의 노후화를 억제하거나 기능 향상 등을 위하여 대수선하거나 건축물의 일부를 증축 또는 개축하는 행위를 말한다.

5 재료의 열전도 특성을 파악할 수 있는 열전도율의 단위는?

① $kcal/m \cdot h \cdot ℃$

② $kcal/m^3 \cdot ℃$

③ $kcal/m^2 \cdot h \cdot ℃$

④ $kcal/m^2 \cdot h$

6 건축가와 그의 작품의 연결이 옳지 않은 것은?

① 프랭크 게리(Frank Owen Gehry) – 구겐하임 빌바오 미술관

② 자하 하디드(Zaha Hadid) – 비트라 소방서

③ 렘 쿨하스(Rem Kolhas) – 베를린 신 국립미술관

④ 다니엘 리베스킨트(Daniel Libeskind) – 베를린 유대박물관

7 거주 후 평가(P.O.E.)에 대한 설명으로 옳지 않은 것은?

① 거주 후 평가(P.O.E.)를 통해 얻어진 각종 현실적 정보는 새로운 프로젝트에 활용되는 순환성이 있다.

② 거주 후 평가(P.O.E.)는 설계-시공-평가 등으로 이루어진 건축행위 주기에서 매우 중요한 과정으로 볼 수 있다.

③ 거주 후 평가과정 시 환경장치(setting), 사용자(user), 주변 환경(proximate environmental context), 디자인 활동(design activity)을 고려해야 한다.

④ 거주 후 평가(P.O.E.)는 행태적(behavioral) 항목에 국한하여 진행된다.

---

4 지하층이란 건축물의 바닥이 지표면 아래에 있는 층으로서 바닥에서 지표면까지 평균높이가 해당 층 높이의 2분의 1 이상인 것을 말한다.

5 열전도율(λ) : kcal/m · h · ℃ 또는 W/mK
열관류율(K) : kcal/m^2 · h · ℃ 또는 W/m^{2}K
열전달률(α) : kcal/m^2 · h · ℃ 또는 W/m^{2}K
비열 : kJ/kg · k
절대습도 : kg/kg' 또는 kg/kg(DA)
엔탈피 : kJ/kg
난방도일 : ℃/day

6 ③ 베를린 신 국립미술관은 미스 반 데 로에의 작품으로, 그리스건축의 단순함을 모티브로 하여 디자인 한 건축물로서 '유리로 된 빛의 사원'이라는 별명을 가지고 있는 건물이다.

7 ④ 거주 후 평가(P.O.E.)는 행태적(behavioral) 항목만이 아닌 거주와 관련한 포괄적인 항목에 관하여 이루어진다.
   ※ 거주성 평가요소
      ㉠ 거주성이란 주거환경의 질을 표현하는 방법 중 하나이다. 주거환경 평가 과정 중에서 평가지표에 대한 만족도와 중요도를 파악하는 것은 주거의 문제점을 이해하는 데 매우 중요하다.
      ㉡ 평가요소의 분류체계는 차이가 있지만 평가를 위한 지표는 주로 거주자의 건강, 유지관리 용이성, 입지 및 주변 환경조건, 실의 구성 및 시설, 노후화정도, 건물 디자인 등으로 구성된다.

정답 및 해설 4.③ 5.① 6.③ 7.④

8 결로에 대한 설명으로 옳지 않은 것은?

① 결로는 실내외의 온도차, 실내습기의 과다발생, 생활습관에 의한 환기 부족, 구조재의 열적 특성, 시공불량 등의 다양한 원인으로 발생할 수 있다.

② 난방을 통해 결로를 방지할 때에는 장시간 낮은 온도로 난방하는 것보다 단시간 높은 온도로 난방하는 것이 유리하다.

③ 외단열은 벽체 내의 온도를 상대적으로 높게 유지하므로 내단열에 비해 결로발생 가능성을 현저히 줄일 수 있다.

④ 표면결로는 건물의 표면온도가 접촉하고 있는 공기의 포화온도보다 낮을 때 그 표면에 발생한다.

9 「주차장법 시행규칙」상 노외주차장 구조 설비기준에 대한 설명으로 옳지 않은 것은?

① 노외주차장(이륜자동차 전용 노외주차장 제외)이 출입구가 1개이고 주차형식이 평행주차일 경우 차로의 너비는 3.3m 이상이어야 한다.

② 노외주차장의 출입구 너비는 3.5m 이상으로 하여야 하며, 주차대수 규모가 50대 이상인 경우에는 출구와 입구를 분리하거나 너비 5.5m 이상의 출입구를 설치하여야 한다.

③ 노외주차장의 출구와 입구에서 자동차의 회전을 쉽게 하기 위하여 필요한 경우에는 차로와 도로가 접하는 부분을 곡선형으로 하여야 한다.

④ 노외주차장의 출구 부근의 구조는 해당 출구로부터 2m(이륜 자동차 전용출구의 경우에는 1.3m)를 후퇴한 노외주차장의 차로의 중심선상 1.4m의 높이에서 도로의 중심선에 직각으로 향한 왼쪽·오른쪽 각각 60°의 범위에서 해당 도로를 통행하는 자를 확인할 수 있도록 하여야 한다.

10 건축물 벽 재료에 대한 반사율이 높은 것부터 순서대로 바르게 나열한 것은?

① 붉은 벽돌 > 창호지 > 목재 니스칠

② 목재 니스칠 > 백색 유광 타일 > 검은색 페인트

③ 진한색 벽 > 검은색 페인트 > 목재 니스칠

④ 백색 유광 타일 > 목재 니스칠 > 붉은 벽돌

11 「건축법」상 공동주택에 포함되지 않는 것은? (단, 「건축법」상 해당용도 기준(층수, 바닥면적, 세대 등)에 모두 부합한다고 가정한다)

① 아파트   ② 다세대주택
③ 연립주택   ④ 다가구주택

---

8 ② 난방을 통해 결로를 방지할 때에는 단시간 높은 온도로 난방하는 것보다 장시간 적정한 온도로 난방하는 것이 유리하다.

9 이륜자동차 전용이 아닌 노외주차장은 출입구가 1개이고 주차형식이 평행주차일 경우 차로의 너비는 5.0m 이상이어야 한다.

10 벽 재료의 반사율 : 백색 유광 타일 > 목재 니스칠 > 붉은 벽돌 > 검은색 페인트

11 다가구주택은 단독주택에 속한다.

단독주택	단독주택, 다중주택, 다가구주택, 공관
공동주택	아파트, 연립주택, 다세대주택, 기숙사

정답 및 해설 8.② 9.① 10.④ 11.④

12 극장의 무대 부분에 대한 설명으로 옳지 않은 것은?

① 사이클로라마는 와이어 로프를 한곳에 모아서 조정하는 장소로서, 작업에 편리하고 다른 작업에 방해가 되지 않는 위치가 바람직하다.

② 그리드아이언은 배경이나 조명기구, 연기자 또는 음향반사판 등이 매달릴 수 있는 장치이다.

③ 프로시니엄은 무대와 객석을 구분하여 공연공간과 관람공간으로 양분되는 무대형식이다.

④ 오케스트라 피트의 바닥은 연주자의 상체나 악기가 관객의 시선을 방해하지 않도록 객석 바닥보다 낮게 하는 것이 일반적이나, 지휘자는 무대 위의 동작을 보고 지휘하는 관계로 무대를 볼 수 있는 높이가 되어야 한다.

13 공기조화 설비 중 습공기에 대한 설명으로 옳지 않은 것은?

① 엔탈피는 현열과 잠열을 합한 열량이다.

② 비체적은 건조공기 1kg을 함유한 습공기의 용적이다.

③ 절대습도는 습공기의 수증기 분압과 그 온도 상태 포화공기의 수증기 분압과의 비를 백분율로 나타낸 것이다.

④ 비중량은 습공기 $1m^3$에 함유된 건조공기의 중량이다.

14 「건축법」상 지구단위계획에 대한 설명으로 옳은 것은?

① 지구단위계획구역 안에서 대지의 일부를 공공시설 부지로 제공하고 건축할 경우, 용적률은 완화받을 수 있으나 건폐율은 완화받을 수 없다.

② 지구단위계획구역이 주민의 제안에 따라 지정된 경우, 그 제안자가 지구단위계획안에 포함시키고자 제출한 사항이 타당하다고 인정되는 때에는 특별시장·광역시장·특별자치시장·특별자치도지사·시장 또는 군수는 지구단위계획안에 반영하여야 한다.

③ 지구단위계획의 사항에는 도시의 공간구조, 건축물의 용도제한, 건축물의 건폐율 또는 용적률, 기반시설의 배치와 규모만 포함된다.

④ 지구단위계획구역의 지정결정 고시일부터 2년 이내에 해당 구역 지구단위계획이 결정, 고시되지 않으면 지구단위 계획구역의 지정결정은 효력을 상실한다.

12 ① 사이클로라마(호리존트)는 무대의 제일 뒤에 설치되는 무대 배경용의 벽이다. 와이어 로프(wire rope)를 한 곳에 모아서 조정하는 장소는 록 레일이다. [※ 부록 참고 : 건축계획 1-17]

13 ③ 습공기의 수증기 분압과 그 온도 상태 포화공기의 수증기 분압과의 비를 백분율로 나타낸 것은 상대습도이다. 절대습도는 $1m^3$의 공기 중에 포함되어 있는 수증기의 무게를 나타낸다.

14 ① 지구단위계획구역(도시지역 내에 지정하는 경우)에서 건축물을 건축하려는 자가 그 대지의 일부를 공공시설 등의 부지로 제공하거나 공공시설 등을 설치하여 제공하는 경우에는 그 건축물에 대하여 지구단위계획으로 구분에 따라 건폐율·용적률 및 높이제한을 완화하여 적용할 수 있다.

③ **지구단위계획의 내용** … 지구단위계획구역의 지정목적을 이루기 위하여 지구단위계획에는 다음의 사항 중 ⓒ과 ⓜ의 사항을 포함한 둘 이상의 사항이 포함되어야 한다. 다만, ⓛ을 내용으로 하는 지구단위계획의 경우에는 그러하지 아니하다.

ⓖ 용도지역이나 용도지구를 대통령령으로 정하는 범위에서 세분하거나 변경하는 사항

ⓛ 기존의 용도지구를 폐지하고 그 용도지구에서의 건축물이나 그 밖의 시설의 용도·종류 및 규모 등의 제한을 대체하는 사항

ⓒ 대통령령으로 정하는 기반시설의 배치와 규모

ⓔ 도로로 둘러싸인 일단의 지역 또는 계획적인 개발·정비를 위하여 구획된 일단의 토지의 규모와 조성계획

ⓜ 건축물의 용도제한, 건축물의 건폐율 또는 용적률, 건축물 높이의 최고한도 또는 최저한도

ⓗ 건축물의 배치·형태·색채 또는 건축선에 관한 계획

ⓢ 환경관리계획 또는 경관계획

ⓞ 교통처리계획

ⓩ 그 밖에 토지 이용의 합리화, 도시나 농·산·어촌의 기능 증진 등에 필요한 사항으로서 대통령령으로 정하는 사항

④ 지구단위계획구역의 지정에 관한 도시·군관리계획결정의 고시일부터 3년 이내에 그 지구단위계획구역에 관한 지구단위계획이 결정·고시되지 아니하면 그 3년이 되는 날의 다음날에 그 지구단위계획구역의 지정에 관한 도시·군관리계획결정은 효력을 잃는다.

정답 및 해설 12.① 13.③ 14.②

15 건축디자인 프로세스에서 프로그래밍에 대한 설명으로 옳지 않은 것은?

① 프로그래밍은 건축설계의 전(前) 단계로 설계작업에 필요한 정보를 분석·정리하고 평가하여 체계화시키는 작업이다.

② 프로그래밍은 목표설정, 정보수집, 정보분석 및 평가, 정보의 체계화, 보고서 작성의 순서로 진행된다.

③ 프로그래밍의 과정은 프로젝트 범위에 대한 정확한 정의와 성공적인 해결방안을 위한 기준을 설계자에게 제공하는 것이다.

④ 프로그래밍은 추출된 문제점들을 해결(problem solving)하는 종합적인 결정과정이다.

16 건축 흡음구조 및 재료에 대한 설명으로 옳은 것은?

① 다공질 흡음재는 저·중주파수에서의 흡음률은 높지만 고주파수에서는 흡음률이 급격히 저하된다.

② 다공질 재료의 표면이 다른 재료에 의해 피복되어 통기성이 저하되면 저·중주파수에서의 흡음률이 저하된다.

③ 단일 공동공명기는 전 주파수 영역 범위에서 흡음률이 동일하다.

④ 판진동형 흡음구조의 흡음판은 기밀하게 접착하는 것보다 못 등으로 고정하는 것이 흡음률을 높일 수 있다.

17 화재경보설비에 대한 설명으로 옳지 않은 것은?

① 감지기는 화재에 의해 발생하는 열, 연소 생성물을 이용하여 자동적으로 화재의 발생을 감지하고, 이것을 수신기 송신하는 역할을 한다.

② 감지기에는 열감지기와 연기감지기가 있다.

③ 수신기는 감지기에 연결되어 화재발생 시 화재등이 켜지고 경보음이 울리도록 한다.

④ 열감지기에는 주위 온도의 완만한 상승에는 작동하지 않고 급상승의 경우에만 작동하는 정온식과 실온이 일정 온도에 달하면 작동하는 차동식이 있다.

15 ④ 프로그래밍은 문제점들을 해결하는 과정이 아니라 문제점을 파악하고 문제의 해결을 위해 필요한 데이터를 수집하여 체계화시키는 과정이다.

※ 건축디자인 프로세스

프로그래밍(Programming) → 개념설계(Concept Design) → 계획설계(Schematic Design) → 기본설계(Design Development) → 실시설계(Construction Documentation) → 시공(Construction) → 거주 후 평가(Post-occupancy Evaluation)

16 ① 다공질 흡음재는 고주파에서 높은 흡음률을 나타낸다.

② 다공질 재료의 표면이 다른 재료에 의해 피복되어 통기성이 저하되면 고·중주파수에서의 흡음률이 저하된다.

③ 단일 공동공명기는 주파수에 따라 흡음률이 변한다.

• 판진동 흡음재의 흡음판은 막진동하기 쉬운 얇은 것일수록 흡음효과가 크다. 또한 중량이 큰 것을 사용할수록 공명주파수 범위가 저음역으로 이동한다.

• 공동(천공판)공명기는 음파가 입사할 때 구멍부분의 공기는 입사음과 일체가 되어 앞뒤로 진동하며 동시에 배후공기층의 공기가 스프링과 같이 압축과 팽창을 반복한다. (특히 공명주파수 부근에서는 공기의 진동이 커지고 공기의 마찰점성저항이 생겨 음에너지가 열에너지로 변하는 양이 증가하여 흡음률이 증가한다.) 배후 공기층의 두께를 증가시키면 최대 흡음률의 위치가 저음역으로 이동한다.

17 ④ 실온이 일정 온도에 달하면 작동하는 것은 정온식이며 급상승할 때 작동하는 것은 차동식이다.

※ 자동화재 탐지설비

ⓐ 차동식 감지기 : 감지기 내의 장치가 주변의 온도상승으로 인한 열팽창률에 의해 팽창하여 파이프에 접속된 감압실의 접점을 동작시켜 작동되는 감지기로, 부착높이가 15m 이하인 곳에 적합하다.

ⓑ 정온식 감지기 : 주위의 온도가 일정 온도 이상이 되었을 경우 바이메탈이 팽창하여 접점이 닫힘으로써 작동되는 감지기로, 화기 및 열원기기를 취급하는 보일러실이나 주방 등에 적합하다.

ⓒ 보상식 감지기 : 차동식 감지기와 정온식 감지기의 기능을 합친 감지기

ⓓ 이온화식 감지기 : 연기에 의해서 이온전류가 변화하는 현상을 이용하여 감지하는 방식

ⓔ 광전식 감지기 : 감지기의 주위의 공기가 일정한 농도의 연기를 포함하게 됐을 때 작동하는 것으로, 연기에 의하여 광전소자의 수광량이 변화하는 것을 이용해서 작동하는 감지기

18 미노루 야마자키가 세인트루이스에 설계한 주거단지로, 당시 미국 건축가협회 상(賞)을 수상하였지만 슬럼화와 범죄 발생으로 인해 폭파되었으며, 찰스 젱스(Charles Jencks)가 모더니즘 건축 종말의 상징으로 언급한 건축물은?

① 갈라라테세(Gallaratese) 집합주거단지
② 프루이트 이고우(Pruit Igoe) 주거단지
③ 아브락사스 주거단지(Le Palais d'Abraxas Housing Development)
④ IBA 공공주택(IBA Social Housing)

19 미술관의 자연채광방식에 대한 설명으로 옳지 않은 것은?

① 정광창 형식은 채광량이 많아 조각품 전시에 적합하다.
② 정측광창 형식은 전시실 채광방식 중 가장 불리하다.
③ 고측광창 형식은 정광창식과 측광창식의 절충방식이다.
④ 측광창 형식은 소규모 전시실 이외에는 부적합하다.

20 다음 목조건축물 중 고려시대의 다포식 건축물은?

① 영주 – 부석사 무량수전
② 안동 – 봉정사 극락전
③ 연탄 – 심원사 보광전
④ 안동 – 봉정사 대웅전

18 프루이트 이고우(Pruit Igoe) 주거단지 … 미노루 야마자키가 설계한 근대건축의 상징적인 아파트였으나 범죄를 비롯하여 여러 가지 문제가 발생하게 되었고 결국 1972년 해체가 됨으로써 근대건축의 종말을 상징하는 건물이 되었다.

19 ② 측광창 형식이 전시실 채광방식 중 가장 불리하다. [※ 부록 참고 : 건축계획 1-19]

20 ① 부석사 무량수전 : 고려시대 주심포식
② 봉정사 극락전 : 고려시대 주심포식
④ 봉정사 대웅전 : 조선 초기 다포식
[※ 부록 참고 : 건축계획 3-2]

정답 및 해설 18.② 19.② 20.③

1 건축물의 치수와 모듈계획(Modular Planning)에 대한 설명으로 가장 옳은 것은?

① 기본 단위는 30cm로 하며 이를 1M으로 표시한다.

② 건축물의 수직 방향은 3M을 기준으로 하고 그 배수를 사용한다.

③ 모듈치수는 공칭치수가 아닌 제품치수로 한다.

④ 창호치수는 문틀과 벽 사이의 줄눈 중심 간의 거리가 모듈치수에 적합하도록 한다.

2 〈보기〉에서 건설정보모델링(BIM : Building Information Modeling)의 특징으로 옳은 항목을 모두 고른 것은?

〈보기〉
㉠ 설계 단계에서 공사비 견적에 필요한 정확한 물량과 공간 정보 추출이 가능하다.
㉡ 다양한 설계 분야 전문가들과 협업이 가능하며, 시공 전 설계 오류 및 누락을 발견할 수 있다. 따라서, 설계 및 시공상 문제들에 대한 빠른 대응이 가능하다.
㉢ 건설정보모델링의 개념은 객체 속성이 없는 설계 시각화용 3차원 디지털 모델을 포함한다.
㉣ 에너지 효율과 지속 가능성을 사전 평가하고 향상시킬 수 있다.

---

① ㉠, ㉡, ㉢
② ㉠, ㉢, ㉣
③ ㉠, ㉡, ㉣
④ ㉡, ㉢, ㉣

3 친환경 건축계획을 설명한 내용으로 가장 옳지 않은 것은?

① 이중외피는, 전면 유리를 사용하여 외부 열적부하에 취약한 건물외피의 성능을 향상시키기 위하여, 건물외벽의 외측에 또 다른 외피를 이중으로 만드는 것을 말한다.

② 옥상녹화를 통해 건물 외표면의 온도를 효과적으로 억제시킬 수 있으며, 우수의 집수와 보존을 제공함으로써 물의 재활용/재사용 측면에서 물 사용을 줄일 수 있다.

③ 패시브 시스템의 축열벽 방식은 실내의 남쪽 창의 안쪽에 열용량이 큰 돌이나 콘크리트 벽을 설치하여 태양 복사열을 저장하여 축열한 뒤 야간에 축열된 열을 실내로 방출하는 방식으로, 상대적으로 저렴하고 실내 공간으로부터의 조망이나 채광에 유리하다.

④ 액티브 시스템의 종류로는 태양열에 의한 급탕과 냉난방, 태양광 발전, 풍력, 지열의 이용 등이 있다.

---

1 ① 기본 단위는 10cm로 하며 이를 1M으로 표시한다.
　② 건축물의 수직 방향은 2M을 기준으로 하고 그 배수를 사용한다.
　③ 모듈치수는 공칭치수를 기준으로 한다.

2 ⓒ [×] 건설정보모델링의 각 객체들은 여러 가지 속성정보를 포함하고 있다.

3 축열벽방식에 사용되는 자재들은 부피와 면적이 크므로 실내공간의 조망, 채광에 있어 매우 불리한 방식이다.
　※ **축열벽(Trombe)** … 전면을 유리로 덮은 석조, 콘크리트, 흙벽으로 축열이 목적이며 흡수된 태양열을 건물 내로 방출하는 역할을 한다. 태양열을 잘 흡수하기 위해 주로 검은색 유리를 사용하거나 콘크리트벽에 검은색을 칠하기도 한다. 집밖(주로 남측벽)에서 태양열을 흡수한 축열벽을 통하여 실내로 열을 방출하는데 이때 축열벽 위아래에 환기구를 설치하여 벽바깥 공기층과 실내 공기층 사이에 자연대류를 일으켜 열을 실내로 전달하기도 한다.

정답 및 해설 1.④ 2.③ 3.③

4 건축계획에서 습도와 관련된 설명으로 가장 옳지 않은 것은?

① 습도가 높은 지역일수록 개방적 공간 형태를 구성한다.

② 쾌적 온도에서는 증발 냉각이 필요 없지만, 고온에서는 중요한 열 발산 방법이다.

③ 증발 조절에는 절대습도(Absolute humidity)가 가장 큰 영향을 미친다.

④ 상대습도(Relative humidity)는 그 공기에 포함되는 수증기 분압을 그 공기의 포화수증기 분압으로 나눈 후 100을 곱하여 구한다.

5 소음 조절에 대한 설명으로 가장 옳지 않은 것은?

① 실내에서 소음 레벨의 증가는 실표면으로부터 반복적인 음의 반사에 기인한다.

② 강당의 무대 뒷부분 등 음의 집중 현상 및 반향이 예견되는 표면에서는 반사재를 집중하여 사용한다.

③ 모터, 비행기 소음과 같은 점음원의 경우, 거리가 2배가 될 때 소리는 6데시벨(dB) 감소한다.

④ 평면이 길고 좁거나 천장고가 높은 소규모 실에서는 흡음재를 벽체에 사용하고, 천장이 낮고 큰 평면을 가진 대규모 실에서는 흡음재를 천장에 사용하는 것이 효과적이다.

6 급수 방식과 그 특성을 옳게 짝지은 것은?

〈보기 1〉
㉮ 배관 부속품의 파손이 적고, 항상 일정한 수압으로 급수가 가능하다.
㉯ 급수 설비가 간단하고 시설비가 저렴하다.
㉰ 수조의 설치 위치에 제한을 받지 않고 미관상 좋다.

〈보기 2〉
㉠ 수도직결 방식
㉡ 고가수조 방식
㉢ 압력수조 방식

① ㉮ – ㉠   ② ㉮ – ㉡

③ ㉯ – ㉢   ④ ㉰ – ㉡

4 ③ 증발 조절에는 상대습도가 가장 큰 영향을 미친다.

5 ② 강당의 무대 뒷부분 등 음의 집중 현상 및 반향이 예견되는 표면에서는 흡수재를 사용하여야 한다.

6 ㈎ 배관 부속품의 파손이 적고, 항상 일정한 수압으로 급수가 가능하다. → 고가수조방식의 특성이다.
　㈏ 급수 설비가 간단하고 시설비가 저렴하다. → 수도직결방식의 특성이다.
　㈐ 수조의 설치 위치에 제한을 받지 않고 미관상 좋다. → 압력수조 방식의 특성이다.
　※ 급수 방식 [※ 부록 참고 : 건축계획 5-1]
　　㉠ **수도직결방식** : 수도본관에서 인입관을 따내어 급수하는 방식이다.
　　　• 정전 시에 급수가 가능하다.
　　　• 급수의 오염이 적다.
　　　• 소규모 건물에 주로 이용된다.
　　　• 설비비가 저렴하며 기계실이 필요없다.
　　㉡ **고가(옥상)탱크방식** : 수도본관의 인입관으로부터 상수를 일단 저수조에 저수한 후, 펌프를 이용하여 옥상 등 높은 곳에 설치한 고가수조에 양수하여 중력에 의해 건물 내의 필요한 곳에 급수하는 방식이다.
　　　• 일정한 수압으로 급수할 수 있다.
　　　• 단수, 정전 시에도 급수가 가능하다.
　　　• 배관부속품의 파손이 적다.
　　　• 저수량을 확보하여 일정 시간 동안 급수가 가능하다.
　　　• 대규모 급수설비에 가장 적합하다.
　　　• 저수조에서의 급수오염 가능성이 크다.
　　　• 저수시간이 길어지면 수질이 나빠지기 쉽다.
　　　• 옥상탱크의 하중 때문에 구조검토가 요구된다.
　　　• 설비비, 경상비가 높다
　　㉢ **압력탱크방식** : 수조의 물을 펌프로 압력탱크에 보내고 이곳에서 공기를 압축, 가압하며 그 압력으로 건물 내에 급수하는 방식으로 탱크의 설치위치에 제한을 받지 않고 국부적으로 고압을 필요로 하는 곳에 적합하며 옥상에 탱크를 설치하지 않아 건축물의 구조를 강화할 필요가 없다. 그러나 급수압이 일정하지 않으며 펌프의 양정이 커서 시설비가 많이 들며 정전이나 단수 시 급수가 중단된다.
　　　• 옥상탱크가 필요 없으므로 건물의 구조를 강화할 필요가 없다.
　　　• 고가 시설 등이 불필요하므로 외관상 깨끗하다.
　　　• 국부적으로 고압을 필요로 하는 경우에 적합하다.
　　　• 탱크의 설치 위치에 제한을 받지 않는다.
　　　• 최고 · 최저압의 차가 커서 급수압이 일정하지 않다.
　　　• 탱크는 압력에 견디어야 하므로 제작비가 비싸다.
　　　• 저수량이 적으므로 정전이나 펌프 고장 시 급수가 중단된다.
　　　• 에어 컴프레서를 설치하여 때때로 공기를 공급해야 한다.
　　　• 취급이 곤란하며 다른 방식에 비해 고장이 많다.
　　㉣ **탱크가 없는 부스터방식** : 수도본관으로부터 물을 일단 저수조에 저수한 후 급수펌프만으로 건물 내에 급수하는 방식으로 부스터 펌프 여러 대를 병렬로 연결하고 배관 내의 압력을 감지하여 펌프를 운전하는 방식이다.
　　　• 옥상탱크가 필요없다.
　　　• 수질오염의 위험이 적다.
　　　• 펌프의 대수제어운전과 회전수제어 운전이 가능하다.
　　　• 펌프의 토출량과 토출압력조절이 가능하다.
　　　• 최상층의 수압도 크게 할 수 있다.
　　　• 펌프의 교호운전이 가능하다.
　　　• 펌프의 단락이 잦으므로 최근에는 탱크가 있는 부스터 방식이 주로 사용된다.

정답 및 해설 4.③　5.②　6.②

7 공기조화 중 덕트 방식과 설명을 옳게 짝지은 것은?

〈보기 1〉

(개) 송풍량을 일정하게 하고 실내의 열 부하 변동에 따라 송풍온도를 변화시키는 방식으로 에너지 소비가 크다.

(내) 송풍온도를 일정하게 하고 실내 부하 변동에 따라 취출구 앞에서 송풍량을 변화시켜 제어하는 방식으로 에너지 절감 효과가 크다.

(대) 각 존의 부하 변동에 따라 냉·온풍을 공조기에서 혼합하여 각 실내로 송풍한다.

(래) 공조계통을 세분화하여 각 층마다 공조기를 배치한다.

〈보기 2〉

㉠ 정풍량 방식(CAV)
㉡ 변풍량 방식(VAV)
㉢ 멀티 존 유닛(Multi Zone Unit) 방식
㉣ 각층 유닛 방식

① (개) - ㉢
② (내) - ㉡
③ (대) - ㉣
④ (래) - ㉠

8 「건축물의 피난·방화구조 등의 기준에 관한 규칙」에 따르면, 스프링클러가 설치되고 벽 및 반자의 실내에 접하는 부분이 불연재료로 마감된 11층의 경우 방화 구획의 설치 기준 최소 면적은?

① 바닥면적 200m^2
② 바닥면적 500m^2
③ 바닥면적 1,000m^2
④ 바닥면적 1,500m^2

7 ㈎ 정풍량 방식

㈏ 변풍량 방식

㈐ 멀티 존 유닛 방식

㈑ 각층 유닛 방식

※ 공조장치에 의한 분류

ㄱ 단일덕트 정풍량방식 : 공급덕트와 환기덕트에 의해 항상 일정풍량을 공급하는 방식이다.

ㄴ 닥일덕트 변풍량방식 : 덕트 말단에 VAV를 설치하여 온도는 일정하게 하고 송풍량만 조절하는 방식. 에너지절약이 가장 큰 방식이지만 변풍량 유닛을 설치해야 하므로 설비비가 정풍량방식보다 많이 든다.

ㄷ 이중덕트방식 : 냉풍, 온풍 2개의 공급덕트와 1개의 환기덕트로 구성된다. 실내의 취출구 앞에 설치한 혼합상자에서 룸서머스탯에 의하여 냉풍, 온풍을 조절하여 송풍량으로 실내 온도를 유지하는 방식이다.

ㄹ 멀티존방식 : 이중덕트방식과 달리 각 존의 부하변동에 따라 공조기 내에서 냉·온풍이 혼합되는 방식이다.

ㅁ 각층 유닛방식 : 공조계통을 세분화하여 각 층마다 공조기를 배치한 방식으로, 외기처리용 중앙공조기가 1차로 처리한 외기를 각 층에 설치한 각층 유닛에 보내 필요에 따라 가열 및 냉각하여 실내에 송풍하는 방식이다.

ㅂ 유인유닛방식 : 중앙에 설치된 1차공조기에서 냉각감습 또는 가열가습한 1차공기를 고속·고압으로 실내의 유인유닛에 보내어 유닛의 노즐에서 불어내고 그 압력으로 유인된 2차 공기가 유닛 내의 코일에 의해 냉각·가열되는 방식이다.

ㅅ 팬코일유닛방식 : 중앙기계실에서 냉수, 온수를 공급받아서 각 실내에 있는 소형공조기로 공조하는 방식이다.

8 방화구획의 설치기준

ㄱ 10층 이하의 층은 바닥면적 1천m²(스프링클러 기타 이와 유사한 자동식 소화설비를 설치한 경우에는 바닥면적 3천m²) 이내마다 구획할 것

ㄴ 매층마다 구획할 것. (다만, 지하 1층에서 지상으로 직접 연결하는 경사로 부위는 제외)

ㄷ 11층 이상의 층은 바닥면적 200m²(스프링클러 기타 이와 유사한 자동식 소화설비를 설치한 경우에는 600m²) 이내마다 구획할 것. 다만, 벽 및 반자의 실내에 접하는 부분의 마감을 불연재료로 한 경우에는 바닥면적 500m²(스프링클러 기타 이와 유사한 자동식 소화설비를 설치한 경우에는 1천500m²) 이내마다 구획하여야 한다.

ㄹ 필로티나 그 밖에 이와 비슷한 구조(벽면적의 2분의 1 이상이 그 층의 바닥면에서 위층 바닥 아래면까지 공간으로 된 것만 해당)의 부분을 주차장으로 사용하는 경우 그 부분은 건축물의 다른 부분과 구획할 것

정답 및 해설 7.② 8.④

9 시대별 건축에 대한 설명으로 가장 옳지 않은 것은?

① 초기의 고딕 건축은 나이브 벽의 다발 기둥이 정리되고 리브 그로인 볼트가 정착되면서 수직적으로 높아질 수 있었다.

② 낭만주의 건축은 독일을 중심으로 전개되었으며, 픽처레스크 개념으로 구성한 장식풍의 양식에 집중되었다.

③ 바로크 건축은 종교적 열정을 건축적으로 표현해 낸 양식이며, 역동적인 공간 또는 체험의 건축을 주요 가치로 등장시켰다.

④ 르네상스 건축은 이탈리아의 플로렌스가 발상지이며, 브루넬레스키의 플로렌스 성당 돔 증축에서 시작되었다.

10 〈보기〉에 해당하는 인물은?

〈보기〉

• 1919년 경성고등공업학교 졸업 후 13년간 조선총독부에서 근무
• 1932년 건축사무소 설립
• 적극적인 사회 활동과 참여, 한글 건축 월간지 발간
• 조선 생명 사옥(1930), 종로 백화점(1931), 화신 백화점(1935) 설계

---

① 박길룡   ② 박동진
③ 김순하   ④ 박인준

11 단지계획과 관련된 용어에 대한 설명으로 가장 옳지 않은 것은?

① 건폐율은 건물의 밀집도를 나타내며, 건축면적을 대지(토지)면적으로 나눈 후 백분율로 산정한다.

② 용적률은 토지의 고도집약 정도를 나타내며, 건물의 지상층 연면적을 대지(토지)면적으로 나눈 후 백분율로 산정한다.

③ 호수밀도는 토지와 인구와의 관계를 나타내며, 주거 인구를 토지면적으로 나누어서 산정한다.

④ 토지이용률은 건물의 바닥면적을 부지면적으로 나누어 백분율로 산정한다.

9 낭만주의 건축
  ㉠ 영국에서 19C에 들어와서 고전주의에 대한 반발로 중세 고딕건축을 채택하는 낭만주의 운동이 일어나서 독일, 프랑스 등지에서 발전하였다.
  ㉡ 고전주의는 먼 그리스, 로마의 고전을 모방했으나 낭만주의는 당시의 자기민족, 국가를 중심으로 특수성을 파악하고자 하였으며 그 중심은 고딕건축양식이었다.
  ㉢ 낭만주의 건축은 영국을 중심으로 전개되었으며, 픽처레스크 개념으로 구성한 장식풍의 양식에 집중되었다.

10 보기에 제시된 사항은 건축가 박길룡에 관한 사항들이다.
  ※ 한국의 근현대 건축가와 작품
    ㉠ 박길룡 : 화신백화점, 한청빌딩
    ㉡ 박동진 : 고려대학교 본관 및 도서관, 구 조선일보사
    ㉢ 이광노 : 어린이회관, 주중대사관
    ㉣ 김중업 : 프랑스대사관, 삼일로빌딩, 명보극장, 주불대사관
    ㉤ 김수근 : 국립부여박물관, 자유센터, 국회의사당, 경동교회, 남산타워
    ㉥ 강봉진 : 국립중앙박물관
    ㉦ 배기형 : 유네스코회관, 조흥은행 남대문지점

11 ③ 호수밀도는 주택 호수를 그 구역 내의 토지 면적으로 나눈 수치로 단위는 보통 '호/㏊'로 나타낸다. 주택지의 토지 이용도를 나타내는 지표가 되며, 또 여기에 1호당 평균 거주 인원을 곱해 인구 밀도를 구한다.

정답 및 해설 9.② 10.① 11.③

12 대중교통 중심 개발(TOD)에 대한 설명으로 가장 옳지 않은 것은?

① 무분별한 교외 지역 확산을 막고 중심적인 고밀 개발을 위하여 제시되었다.

② 경전철, 버스와 같은 대중교통 수단의 결절점을 중심으로 근린주구를 개발한다.

③ 주 도로를 따라 소매 상점과 시민센터 등이 배치되고 저층이면서 중간 밀도 정도의 주거가 계획된다.

④ 영국의 찰스 황태자에 의해 전개된 운동으로, 과거의 인간적이고 아름다운 경관을 지닌 주거 환경을 구성한다.

13 「주차장법 시행규칙」에 따르면, 노상주차장의 주차 대수가 40대일 경우 설치해야 하는 장애인 전용주차 구획의 최소기준에 해당하는 것은?

① 1면

② 2면

③ 3면

④ 4면

14 「장애인·노인·임산부 등의 편의증진 보장에 관한 법률 시행규칙」의 내용에 대한 설명으로 가장 옳지 않은 것은?

① 장애인 등의 통행이 가능한 접근로의 기울기는 지형상 곤란한 경우 12분의 1까지 완화할 수 있다.

② 장애인전용주차구역이 평행주차형식인 경우, 주차대수 1대에 대하여 폭 2미터 이상, 길이 6미터 이상으로 하여야 한다.

③ 건물을 신축하는 경우, 장애인이 이용 가능한 대변기의 유효바닥면적은 폭 1.6미터 이상, 깊이 2.0미터 이상이 되도록 설치하여야 한다.

④ 장애인 등의 통행이 가능한 복도 및 통로의 유효폭은 0.9미터 이상으로 하되, 복도의 양옆에 거실이 있는 경우에는 1.2미터 이상으로 할 수 있다.

12 대중교통 중심 개발(TOD)

    ㉠ TOD(Transit Oriented Development)는 미국 캘리포니아 출신의 건축가 피터 칼소프(Peter Calthorpe)가 제시한 이론이다.

    ㉡ 기존 도시 성장 과정에서 문제점으로 지적되었던 무분별한 도시의 외연적 팽창과 난개발 등에 문제의식을 가진 미국 건축 및 계획 관련 전문가들이 시작한 도시 개발 운동이다. '신도심주의' 또는 '신도시주의'로 번역된다.

    ㉢ 개인 승용차 의존적인 도시에서 탈피해 대중교통 이용에 역점을 둔 도시 개발 방식으로서 도심 지역을 대중 교통 체계가 잘 정비된 대중교통 지향형 복합 용도의 고밀도지역으로 정비하고, 외곽 지역은 저밀도 개발과 자연 생태 지역 보전을 추구한다.

    ㉣ 경전철, 버스와 같은 대중교통 수단의 결절점을 중심으로 근린주구를 개발하며 주도로를 따라 소매 상점과 시민센터 등이 배치되고 저층이면서 중간 밀도 정도의 주거가 계획된다.

    ㉤ 입지적으로 현재 역세권이거나 도심의 상업지역 등에 주상 복합 아파트 또는 두 개 이상의 용도가 복합된 복합 건물 형태로 개발되고 있다. (TOD 목적 자체가 지하철·기차역, 버스터미널 등 대중교통을 중심으로 도보권 내에 행정, 상업, 업무, 교육 등의 기능과 다양한 주택 등을 갖춘 복합 용도의 커뮤니티를 개발하는 것이기 때문이다.)

13 노상주차장에 설치해야 하는 장애인 전용주차구획

    ㉠ 주차대수 규모가 20대 이상 50대 미만인 경우 : 한 면 이상

    ㉡ 주차대수 규모가 50대 이상인 경우 : 주차대수의 2%부터 4%까지의 범위에서 장애인의 주차수요를 고려하여 해당 지방자치단체의 조례로 정하는 비율 이상

14 ④ 장애인 등의 통행이 가능한 복도의 유효폭은 1.2m 이상으로 하되, 복도의 양옆에 거실이 있는 경우에는 1.5m 이상으로 할 수 있다. [※ 부록 참고 : 건축계획 6−22]

정답 및 해설 12.④ 13.① 14.④

15 공연장 계획에 대한 설명으로 가장 옳지 않은 것은?

① 프로시니엄(Proscenium)은 그림의 액자와 같이 관객의 눈을 무대에 쏠리게 하는 시각적 효과를 갖게 하는 것으로, 일반적으로 정사각형의 형태가 가장 많다.

② 이상적인 공연장 무대 상부 공간의 높이는, 사이클로라마(Cyclorama) 상부에서 그리드아이언(Gridiron) 사이에 무대배경 등을 매달 공간이 필요하므로, 프로시니엄(Proscenium) 높이의 4배 정도이다.

③ 영화관이 아닌 공연장 무대의 폭은 적어도 프로시니엄 아치(Proscenium Arch) 폭의 2배, 깊이는 1배 이상의 크기가 필요하다.

④ 실제 극장의 경우 사이클로라마(Cyclorama)의 높이는 대략 프로시니엄(Proscenium) 높이의 3배 정도이다.

16 박물관 동선계획에 대한 〈보기〉의 내용으로 옳은 것을 모두 고른 것은?

〈보기〉
㉠ 대규모 박물관의 경우 직원 동선과 자료의 동선을 병용하여 효율성을 높이는 것을 고려할 수 있다.
㉡ 관람객 동선의 길이가 길어질 경우 적당한 위치에 짧은 휴식을 취할 수 있는 공간을 계획하는 것이 좋다.
㉢ 자료의 반출입 동선은 관람객에게 노출되지 않도록 계획한다.
㉣ 연구원(학예원) 동선은 관람객의 서비스나 직원과의 연락이 용이하게 계획한다.

① ㉠, ㉢   ② ㉠, ㉣
③ ㉡, ㉢   ④ ㉡, ㉣

17 「건축물의 피난·방화구조 등의 기준에 관한 규칙」에 따른 피난계단 및 특별피난계단에 대한 설명으로 가장 옳지 않은 것은?

① 건축물 내부에 설치하는 피난계단은 내화구조로 하고 피난층 또는 지상까지 직접 연결되도록 한다.

② 건축물의 내부에서 계단실로 통하는 출입구의 유효너비는 0.75미터 이상으로 하고, 그 출입구는 피난의 방향으로 열 수 있어야 한다.

③ 건축물의 바깥쪽에 설치하는 피난계단의 유효너비는 0.9미터 이상으로 하고 지상까지 직접 연결되도록 한다.

④ 피난계단 또는 특별피난계단은 돌음계단으로 하여서는 아니된다.

---

15 ① 프로시니엄(Proscenium)은 그림의 액자와 같이 관객의 눈을 무대에 쏠리게 하는 시각적 효과를 갖게 하는 것으로, 일반적으로 부채꼴의 형태가 가장 많다.

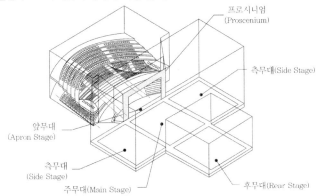

16 ㉠ [×] 대규모 박물관의 경우 직원 동선과 자료의 동선을 병용을 하게 되면 자료의 하역, 운반, 배치에 있어서 혼선을 초래하므로 바람직하지 않다.

㉣ [×] 연구원(학예원)은 박물관의 전시분야에 관한 연구를 하는 것이 주목적이므로 관람객의 서비스를 용이하도록 하는 것은 연구원의 동선계획 시 적합하지 않다.

17 ② 건축물의 내부에서 계단실로 통하는 출입구의 유효너비는 0.90미터 이상으로 하고, 그 출입구는 피난의 방향으로 열 수 있어야 한다.

정답 및 해설 15.① 16.③ 17.②

18 「건축법 시행령」의 용도별 건축물에 대한 설명으로 가장 옳은 것은?

① 다가구주택은 대지 내 동별 세대수를 합하여 19세대 이하가 거주할 수 있어야 한다.

② 다세대주택은 주택으로 쓰는 1개 동의 바닥면적 합계가 660제곱미터를 초과하고, 층수가 5개 층 이하인 주택을 말한다.

③ 아파트는 주택으로 쓰는 층수가 4개 층 이상인 주택을 말한다.

④ 다중주택은 학생 또는 직장인 등 여러 사람이 장기간 거주할 수 있도록 독립된 주거의 형태를 갖추어야 한다.

19 〈보기〉에서 「건축법 시행령」에 따른 피난층 또는 지상으로 통하는 직통계단까지의 보행거리 적용기준 중 옳은 항목을 모두 고른 것은?

〈보기〉

㉠ 거실 각 부분으로부터 계단에 이르는 보행거리는 30미터 이하를 기준으로 한다.

㉡ 주요구조부가 내화구조 또는 불연재료인 건축물(지하층에 설치하는 것으로서 바닥면적의 합계가 300제곱미터 이상인 공연장·집회장·관람장 및 전시장은 제외)의 경우에는 보행거리를 50미터 이하로 산정한다.

㉢ 주요구조부가 내화구조 또는 불연재료인 건축물 중 16층 이상인 공동주택의 경우에는 보행거리를 40미터 이하로 산정한다.

㉣ 자동화 생산시설에 자동식 소화설비를 설치한 공장으로서 국토교통부령으로 정하는 공장의 경우에는 보행거리를 75미터 이하로 산정하며, 무인화 공장의 경우에는 100미터 이하로 산정한다.

---

① ㉠

② ㉡, ㉢

③ ㉠, ㉡, ㉣

④ ㉠, ㉡, ㉢, ㉣

20 「건축법 시행령」에 따른 건축물의 높이 산정 방법으로 가장 옳지 않은 것은?

① 대지에 접하는 전면도로의 노면에 고저차가 있는 경우, 그 건축물이 접하는 범위의 전면도로 부분의 수평거리에 따라 가중평균한 높이의 수평면을 전면 도로면으로 본다.

② 건축물의 대지의 지표면이 전면도로보다 높은 경우, 그 고저차의 2분의 1의 높이만큼 올라온 위치에 그 전면도로의 면이 있는 것으로 본다.

③ 옥상에 설치되는 승강기탑·계단탑·망루 등으로서 그 수평투영면적의 합계가 해당 건축물 건축면적의 8분의 1 이하의 경우에는 그 부분의 높이가 15미터를 넘는 부분만 해당 건축물의 높이에 산입한다.

④ 지붕마루장식·굴뚝·방화벽의 옥상돌출부나 그 밖에 이와 비슷한 옥상돌출물과 난간벽(그 벽면적의 2분의 1이상이 공간으로 되어 있는 것만 해당)은 그 건축물의 높이에 산입하지 아니한다.

---

18 ② 다세대주택은 주택으로 쓰는 1개 동의 바닥면적 합계가 660제곱미터 이하이고, 층수가 4개 층 이하인 주택을 말한다.

③ 아파트는 주택으로 쓰는 층수가 5개 층 이상인 주택을 말한다.

④ 다중주택은 학생 또는 직장인 등 여러 사람이 장기간 거주할 수 있으나 독립된 주거의 형태를 갖추지 않아야 하며(각 실별로 욕실은 설치할 수 있으나 취사시설이 설치되지 아니한 것을 의미한다.) 1개동의 주택으로 쓰이는 바닥면적의 합계가 330제곱미터 이하이고, 주택으로 쓰는 층수(지하층은 제외한다.)가 3개층 이하인 것을 말한다.

19 건축법 시행령 제34조(직통계단의 설치) 제1항

건축물의 피난층 외의 층에서는 피난층 또는 지상으로 통하는 직통계단(경사로를 포함)을 거실의 각 부분으로부터 계단(거실로부터 가장 가까운 거리에 있는 1개소의 계단을 말한다)에 이르는 <u>보행거리가 30미터 이하가 되도록 설치해야 한다.(⊙)</u> 다만, 건축물(지하층에 설치하는 것으로서 바닥면적의 합계가 300제곱미터 이상인 공연장·집회장·관람장 및 전시장은 제외)의 주요구조부가 내화구조 또는 불연재료로 된 건축물은 그 보행거리가 <u>50미터(ⓛ)</u>(층수가 16층 이상인 공동주택은 <u>40미터(ⓒ)</u> 이하가 되도록 설치할 수 있으며, <u>자동화 생산시설에 스프링클러 등 자동식 소화설비를 설치한 공장으로서 국토교통부령으로 정하는 공장인 경우에는 그 보행거리가 75미터(무인화 공장인 경우에는 100미터) 이하(ⓐ)</u>가 되도록 설치할 수 있다.

20 ③ 건축물의 옥상에 설치되는 승강기탑·계단탑·망루·장식탑·옥탑 등으로서 그 수평투영면적의 합계가 해당 건축물 건축면적의 8분의 1(「주택법」 제15조제1항에 따른 사업계획승인 대상인 공동주택 중 세대별 전용면적이 85제곱미터 이하인 경우에는 6분의 1) 이하인 경우로서 그 부분의 높이가 12미터를 넘는 경우에는 그 넘는 부분만 해당 건축물의 높이에 산입한다.

정답 및 해설 18.① 19.④ 20.③

1 미술관 출입구 계획에 대한 설명으로 옳지 않은 것은?

① 일반 관람객용과 서비스용 출입구를 분리한다.

② 상설전시장과 특별전시장은 입구를 같이 사용한다.

③ 오디토리움 전용 입구나 단체용 입구를 예비로 설치한다.

④ 각 출입구는 방재시설을 필요로 하며 셔터 등을 설치한다.

2 「건축물의 피난·방화구조 등의 기준에 관한 규칙」상 특별피난계단의 구조에 대한 설명으로 옳은 것만을 모두 고르면?

> ㉠ 계단실에는 예비전원에 의한 조명설비를 할 것
> ㉡ 계단실의 실내에 접하는 부분의 마감은 난연재료로 할 것
> ㉢ 계단은 내화구조로 하고 피난층 또는 지상까지 직접 연결되도록 할 것
> ㉣ 출입구의 유효너비는 0.9미터 이상으로 하고 피난의 방향으로 열 수 있을 것
> ㉤ 건축물의 내부와 접하는 계단실의 창문등(출입구를 제외한다)은 망이 들어 있는 유리의 붙박이창으로서 그 면적을 각각 1제곱미터 이하로 할 것

① ㉠, ㉡, ㉤

② ㉠, ㉢, ㉣

③ ㉠, ㉢, ㉣, ㉤

④ ㉡, ㉢, ㉣, ㉤

3 「건축법 시행령」상 면적 등의 산정방법에 대한 설명으로 옳지 않은 것은?

① 층고는 방의 바닥구조체 아랫면으로부터 위층 바닥구조체의 아랫면까지의 높이로 한다.

② 처마높이는 지표면으로부터 건축물의 지붕틀 또는 이와 비슷한 수평재를 지지하는 벽·깔도리 또는 기둥의 상단까지의 높이로 한다.

③ 지하주차장의 경사로는 건축면적에 산입하지 아니한다.

④ 해당 건축물의 부속용도인 경우 지상층의 주차용으로 쓰는 면적은 용적률 산정 시 제외한다.

---

1 상설전시장과 특별전시장은 입구를 서로 분리해야 한다. 일반적으로 특별전시장은 상설전시장보다 높은 입장료를 받는 기획전시물들이 전시되는 공간이기도 하며 출입에 제한을 둘 필요가 있다.

2 ⓛ 계단실 및 부속실의 실내에 접하는 부분(바닥 및 반자 등 실내에 면한 모든 부분을 말한다)의 마감(마감을 위한 바탕을 포함한다)은 불연재료로 할 것
　 ⓜ 계단실의 노대 또는 부속실에 접하는 창문등(출입구를 제외한다)은 망이 들어 있는 유리의 붙박이창으로서 그 면적을 각각 1제곱미터 이하로 할 것

※ 특별피난계단의 구조

• 건축물의 내부와 계단실은 노대를 통하여 연결하거나 외부를 향하여 열 수 있는 면적 1제곱미터 이상인 창문(바닥으로부터 1미터 이상의 높이에 설치한 것에 한한다) 또는 「건축물의 설비기준 등에 관한 규칙」 제14조의 규정에 적합한 구조의 배연설비가 있는 면적 3제곱미터 이상인 부속실을 통하여 연결할 것

• 계단실·노대 및 부속실(「건축물의 설비기준 등에 관한 규칙」 제10조제2호 가목의 규정에 의하여 비상용승강기의 승강장을 겸용하는 부속실을 포함한다)은 창문 등을 제외하고는 내화구조의 벽으로 각각 구획할 것

• 계단실 및 부속실의 실내에 접하는 부분(바닥 및 반자 등 실내에 면한 모든 부분을 말한다)의 마감(마감을 위한 바탕을 포함한다)은 불연재료로 할 것

• 계단실에는 예비전원에 의한 조명설비를 할 것

• 계단실·노대 또는 부속실에 설치하는 건축물의 바깥쪽에 접하는 창문등(망이 들어 있는 유리의 붙박이창으로서 그 면적이 각각 1제곱미터 이하인 것을 제외한다)은 계단실·노대 또는 부속실 외의 당해 건축물의 다른 부분에 설치하는 창문 등으로부터 2미터 이상의 거리를 두고 설치할 것

• 계단실에는 노대 또는 부속실에 접하는 부분외에는 건축물의 내부와 접하는 창문등을 설치하지 아니할 것

• 계단실의 노대 또는 부속실에 접하는 창문등(출입구를 제외한다)은 망이 들어 있는 유리의 붙박이창으로서 그 면적을 각각 1제곱미터 이하로 할 것

• 노대 및 부속실에는 계단실외의 건축물의 내부와 접하는 창문등(출입구를 제외한다)을 설치하지 아니할 것

• 건축물의 내부에서 노대 또는 부속실로 통하는 출입구에는 제26조에 따른 갑종방화문을 설치하고, 노대 또는 부속실로부터 계단실로 통하는 출입구에는 제26조에 따른 갑종방화문 또는 을종방화문을 설치할 것. 이 경우 갑종방화문 또는 을종방화문은 언제나 닫힌 상태를 유지하거나 화재로 인한 연기 또는 불꽃을 감지하여 자동적으로 닫히는 구조로 해야 하고, 연기 또는 불꽃으로 감지하여 자동적으로 닫히는 구조로 할 수 없는 경우에는 온도를 감지하여 자동적으로 닫히는 구조로 할 수 있다.

• 계단은 내화구조로 하되, 피난층 또는 지상까지 직접 연결되도록 할 것

• 출입구의 유효너비는 0.9미터 이상으로 하고 피난의 방향으로 열 수 있을 것

3 층고 : 방의 바닥구조체 윗면으로부터 위층 바닥구조체의 윗면까지의 높이로 한다. 다만, 한 방에서 층의 높이가 다른 부분이 있는 경우에는 그 각 부분 높이에 따른 면적에 따라 가중평균한 높이로 한다.

4 도서관의 서고계획에 대한 설명으로 옳지 않은 것은?

① 도서 증가에 따른 확장을 고려하여 계획한다.

② 내화, 내진 등을 고려한 구조로서 서가가 재해로부터 안전해야 한다.

③ 도서의 보존을 위해 자연채광을 하며 기계 환기로 방진, 방습과 함께 세균의 침입을 막는다.

④ 서고 공간 $1m^3$당 약 66권 정도를 보관한다.

5 현대적 학교운영방식인 개방형 학교(open school)에 대한 설명으로 옳지 않은 것은?

① 학생 개인의 능력과 자질에 따른 수준별 학습이 가능한 수요자 중심의 학교운영방식이다.

② 2인 이상의 교사가 협력하는 팀티칭(team teaching) 방식을 적용하기에 부적합하다.

③ 공간 계획은 개방화, 대형화, 가변화에 대응할 수 있어야 한다.

④ 흡음효과가 있는 바닥재 사용이 요구되며, 인공조명 및 공기조화 설비가 필요하다.

6 1인당 공기공급량(m^3/h)을 기준으로 할 때 다음과 같은 규모의 실내 공간에 1시간당 필요한 환기 횟수[회]는?

- 정원 : 500명
- 실용적 : 2,000 m^3
- 1인당 소요 공기량 : 40 m^3/h

① 8

② 10

③ 16

④ 25

7 **공연장에 대한 설명으로 옳은 것은?**

① 대규모 공연장의 경우 클락룸(clock room)의 위치는 퇴장 시 동선 흐름에 맞추어 1층 로비의 좌측 또는 우측에 집중배치한다.

② 오픈스테이지(open stage)형은 가까이에서 공연을 관람할 수 있으며 가장 많은 관객을 수용하는 평면형이다.

③ 객석이 양쪽에 있는 바닥면적 $800m^2$ 공연장의 세로통로는 80cm 이상을 확보한다.

④ 잔향시간은 객석의 용적과 반비례 관계에 있다.

---

4 도서의 보존을 위해서는 직사광선을 피해야 하므로 자연채광은 적합하지 않다. 또한 도서는 장기간 보존되어야 하므로 항온항습이 유지되어야 한다.

5 개방형학교(Open School)는 2인 이상의 교사가 협력하는 팀티칭(team teaching) 방식을 적용하기에 적합한 방식이다. 종래의 학급 단위로 하던 수업을 거부하고 개인의 자질과 능력 또는 경우에 따라서 학년을 없애고 그룹별 팀 티칭(team teaching, 교수학습제) 등 다양한 학습활동을 할 수 있게 만든 학교이다. 평면형은 가변식 벽구조로 하여 융통성을 갖도록 하고, 칠판, 수납장 등의 가구는 주로 이동식을 많이 사용한다. 또한 인공 조명을 주로 하며, 공기조화 설비가 필요하다. [※ 부록 참고 : 건축계획 1-9]

6 정원이 500명이므로 여기에 1인마다 1시간 동안 소요하는 공기량을 곱한 후 이를 실용적으로 나눈 값은 10이 된다.

7 ① 대규모 공연장의 경우 클락룸(clock room)의 위치는 관객의 퇴장 동선과 충돌이 일어나지 않도록 해야 한다.
② 오픈스테이지(open stage)형은 가까이에서 공연을 관람할 수 있으나 가장 많은 관객을 수용할 수 있는 형으로 볼 수는 없다. (가장 많은 관객의 수용이 가능한 형식은 아레나(arena)형식이다.)
④ Sabine의 잔향시간 T=0.16V/A(V:실의 체적, A:바닥면적)에 따라 잔향시간은 객석의 용적과 비례관계로 볼 수 있다.

정답 및 해설 4.③ 5.② 6.② 7.③

8 특수전시기법에 대한 설명으로 옳지 않은 것은?

① 디오라마 전시 – 사실을 모형으로 연출하여 관람시킬 수 있다.

② 파노라마 전시 – 벽면전시와 입체물이 병행되는 것이 일반적인 유형이다.

③ 아일랜드 전시 – 대형전시물, 소형전시물 등 전시물 크기와 관계없이 배치할 수 있다.

④ 하모니카 전시 – 전시 평면이 동일한 공간으로 연속 배치되어 다양한 종류의 전시물을 반복 전시하기에 유리하다.

9 주요 작품으로는 씨그램빌딩과 베를린 신 국립미술관 등이 있으며 "Less is more"라는 유명한 건축적 개념을 주장했던 건축가는?

① 미스 반 데어 로에

② 알바 알토

③ 프랭크 로이드 라이트

④ 루이스 설리반

10 병원건축의 간호 단위계획에 대한 설명으로 옳지 않은 것은?

① 공동병실은 주로 경환자의 집단수용을 위해 구성하며, 전염병 및 정신병 병실은 별동으로 격리한다.

② 1개의 간호사 대기소에서 관리할 수 있는 병상수는 일반적으로 30 ~ 40개 정도로 구성한다.

③ 오물처리실은 각 간호 단위마다 설치하는 것이 좋다.

④ PPC(progressive patient care)방식은 동일 질병의 환자들만을 증세의 정도에 따라 구분하여 간호 단위를 구성하는 것이다.

11 수격작용(water hammering) 방지 대책으로 옳지 않은 것은?

① 공기실(air chamber)을 설치한다.

② 유속을 느리게 한다.

③ 밸브작동을 천천히 한다.

④ 배관에 굴곡을 많이 만든다.

---

8 하모니카 전시는 전시평면이 하모니카의 흡입구처럼 동일한 공간으로, 연속되어 배치되는 전시기법으로 전시내용을 통일된 형식 속에서 규칙, 반복적으로 나타내므로 동일종류의 전시물을 반복 전시할 경우에 유리하다. (즉, 다양한 종류의 전시물을 반복 전시하기에는 불리한 방법이다.) 또한 전시체계가 질서정연하며 전시항목 구분이 짧고 명확하여 동선계획이 용이하다.

9 미스 반 데어 로에(Mies van der Rohe)
독일에서는 바우하우스의 학장으로, 미국에서는 일리노이 공과대학교의 학장으로 재직한 모더니즘 건축의 대가이다. "더 적은 것이 더 많은 것이다(Less is More)."라는 말로써 모더니즘의 특성을 압축하여 표현하였다.
콘크리트, 강철, 유리를 건축재료로 사용하여 고층 건축물들을 설계하였으며, 콘크리트와 철은 건물의 뼈로, 유리는 뼈를 감싸는 외피로서의 기능을 하였다. 주요 작품으로는 투켄트하트(Tugendhat) 저택, 바르셀로나 파빌리온, 시그램빌딩, 크라운 홀, 슈투트가르트의 바이젠호프 주택단지 등이 있다.

10 간호단위 구성(PPC) : 질병의 종류에 따라 구분하지 않고, 다음과 같이 분류되는 간호방식이다.
ⓐ **집중간호**(intensive care unit) : 밀도 높은 의료와 간호, 계속적인 관찰을 필요로 하는 중환자를 대상으로 한다.
ⓑ **보통간호**(intermediate care unit) : 집중간호와 자가간호의 중간적인 단위로 병상 점유율이 가장 높다.
ⓒ **자가간호**(self care unit) : 스스로 일상생활을 하는 데 별로 불편이 없는 환자들을 대상으로 한다.

11 배관에 굴곡이 많을수록 수격작용이 심해진다.
※ 수격작용
ⓐ **정의** : 관 속으로 물이 흐를 때 밸브를 갑자기 막으면 순간적으로 유속은 0이 되고 이로 인해 급격한 압력 증가가 생긴다. 이는 관내를 일정한 전파속도로 왕복하면서 충격을 주어(압력파의 작용) 큰 소음을 유발한다.
ⓑ **원인** : 좁은 관경, 과도한 수압과 유속, 밸브의 급조작으로 인한 유속의 급변
ⓒ **방지대책**
• 기구류 가까이에 공기실(에어챔버)를 설치한다.
• 관 지름을 크게 하여 수압과 유속을 줄이고 밸브는 서서히 조작한다.
• 도피밸브나 서지탱크를 설치하여 축적된 에너지를 방출하거나 관내의 에너지를 흡수하도록 한다.
• 급수배관의 횡주관에 굴곡부가 생기지 않도록 한다.

정답 및 해설 8.④ 9.① 10.④ 11.④

12 백화점 판매 매장의 배치형식 계획에 대한 설명으로 옳은 것은?

① 직각배치는 판매장 면적이 최대한으로 이용되고 배치가 간단하다.
② 사행배치는 많은 고객이 판매장 구석까지 가기 어렵다.
③ 직각배치는 통행폭을 조절하기 쉽고 국부적인 혼란을 제거할 수 있다.
④ 사행배치는 현대적인 배치수법이지만 통로폭을 조절하기 어렵다.

13 한국 목조건축의 구성요소 중 기둥에 적용된 의장 기법에 대한 설명으로 옳지 않은 것은?

① 배흘림은 평행한 수직선의 중앙부가 가늘어 보이는 착시현상을 교정하기 위한 기법이다.
② 민흘림은 상단(주두) 부분의 지름을 굵게 하여 안정감을 주는 기법이다.
③ 귀솟음은 중앙 기둥부터 모서리 기둥으로 갈수록 기둥 높이를 약간씩 높게 하는 기법이다.
④ 안쏠림은 모서리 기둥을 안쪽으로 약간 경사지게 하는 기법이다.

14 조선시대 궁궐에 대한 설명으로 옳지 않은 것은?

① 경복궁 - 근정전을 중심으로 하는 일곽의 중심건물은 남북축선상에 좌우 대칭으로 배치하였다.
② 창덕궁 - 인정전을 정전으로 하며 궁궐배치는 산기슭의 지형에 따라서 자유롭게 하였다.
③ 창경궁 - 명정전을 정전으로 하며 정전이 동향을 한 특유한 예로서 창덕궁의 서쪽에 위치한다.
④ 덕수궁 - 임진왜란 후에 선조가 행궁으로 사용하였으며 서양식 건물이 있다.

15 공기조화방식 중 패키지 유닛방식에 대한 설명으로 옳지 않은 것은?

① 설비비가 저렴하다.
② 각 유닛을 각각 단독으로 조절할 수 있다.
③ 일반적으로 진동과 소음이 적다.
④ 용량이 작으므로 대규모 건물에는 적합하지 않다.

12 진열장 배치유형

    ◯ **직각배치** : 진열장을 직각으로 배치하여 매장면적을 최대한 이용할 수 있으나 구성이 단순하여 단조로우며 고객의 통행량에 따라 통로폭을 조절할 수 없으므로 혼선을 야기할 수 있다.

    ◯ **사행배치** : 주통로 이외의 제2통로를 상하교통계를 향해서 45°사선으로 배치한 형태로 많은 고객이 판매장 구석까지 가기 쉬운 이점이 있으나 이형의 진열장이 필요하다.

    ◯ **방사배치** : 통로를 방사형으로 배치하여 고객의 시선 유도와 점원의 관리가 어려워 적용하기 어려운 기법이다.

    ◯ **자유 유선배치** : 자유롭게 진열장을 배치하는 형식으로 각 매장의 특징을 살려 고객에게 보여줄 수 있지만 매장의 변경 및 이동이 어려우므로 계획이 복잡하며 시설비가 많이 든다.

13 • **민흘림기둥** : 기둥머리의 직경이 기둥뿌리에 비해 작아 단면이 사다리꼴 형태를 가지는 기둥을 말한다.

    • **배흘림기둥** : 원기둥의 경우 기둥허리 부분이 가장 두껍고 기둥머리와 기둥뿌리쪽으로 갈수록 직경이 줄어드는 형태의 기둥을 말한다. 주로 아래에서 1/3 지점이 가장 두껍다. [※ 부록 참고 : 건축계획 3-4]

14 창경궁은 창덕궁의 남동쪽에 위치하며, 명정전을 정전으로 한다. 다른 궁궐의 정전이 남향인 데 비해 명정전은 유일하게 동향을 하고 있다. 이 때문에 성종은 '임금은 남쪽을 바라보고 정치를 하는데 명정전은 동쪽이니 임금이 나라를 다스리는 정전이 아니다' 라고 말했다고 전해진다. 창경궁은 창덕궁에 딸린 대비궁으로 지은 것으로 규모가 작은 편이며 크거나 중요한 국가행사보다는 비교적 작은 행사나 왕실의 잔치 등에 많이 활용되었다. [※ 부록 참고: 건축계획 3-3]

15 패키지유닛방식은 진동과 소음이 큰 편이다.

    ※ **패키지유닛방식** : 냉동기를 포함한 공기조화설비의 주요부분이 일체화된 방식으로 냉방만을 위한 유닛과 냉난방이 모두 가능한 히트펌프형 유닛이 있다.

    • 공장생산방식으로 생산되어 시공과 취급이 간단하며 설비비가 저렴하고 온도조절이 용이하다.

    • 유닛의 추가가 용이하며 기계실면적과 덕트스페이스가 작다.

    • 덕트가 길어지면 송풍이 곤란하고 소음이 크며, 대규모인 경우 유지관리가 어렵다.

정답 및 해설   12.①   13.②   14.③   15.③

16 열전달에 대한 설명으로 옳은 것은?

① 대류란 고체와 고체 사이의 접촉에 의한 열전달을 의미하고 전도란 고체 표면과 유체 사이에 열이 전달되는 형태이다.

② 물은 다른 재료보다 열용량이 커서 열을 저장하기에 좋은 재료이다.

③ 복사열은 대류와 마찬가지로 중력의 영향을 받으므로 아래로는 복사가 가능하나 위로는 복사가 불가능하다.

④ 물이 높은 곳에서 낮은 곳으로 흐르는 것과 마찬가지로 열도 높은 곳에서 낮은 곳으로 흐르므로 고온도에 있는 열을 저온도로 보내는 장치를 열 펌프(heat pump)라 한다.

17 복사난방 방식에 대한 설명으로 옳지 않은 것은?

① 매입 배관 시공으로 설비비가 비싸나 유지관리는 용이하다.

② 실내의 온도 분포가 균등하고 쾌감도가 우수하다.

③ 외기 급변에 따른 방열량 조절은 어려우나 층고가 높은 공간에서도 난방 효과가 우수하다.

④ 바닥의 이용도가 높으며 개방상태에서도 난방 효과가 있다.

18 분전반 설치 시 유의사항으로 옳지 않은 것은?

① 가능한 한 매층마다 설치하고 제3종 접지를 한다.

② 통신용 단자함이나 옥내 소화전함과 조화 있게 설치한다.

③ 조작상 안전하고 보수 · 점검을 하기 쉬운 곳에 설치한다.

④ 가능한 한 부하의 중심에서 멀리 설치한다.

16 ① 전도란 고체와 고체 사이의 접촉에 의한 열전달을 의미하고 대류란 고체 표면과 유체 사이에 열이 전달되는
형태이다.
③ 복사열은 중력의 영향을 받지 않으며 열원으로부터 모든 방향으로 방출된다.
④ 열은 본래 온도가 높은 곳에서 낮은 곳으로 흐르는데 이와 반대로 온도가 낮은 곳에서 온도가 높은 곳으로
흐르도록 인위적으로 열을 끌어올리는 장치를 열펌프(heat pump)라 한다.

17 복사난방방식은 수리 및 유지관리가 어렵다.
　　※ **복사난방의 특징**
　　• 실내의 수직온도분포가 균등하고 쾌감도가 높다.
　　• 방을 개방상태로 해도 난방효과가 높다.
　　• 바닥의 이용도가 높다.
　　• 대류가 적으므로 바닥면의 먼지가 상승하지 않는다.
　　• 외기의 급변에 따른 방열량 조절이 곤란하다.
　　• 시공이 어렵고 수리비, 설비비가 비싸다.
　　• 매입배관이므로 고장요소를 발견할 수 없다.
　　• 열손실을 막기 위한 단열층을 필요로 한다.
　　• 바닥하중과 두께가 증가한다.

18 분전반은 가능한 한 부하의 중심에 가까이 설치하여 부하의 컨트롤이 용이하게끔 배치해야 한다.

정답 및 해설 16.② 17.① 18.④

19 「건축기본법」에서 규정하여 건축의 공공적 가치를 구현하고자 하는 기본이념만을 모두 고르면?

> ㉠ 국민의 안전·건강 및 복지에 직접 관련된 생활공간의 조성
> ㉡ 사회의 다양한 요구를 조정하고 수용하며 경제활동의 토대가 되는 공간환경의 조성
> ㉢ 환경 친화적이고 지속가능한 녹색건축물 조성
> ㉣ 지역의 고유한 생활양식과 역사를 반영하고 미래세대에 계승될 문화공간의 창조 및 조성
> ㉤ 건축물의 안전·기능·환경 및 미관을 향상시킴으로써 공공복리의 증진에 이바지하는 것

① ㉠, ㉡, ㉣ ② ㉠, ㉣, ㉤
③ ㉡, ㉢, ㉤ ④ ㉡, ㉣, ㉤

20 건물정보모델링(BIM : building information modeling) 기술을 도입하여 설계단계에서 얻을 수 있는 장점들만을 모두 고르면?

> ㉠ 설계안에 대한 검토를 통해 설계 요구조건 등에 대한 만족 여부를 확인할 수 있다.
> ㉡ 정확한 물량 산출을 하여 공사비 견적에 활용할 수 있다.
> ㉢ 각 작업단위에서 필요한 자재 정보를 연동하여 공정계획 및 관리 효율을 향상시킬 수 있다.
> ㉣ 발주자에게 건물 모델 및 정보를 건물 운영 관리 시스템에 사용될 수 있도록 넘겨줄 수 있다.

① ㉠, ㉡ ② ㉠, ㉢
③ ㉡, ㉣ ④ ㉢, ㉣

19 건축기본법은 국가 및 지방자치단체와 국민의 공동의 노력으로 다음 각 호와 같은 건축의 공공적 가치를 구현함을 기본이념으로 한다.
1. 국민의 안전·건강 및 복지에 직접 관련된 생활공간의 조성
2. 사회의 다양한 요구를 조정하고 수용하며 경제활동의 토대가 되는 공간환경의 조성
3. 지역의 고유한 생활양식과 역사를 반영하고 미래세대에 계승될 문화공간의 창조 및 조성

20 ⓒ BIM기술의 도입을 통해 설계 이후의 시공단계에서 각 작업단위에서 필요한 자재 정보를 연동하여 공정계획 및 관리 효율을 향상시킬 수 있다.
ⓔ BIM기술을 활용하여 건축물이 완공된 후 유지관리단계에서 발주자에게 건물 모델 및 정보를 건물 운영 관리 시스템에 사용될 수 있도록 넘겨줄 수 있다.

정답 및 해설 19.① 20.①

1 호텔건축에 대한 설명으로 옳지 않은 것은?

① 아파트먼트호텔은 리조트호텔의 한 종류로 스위트룸과 호화로운 설비를 갖추고 있는 호텔이다.

② 리조트호텔은 조망 및 자연환경을 충분히 고려하고 있으며, 호텔 내외에 레크리에이션 시설을 갖추고 있다.

③ 터미널호텔은 교통기관의 발착지점에 위치하여 손님의 편의를 도모한 호텔이다.

④ 커머셜호텔은 주로 상업상, 업무상의 여행자를 위한 호텔로 도시의 번화한 교통의 중심에 위치한다.

2 은행 건축계획에 대한 설명으로 옳지 않은 것은?

① 주 출입구에 전실을 두거나 칸막이를 설치한다.

② 주 출입구는 도난방지를 위해 안여닫이로 하는 것이 좋다.

③ 은행 지점의 시설규모(연면적)는 행원 수 1인당 $16 \sim 26m^2$ 또는 은행실 면적의 $1.5 \sim 3$배 정도이다.

④ 금고실에는 도난이나 화재 등 안전상의 이유로 환기설비를 설치하지 않는다.

3 다음 설명에 해당하는 공장건축의 지붕 종류를 옳게 짝지은 것은?

> ㉠ 채광, 환기에 적합한 형태로, 환기량은 상부창의 개폐에 의해 조절될 수 있다.
> ㉡ 채광창을 북향으로 하는 경우 온종일 일정한 조도를 가진다.
> ㉢ 기둥이 적게 소요되어 바닥면적의 효율성이 높다.

	㉠	㉡	㉢
①	솟을지붕	샤렌지붕	평지붕
②	솟을지붕	톱날지붕	샤렌지붕
③	평지붕	샤렌지붕	뾰족지붕
④	평지붕	톱날지붕	뾰족지붕

---

1 아파트먼트호텔은 장기간 체재하는 데 적합한 호텔로서 각 객실에는 주방설비를 갖추고 있다. 리조트 호텔은 주로 관광객이나 휴양객을 위해 운영되는 호텔로서 해변호텔, 온천호텔, 스키 호텔, 산장 호텔, 클럽하우스, 모텔, 유스호스텔 등이 있다. 따라서 아파트먼트 호텔은 리조트호텔로 볼 수 없다.

2 금고실에는 화재 등의 발생 시 배연 등을 위해 반드시 환기설비를 설치해야 한다.

3 공장건축 지붕형식
㉠ **톱날지붕** : 채광창을 북향으로 하는 경우 온종일 일정한 조도를 가진다.
㉡ **뾰족지붕** : 직사광선을 어느 정도 허용하는 결점이 있다.
㉢ **솟을지붕** : 채광, 환기에 적합한 형태로, 환기량은 상부창의 개폐에 의해 조절될 수 있다.
㉣ **샤렌지붕** : 지붕 슬래브가 곡면으로 되어 있어 외력에 저항하도록 만들어진 지붕이므로 일반평지붕보다 기둥이 적게 소요된다.

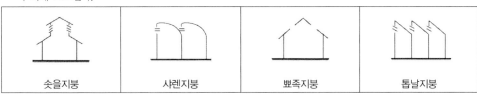

| 솟을지붕 | 샤렌지붕 | 뾰족지붕 | 톱날지붕 |

4 르네상스건축에 대한 설명으로 옳지 않은 것은?

① 일반적으로 층의 구획이나 처마 부분에 코니스(cornice)를 둘렀다.

② 수평선을 의장의 주요소로 하여 휴머니티의 이념을 표현하였다.

③ 건축의 평면은 장축형과 타원형이 선호되었다.

④ 건축물로는 메디치 궁전(Palazzo Medici), 피티 궁전(Palazzo Pitti) 등이 있다.

5 백화점 건축계획에서 에스컬레이터에 대한 설명으로 옳은 것은?

① 엘리베이터에 비해 점유면적이 크고 승객 수송량이 적다.

② 직렬식 배치는 교차식 배치보다 점유면적이 크지만, 승객의 시야 확보에 좋다.

③ 교차식 배치는 단층식(단속식)과 연층식(연속식)이 있다.

④ 엘리베이터를 2대 이상 설치하거나 1,000인/h 이상의 수송력을 필요로 하는 경우는 엘리베이터보다 에스컬레이터를 설치하는 것이 유리하다.

4 르네상스 시대에는 수학적 비례체계가 건축물의 기본적 구성원리였으며 수평선을 디자인의 주요소로 하여 인간의 사회관과 그 횡적인 유대를 강조하였다. 따라서 건축의 평면형태에서 장축형과 타원형을 선호했다고 볼 수는 없다.

르네상스 양식은 대칭, 비례, 기하학 및 부품의 규칙성에 중점을 두었으며 반원형 아치, 반구형 돔, 틈새 및 경계선의 사용뿐만 아니라 기둥, 필라스터 및 상인방의 정렬된 배열을 특징으로 한다.

5 ① 에스컬레이터는 엘리베이터에 비해 점유면적이 크고 승객 수송량이 많다.

③ 단층식(단속식)과 연층식(연속식)이 있는 방식은 병렬식 배치이다.

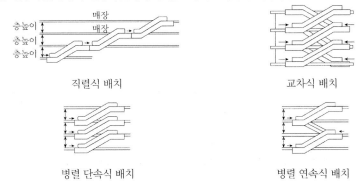

직렬식 배치   교차식 배치

병렬 단속식 배치   병렬 연속식 배치

④ 일반적으로 엘리베이터를 2대 정도만 설치해도 충분한 경우라면 고객의 수가 적다고 볼 수 있으며 에스컬레이터의 수송능력은 일반적으로 4,000~8,000/h로 대량수송에 효과적이다. 따라서 1,000 인/h 이상 정도인 경우에 에스컬레이터를 운용하는 것은 바람직하지 않다.

정답 및 해설   4.③   5.②

6 증기난방 중 진공환수식에 대한 설명으로 옳지 않은 것은?

① 환수관의 말단에 설치된 진공펌프가 증기트랩 이후의 환수관내를 진공압으로 만들어 강제적으로 응축수를 환수한다.

② 환수가 원활하고 급속히 이루어지므로 관경을 작게 할 수 있다.

③ 보일러와 방열기의 높이차를 충분히 유지할 수 있어야 한다.

④ 중력환수식 증기난방과 달리 환수관의 말단에 공기빼기 밸브를 설치할 필요가 없다.

7 병원의 건축계획에 대한 설명으로 옳은 것은?

① 병원은 전용주거지역, 전용공업지역을 제외한 모든 용도지역에서 건축이 허용된다.

② 병동부의 간호단위 구성 시 간호사의 보행거리는 약 24m 이내가 되도록 한다.

③ 수술실은 26.6℃ 이상의 고온, 55% 이상의 높은 습도를 유지하고, 3종 환기방식을 사용한다.

④ COVID-19 감염병 환자의 병실은 일반 병실과 분리하고 2종 환기방식을 사용한다.

8 배관 및 밸브 설비에 대한 설명으로 옳지 않은 것은?

① 동관이나 스테인리스강관은 내구성, 내식성이 우수하여 급수관이나 급탕관으로 적합하다.

② 급탕배관의 경우 슬루스밸브는 배관 내 공기의 체류를 유발하기 쉬우므로 글로브밸브를 사용하는 것이 좋다.

③ 체크밸브는 유체를 한 방향으로 흐르게 하고 반대 방향으로는 흐르지 못하게 하는 밸브이다.

④ 급탕배관의 경우 신축·팽창을 흡수 처리하기 위해 강관은 30m, 동관은 20m마다 신축이음을 1개씩 설치하는 것이 좋다.

6 진공환수식은 리프트 이음을 사용하여 환수를 위쪽 환수관으로 올릴 수 있으므로 방열기의 설치위치에 제한을 받지 않는다. 반면 자연(중력)순환식은 중력을 이용하여 응축수를 환수하므로 보일러와 방열기의 높이차가 충분히 있어야 한다.

※ 진공환수식

- 대규모 난방에 많이 사용되는 것으로 환수관의 끝, 보일러의 바로 앞에 진공펌프를 설치하여 환수관 내를 진공압으로 만들어 강제적으로 응축수 및 공기를 흡인하여 환수관의 진공도를 100~250mmHg로 유지하므로 응축수를 속히 배출시킬 수 있고 방열기 내의 공기도 빼낼 수 있다.
- 환수가 원활하고 급속히 이루어지므로 관경을 작게 할 수 있다.
- 환수관의 기울기를 1/200~1/300으로 낮게 할 수 있어 대규모 난방에 적합하다.
- 리프트 이음을 사용하여 환수를 위쪽 환수관으로 올릴 수 있으므로 방열기 설치위치에 제한을 받지 않는다.
- 중력환수식 증기난방과 달리 환수관의 말단에 공기빼기 밸브를 설치할 필요가 없다.

7 ① 병원은 종류에 따라 용도지역 안에서의 건축제한 규정을 달리 한다. 일반병원의 경우 전용주거지역, 유통상업지역, 자연환경보전지역에서 건축이 허용되지 않으며, 격리병원의 경우 모든 주거지역, 근린상업지역, 유통상업지역, 자연환경보전지역에서 건축이 허용되지 않는다. 그 외의 지역에서도 병원 종류 및 지역에 따라 도시·군계획 조례가 정하는 바에 따라 건축 제한 규정을 두고 있다.

③ 수술실은 26.6℃ 이상의 고온, 55% 이상의 높은 습도를 유지하고, 외부로부터의 세균 등의 유입을 최소화하기 위해 수술실 내부가 외부보다 높은 압력상태가 되어야 하므로 1종이나 2종 환기방식을 적용해야 한다.

④ COVID-19 감염병 환자의 병실은 일반 병실과 분리하고 병실내부의 바이러스가 외부로 나가지 못하도록 수술실 내부가 음압이 되는 음압격리병실과 같은 3종 환기방식으로 구성해야 한다.

> **음압격리병실**
> 병실 내부의 병원체가 외부로 퍼지는 것을 차단하는 특수 격리병실이다. 국내에서는 음압병실(Negative pressure room), 국제적으로는 감염병격리병실(Airborne Infection Isolation Room)이라고 표현한다.
> 이 시설은 병실내부의 공기압을 주변실보다 낮춰 공기의 흐름이 항상 외부에서 병실 안쪽으로 흐르도록 한다. 바이러스나 병균으로 오염된 공기가 외부로 배출되지 않도록 설계된 시설로 감염병 확산을 방지하기 위한 필수시설이다.

8 급탕배관의 경우 글로브밸브는 배관 내 공기의 체류를 유발하기 쉬우므로 슬루스밸브를 사용하는 것이 좋다.

정답 및 해설 6.③ 7.② 8.②

9 다음 설명에 해당하는 쾌적지표는?

> 온도, 기류, 습도를 조합한 감각지표로서 효과온도 또는 체감온도라고도 한다. 상대습도 (RH)가 100 %, 풍속 0 m/s인 임의 온도를 기준으로 정의한 것이며, 복사열은 고려하지 않는다.

① 작용온도
② 유효온도
③ 수정유효온도
④ 신유효온도

10 「실내공기질 관리법 시행규칙」상 PM-10 미세먼지에 대한 실내공기질 유지기준이 다른 것은? (단, 실내공기질에 미치는 기타 요소들은 동일한 상태이고 각각의 연면적은 3,000 m² 이상인 경우이다)

① 업무시설
② 학원
③ 지하역사
④ 도서관

9 • 유효온도 : 온도, 기류, 습도를 조합한 감각지표로서 효과온도 또는 체감온도라고도 한다. 상대습도(RH)가 100%, 풍속 0m/s인 임의 온도를 기준으로 정의한 것이며, 복사열은 고려하지 않는다.
- 수정유효온도 : 기존의 유효온도는 복사열을 고려하지 않았는데 이에 복사열까지 고려하여 산정하는 온열지표이다.
- 신유효온도 : 유효온도의 단점을 보완한 것으로, '온도, 습도, 기류, 복사열, 착의량, 인체대사량 6가지를 고려하여 나타낸 지표이다.
- 표준유효온도 : 상대습도 50%, 풍속 0.125m/s, 활동량 1met($58.2W/m^2$), 착의량 0.6clo의 환경일 때, 건구온도값의 변화에 따른 신유효온도값을 나타낸 선도이다.

온도	기호	기온	습도	기류	복사열
유효온도	ET	O	O	O	
수정유효온도	CET	O	O	O	O
신유효온도	ET^*	O	O	O	O
표준유효온도	SET	O	O	O	O
작용온도	OT	O		O	O
등가온도	E_qT	O		O	O
등온감각온도	$E_{qw}T$	O	O	O	O
합성온도	RT	O		O	O

10 지하역사, 도서관, 학원 등은 100($\mu g/m^3$) 이하여야 하나 업무시설은 200($\mu g/m^3$) 이하여야 한다.

다중이용시설 ＼ 오염물질 항목	미세먼지 (PM-10) ($\mu g/m^3$)	미세먼지 (PM-2.5) ($\mu g/m^3$)	이산화탄소 (ppm)	폼알데하이드 ($\mu g/m^3$)	총부유세균 (CFU/m^3)	일산화탄소 (ppm)
가. 지하역사, 지하도상가, 철도역사의 대합실, 여객자동차터미널의 대합실, 항만시설 중 대합실, 공항시설 중 여객터미널, 도서관 · 박물관 및 미술관, 대규모 점포, 장례식장, 영화상영관, 학원, 전시시설, 인터넷컴퓨터게임시설제공업의 영업시설, 목욕장업의 영업시설	100 이하	50 이하	1,000 이하	100 이하	–	10 이하
나. 의료기관, 산후조리원, 노인요양시설, 어린이집, 실내 어린이놀이시설	75 이하	35 이하		80 이하	800 이하	
다. 실내주차장	200 이하	–		100 이하		25 이하
라. 실내 체육시설, 실내 공연장, 업무시설, 둘 이상의 용도에 사용되는 건축물	200 이하	–	–	–	–	–

정답 및 해설 9.② 10.①

11 「건축법 시행령」상 막다른 도로의 길이에 따른 최소한의 너비 기준으로 옳은 것은?

	막다른 도로의 길이	도로의 너비
①	10m 미만	2m 이상
②	10m 미만	3m 이상
③	10m 이상 35m 미만	4m 이상
④	10m 이상 35m 미만	6m 이상

12 「국토의 계획 및 이용에 관한 법률」상 용도지역에 대한 설명으로 옳지 않은 것은? (단, 조례는 고려하지 않는다)

① 주거지역에서 건폐율의 최대한도는 70퍼센트이다.

② 자연환경보전지역에서 건폐율의 최대한도는 20퍼센트이다.

③ 계획관리지역이란 도시지역으로의 편입이 예상되는 지역이나 자연환경을 고려하여 제한적인 이용·개발을 하려는 지역으로서 계획적·체계적인 관리가 필요한 지역을 말한다.

④ 보전관리지역이란 자연환경·농지 및 산림의 보호, 보건위생, 보안과 도시의 무질서한 확산을 방지하기 위하여 녹지의 보전이 필요한 지역을 말한다.

11 • 막다른 도로의 길이가 10미터 미만인 경우 도로의 최소너비는 2미터
  • 막다른 도로의 길이가 10미터 이상 35미터 미만인 경우 도로의 최소너비는 3미터
  • 막다른 도로의 길이가 35미터 이상이면 도로의 최소너비는 6미터(단, 도시지역이 아닌 읍·면지역은 4미터)

12 ④는 도시지역 중 '녹지지역'에 대한 설명이다. 보전관리지역이란 관리지역 중 '자연환경 보호, 산림 보호, 수질 오염 방지, 녹지공간 확보 및 생태계 보전 등을 위하여 보전이 필요하나, 주변 용도지역과의 관계 등을 고려할 때 자연환경보전지역으로 지정하여 관리하기가 곤란한 지역'을 말한다.

※ 용도지역의 구분 및 건폐율

구분		건폐율	내용
도시지역	주거지역	70% 이하	거주의 안녕과 건전한 생활환경의 보호를 위하여 필요한 지역
	상업지역	90% 이하	상업이나 그 밖의 업무의 편익을 증진하기 위하여 필요한 지역
	공업지역	70% 이하	공업의 편익을 증진하기 위하여 필요한 지역
	녹지지역	20% 이하	자연환경·농지 및 산림의 보호, 보건위생, 보안과 도시의 무질서한 확산을 방지하기 위하여 녹지의 보전이 필요한 지역
관리지역	보전관리지역	20% 이하	자연환경 보호, 산림 보호, 수질오염 방지, 녹지공간 확보 및 생태계 보전 등을 위하여 보전이 필요하나, 주변 용도지역과의 관계 등을 고려할 때 자연환경보전지역으로 지정하여 관리하기가 곤란한 지역
	생산관리지역	20% 이하	농업·임업·어업 생산 등을 위하여 관리가 필요하나, 주변 용도지역과의 관계 등을 고려할 때 농림지역으로 지정하여 관리하기가 곤란한 지역
	계획관리지역	40% 이하	도시지역으로의 편입이 예상되는 지역이나 자연환경을 고려하여 제한적인 이용·개발을 하려는 지역으로서 계획적·체계적인 관리가 필요한 지역
농림지역		20% 이하	–
자연환경보전지역		20% 이하	–

정답 및 해설 11.① 12.④

13 다음 설명에 해당하는 공동주택의 단위주거 단면형식은?

> • 단위주거의 평면구성 제약이 적고 소규모도 설계가 용이하다.
> • 복도가 있는 경우 단위주거의 규모가 크면 복도가 길어져 공용 면적이 증가하며, 프라이버시에 있어 타 형식보다 불리하다.
> • 단위주거가 한 개의 층에만 한정된 형식이다.

① 메조넷형   ② 스킵 메조넷형
③ 트리플렉스형   ④ 플랫형

14 다음 설명에 해당하는 공포 양식을 적용한 건축물을 옳게 짝지은 것은?

> ㉠ 창방 위에 평방을 올리고 그 위에 공포를 배치한 형식
> ㉡ 소로와 첨차로 공포를 짜서 기둥 위에만 배치한 형식

	㉠	㉡
①	수원 화서문	강릉 객사문
②	영주 부석사 무량수전	서울 숭례문
③	서울 창경궁 명정전	예산 수덕사 대웅전
④	안동 봉정사 대웅전	경주 불국사 대웅전

15 개인적 공간(personal space)에 대한 설명으로 옳지 않은 것은?

① 개인 상호간의 접촉을 조절하고 바람직한 수준의 프라이버시를 이루는 보이지 않는 심리적 영역이다.
② 개인이 사용하는 공간으로서, 외부에 대하여 방어하는 한정되고 움직이지 않는 고정된 공간이다.
③ 개인의 신체를 둘러싸고 있는 기포와 같은 형태이다.
④ 홀(Edward T. Hall)은 대인간의 거리를 친밀한 거리(intimate distance), 개인적 거리(personal distance), 사회적 거리(social distance), 공적 거리(public distance)로 구분하였다.

13 제시된 특성들은 플랫형(단층형)에 관한 것이다.

　※ **단층형(플랫형)**
- 평면 계획이나 구조가 단순하고 시공이 간편하다.
- 평면 구성에 제약이 적고, 작은 면적에서도 설계가 가능하다.
- 공동 복도에 면하는 부분이 많으므로 주호의 프라이버시 유지가 어렵다.

　※ **복층형(메조네트형/듀플렉스/트리플렉스형)**
- 공용통로 면적을 절약할 수 있고, 엘리베이터의 정지 층을 감소시켜 경제적이다.
- 복도가 없는 층은 남북 면이 트여 있으므로 좋은 평면이 가능하다. 통로면적이 감소하고 임대면적이 증가하며 프라이버시가 가장 좋다.
- 거주성, 채광, 통풍, 프라이버시가 좋다.
- 작은 평형에는 비경제적이다.
- 단위 주거의 평면계획에 변화를 줄 수가 있다.
- 각 층(상하 층) 평면이 달라서 구조, 설비 등이 복잡하고 설계가 어렵다.
- 플랫형에 비해 통로면적 등의 공용면적이 감소하여 전용면적비가 증가한다.
- 트리플렉스형은 하나의 단위 주거가 3층으로 구성되어 있는 것으로 프라이버시 확보와 통로 면적의 절약은 메조네트형 보다 유리하다.
- 상당한 주호 면적이 없으면 융통성이 없게 되며, 피난 계획도 곤란하다.

　※ **스킵플로어형**
- 계단실형의 장점과 편복도형의 장점을 복합한 방식으로서 1층 또는 2층을 걸러 복도를 설치하고, 그 밖의 층에서는 복도가 없이 계단실로 각 단위 주거에 도달하는 형식이다.
- 복도가 없는 층(계단실형)에서는 채광, 통풍, 프라이버시가 좋다.
- 엘리베이터의 이용률이 높고, 경제적이다.
- 공용통로 면적을 줄일 수 있으므로 건물의 이용도가 높고 대지 이용률이 높다.
- 복도가 없는 층에서는 피난하는 데 결점이 있다.
- 복도가 없는 층은, 각 단위 주거에 이르는 동선이 길어지는 단점이 있다.

14 ㉠ 창방 위에 평방을 올리고 그 위에 공포를 배치한 형식 : 다포식

　㉡ 소로와 첨차로 공포를 짜서 기둥 위에만 배치한 형식 : 주심포식

　주어진 보기에 제시된 것을 양식에 따라 분류하면
- 주심포식 : 영주 부석사 무량수전, 예산 수덕사 대웅전, 강릉 객사문
- 다포식 : 서울 창경궁 명정전, 서울 숭례문, 안동 봉정사 대웅전, 경주 불국사 대웅전
- 익공식 : 수원 화서문

　[※ 부록 참고 : 건축계획 3-2]

15 개인적 공간(personal space) : 개개인의 신체 주변에 다른 사람이 들어올 수 없는 프라이버시 공간의 형태를 말하며 이는 상황에 따라 변화되는 유동적인 공간이다.

정답 및 해설 13.④ 14.③ 15.②

16 다음 설명에 해당하는 서양 근대건축운동과 가장 관련 있는 인물과 작품을 옳게 짝지은 것은?

> • 19세기 말 프랑스와 벨기에를 중심으로 전개된 예술운동 양식이다.
> • 과거의 복고주의에서 탈피하여 상징주의 형태와 패턴의 미학을 받아들였다.
> • 주로 곡선을 사용하고 식물을 모방하여 '꽃의 양식'으로도 불린다.

① 빅토르 호르타(Victor Horta) – 타셀 주택(Tassel House)

② 게리트 토머스 리트벨트(Gerrit Thomas Rietveld) – 슈뢰더 주택(Schröder House)

③ 안토니 가우디(Antoni Gaudi) – 로비 주택(Robie House)

④ 월터 그로피우스(Walter Gropius) – 바우하우스(Bauhaus)

17 사무소계획의 표준계단설계에서 계단 단높이(R)와 단너비(T)의 가장 적합한 실용적 표준설계치수 범위는?

	R	T	R + T
①	10 ~ 15cm	20 ~ 25cm	약 35cm
②	13 ~ 18cm	22 ~ 27cm	약 40cm
③	15 ~ 20cm	25 ~ 30cm	약 45cm
④	18 ~ 23cm	27 ~ 32cm	약 50cm

18 상점 건축계획에서 진열장 배치에 대한 설명으로 옳지 않은 것은?

① 직렬배열형은 통로가 직선이므로 고객의 흐름이 빠르며, 부분별 상품진열이 용이하고 대량 판매형식도 가능한 형태이다.

② 굴절배열형은 진열케이스의 배치와 고객동선이 굴절 또는 곡선으로 구성된 형태로 대면판매와 측면판매의 조합으로 이루어진다.

③ 복합형은 서로 다른 배치형태를 적절히 조합한 형태로 뒷부분은 대면판매 또는 카운터 접객부분으로 계획된다.

④ 환상배열형은 중앙에는 대형상품을 진열하고 벽면에는 소형상품을 진열하며 침구점, 의복점, 양품점 등에 적합하다.

---

16 제시문은 아르누보(Art Nouveau)에 대한 설명이다. 빅터 호르타는 대표적인 아르누보 건축가로, 타셀 주택, 살베이 주택, 인민의 집 등을 건축하였다. 또다른 아르누보 건축가로 안토니 가우디, 앙리 반 데 벨데 등이 있다.
② 게리트 토머스 리트벨트는 데 스틸 파에 속하며 슈뢰더 하우스를 건축하였다.
③ 로비 주택은 국제주의 건축가인 프랭크 로이드 라이트에 의해 건축되었다.
④ 바우하우스는 국제주의 건축가 그로피우스에 의해 설립·운영된 학교로, 미술과 공예, 사진, 건축 등을 교육한 기관이다. 그로피우스의 대표 작품으로는 파구스 공장, 데사우 바우하우스, 하버드 대학 그레듀에이트 센터 등이 있다.

17 사무소계획의 표준계단설계에서 계단 단높이(R)는 15 ~ 20cm, 단너비(T)는 25 ~ 30cm, 이 둘의 합은 약 45 cm를 적정한 것으로 본다.

18 환상배열형은 중앙에는 판매대 등을 설치하고 벽면에는 대형상품을 진열한 방식으로서 민속예술품점이나 수공예품점 등에 적합하다.

평면배치형	특 징	적용대상
굴절배열형	대면판매와 측면판매의 조합	안경점, 양품점, 모자점, 문방구
직렬배열형	고객의 흐름이 가장 빠름 부분별로 상품진열이 용이하여 대량판매형식도 가능	침구점, 전기용품, 서점, 식기점
환상배열형	중앙에 판매대 등을 설치하고 판대를 둘러싼 벽면에는 대형상품을 진열한 방식	민속예술품점, 수공예품점
복합형	위의 방식들을 조합시킨 방식	서점, 부인복점, 피혁제품점

정답 및 해설 16.① 17.③ 18.④

19 급수펌프에 대한 설명으로 옳은 것은?

① 펌프의 진공에 의한 흡입 높이는 표준기압상태에서 이론상 12.33m이나 실제로는 9m 이내이다.

② 히트펌프는 고수위 또는 고압력 상태에 있는 액체를 저수위 또는 저압력의 곳으로 보내는 기계이다.

③ 원심식 펌프는 왕복식 펌프에 비해 고속운전에 적합하고 양수량 조정이 쉬워 고양정 펌프로 사용된다.

④ 왕복식 펌프는 케이싱 내의 회전자를 회전시켜 케이싱과 회전자 사이의 액체를 압송하는 방식의 펌프이다.

20 전원설비에서 수변전설비의 용량 추정과 관련한 산식으로 옳지 않은 것은?

① 수용률(%) $= \dfrac{\text{부하설비용량(kW)}}{\text{최대수용전력(kW)}} \times 100$

② 부등률(%) $= \dfrac{\text{각 부하의 최대수용전력의 합계(kW)}}{\text{합계 부하의 최대수용전력(kW)}} \times 100$

③ 부하율(%) $= \dfrac{\text{평균수용전력(kW)}}{\text{최대수용전력(kW)}} \times 100$

④ 부하설비용량 $=$ 부하밀도$(\text{VA/m}^2) \times$ 연면적(m^2)

19 ① 펌프의 진공에 의한 흡입 높이는 표준기압상태에서 이론상 10.33m이나 실제로는 흡입관 내의 마찰손실이나 물속에 함유된 공기 등에 의해 7m 이상은 흡상하지 않는다.

② 히트펌프는 열을 저온에서 고온으로 이동시키는 장치들을 펌프로 비유한 개념이다.

④ 케이싱 내의 회전자를 회전시켜 케이싱과 회전자 사이의 액체를 압송하는 방식의 펌프는 원심식펌프이다.

20

$$수용률(\%) = \frac{평균수용전력(kW)}{부하설비전력(kW)} \times 100$$

※ 부하율, 부등률, 수용률의 정확한 이해

㉠ $부하율(\%) = \dfrac{평균수용전력(kW)}{최대수용전력(kW)} \times 100$

최대전력에 대한 시간당 평균 사용량을 의미한다. 즉, 부하율이 높다는 것은 매시간 거의 최대전력에 가깝게 사용한다는 것이고 부하율이 낮다는 것은 최대전력을 사용하는 시간 이외의 시간에는 가동률이 그만큼 낮다는 의미이다. 최대부하는 피크치이고 평균부하는 총 사용전력량을 총 사용시간으로 나눈 값이다.

㉡ $부등률(\%) = \dfrac{각\ 부하의\ 최대수용전력의\ 합계(kW)}{합계\ 부하의\ 최대수용전력(kW)} \times 100$

각 층의 최대수요전력의 합을 합성최대수요전력으로 나눈 값이다. 설비된 용량만큼 항상 가동을 하는 것이 아니기 때문에 DM(최대수요전력계)를 통해 각 층의 최대전력은 그보다 더 작을 것이므로 그만큼 더 적은 용량을 선정해도 된다는 개념이다. 예를 들어 1층의 최대수요전력이 100kVA, 2층의 최대수요전력이 30kVA, 3층의 최대수요전력이 20kVA로 나왔다면 150kVA의 변압기 용량보다 더 적어질 수 있다. (부하사용시간이 각 층이 전부 같지가 않기 때문이다. 부등률은 항상 1보다 같거나 크고 부등률이 1이라는 것은 극단적으로 보면 각층이 동시에 전기를 사용하고 동시에 전기를 끄는 것이고 1보다 큰 것은 각 층의 사용시간이 몰리지 않고 분산되는 것을 의미한다.)

㉢ $수용률(\%) = \dfrac{평균수용전력(kW)}{부하설비전력(kW)} \times 100$

최대수요전력을 설비용량으로 나눈 값이다. 설비용량이라는 것은 현재 전기를 사용하든 하지 않는 기기이든 전기를 소비할 수 있는 모든 기기의 용량의 합이며 최대전력은 일정기간 내에서 가장 전력을 많이 소모할 때의 전력사용량(피크치)을 의미한다. 즉, 수용률은 수용가에서 갖추고 있는 전기설비들에 대해서 최대로 전력을 많이 사용할 때의 비율이다.

정답 및 해설 19.③ 20.①

1 호텔 건축계획에 대한 설명으로 옳지 않은 것은?

① 직원용 출입구는 관리상 가급적 여러 개를 설치한다.
② 객실은 차음상 엘리베이터 샤프트와 거리를 두어 배치한다.
③ 숙박 고객과 연회 고객의 출입구는 분리하는 것이 좋다.
④ 물품 검수용 출입구는 검사 및 관리상 1개소로 한다.

2 사무소 건축계획에서 승강기 조닝(zoning)에 대한 설명으로 옳지 않은 것은?

① 더블데크(double deck) 방식은 단층형 승강기를 이용하며, 복합용도의 초고층건물에 적합하다.
② 스카이로비(sky lobby) 방식은 초고속의 셔틀(shuttle) 승강기를 설치한다.
③ 승강기 조닝(zoning)은 수송시간 단축, 유효면적 증가 등의 이점이 있다.
④ 컨벤셔널(conventional) 방식은 여러 층으로 구성된 1존(zone)을 1뱅크(bank)의 승강기가 서비스하는 방식이다.

3 연립주택 분류 중 중정형 주택(patio house)에 대한 설명으로 옳지 않은 것은?

① 아트리움 하우스(atrium house)라고도 한다.
② 내부세대의 좋지 않은 채광을 극복하기 위해 일부 세대들을 2층으로 구성할 수 있다.
③ 격자형의 단조로운 형태를 피하기 위해 돌출 또는 후퇴시킬 수 있다.
④ 경사지의 자연 지형 훼손을 최소화하기 위해 많이 활용되며, 한 세대의 지붕이 다른 세대의 테라스로 사용된다.

1 직원용 출입구를 여러 개를 설치할 경우 동선이 복잡하게 되어 관리상 여러 가지 문제가 발생할 수 있으므로 바람직하지 않다.

2 더블데크시스템(double deck system)은 동일 샤프트(shaft) 내에 2대분의 수송력을 가진 엘리베이터를 사용하고 정지층도 2개층으로 운행하는 방식이다.

3 경사지의 자연 지형 훼손을 최소화하기 위해 많이 활용되며, 한 세대의 지붕이 다른 세대의 테라스로 사용되는 것은 테라스형 주택이며 중정형과는 거리가 멀다.

ⓐ 중정형 주택
- 중앙에 중정을 두고 이를 거주용건물이 둘러싼 형식이다.
- 격자형의 단조로움을 피하기 위해 돌출, 후퇴시킬 수 있다. 입구의 연속적인 효과를 위해 도로나 공공보도에 면해 중정을 배치시켜 중정이 입구가 되게 한다.
- 높이, 휴식, 수영장 등 커뮤니티시설이나 오픈스페이스를 확보하기 위해 한 세대를 제거할 수 있다.
- 다양하고 풍부한 외부공간을 구성하기에 유리하다.
- 일조를 위한 방위조절이 어렵고, 고밀도의 유지도 어렵고 개성있는 설계나 변형된 평면구성이 어렵다.
- 일정한 대지에 몇 개의 주거군 건립을 중정을 중심으로 하게 되는데, 본인이 이해하는 것처럼 남향 이외의 층이 나올 수 밖에 없는 필연적 이유이다.
- 중정형의 경우 대부분 고층 아파트 형식 보다는 연립주택 유형으로 분류되어 이해하는 것에 따른 고층, 고밀의 한계, 대지를 벗어나지 못하고 그 범주에서 설계하게 되므로 평면구성의 한계가 있을 수밖에 없다.

ⓑ 테라스하우스
- 경사진 대지를 계획하여 배치하는 형태로 아래 세대의 옥상을 테라스로 갖는 이점이 있지만, 배면에 창호가 없으므로 각 세대의 깊이가 7.5m 이상일 경우 세대의 일조에 불리하다.
- 테라스 하우스(terrace house)는 대지의 경사도가 30°가 되면 윗집과 아랫집이 절반정도 겹치게 되어 평지보다 2배의 밀도로 건축이 가능하다.

ⓒ 파티오 하우스(patio house)는 1가구의 단층형 주택으로, 주거 공간이 마당을 부분적으로 또는 전부 에워싸고 있다.

ⓓ 테라스 하우스(terrace house)는 상향식이든 하향식이든 경사지에서는 스플릿 레벨(split level) 구성이 가능하다.

정답 및 해설 1.① 2.① 3.④

4 「건축법」상 '주요구조부'에 속하는 것만을 모두 고르면?

㉠ 내력벽	㉡ 작은 보
㉢ 주계단	㉣ 지붕틀
㉤ 옥외 계단	㉥ 최하층 바닥

① ㉠, ㉡, ㉢　　　　　　　　　　　② ㉠, ㉢, ㉣

③ ㉠, ㉢, ㉥　　　　　　　　　　　④ ㉡, ㉣, ㉤

5 「범죄예방 건축기준 고시」상 범죄예방 건축기준 용어의 정의에 대한 설명으로 옳지 않은 것은?

① '접근통제'란 출입문, 담장, 울타리, 조경, 안내판, 방범시설 등을 설치하여 외부인의 진·출입을 통제하는 것을 말한다.

② '영역성 확보'란 공적공간과 사적공간의 적극적 연계를 통해 지역 공동체(커뮤니티)를 증진하는 것을 말한다.

③ '활동의 활성화'란 일정한 지역에 대한 자연적 감시를 강화하기 위하여 대상 공간 이용을 활성화 시킬 수 있는 시설물 및 공간 계획을 하는 것을 말한다.

④ '자연적 감시'란 도로 등 공공 공간에 대하여 시각적인 접근과 노출이 최대화되도록 건축물의 배치, 조경, 조명 등을 통하여 감시를 강화하는 것을 말한다.

6 박물관 건축계획에서 배치유형에 대한 설명으로 옳은 것은?

① 분동형(pavilion type)은 단일 건축물 내에 크고 작은 전시실을 집약하는 형식으로, 가동적인 전시연출에 유리하다.

② 개방형(open plan type)은 분산된 여러 개의 전시실이 광장을 중심으로 건물군을 이루는 형식으로, 많은 관람객의 집합, 분산, 선별 관람에 유리하다.

③ 중정형(court type)은 중정을 중심으로 전시실을 배치한 형식으로, 실내·외 전시공간 간 유기적 연계에 유리하다.

④ 폐쇄형(closed plan type)은 분산된 여러 개의 전시실이 작은 광장 주변에 분산 배치 되는 형식으로, 자연채광을 도입하는 데 유리하다.

7 수격작용(water hammering)에 대한 설명으로 옳지 않은 것은?

① 수격작용은 밸브, 수전 등의 관내 흐름을 순간적으로 막을 때 발생한다.

② 수격작용이 발생하면 배관이나 기구류에 진동이나 소음이 발생한다.

③ 수격방지기구는 발생원이 되는 밸브와 가급적 먼 곳에 부착한다.

④ 수격작용을 방지하기 위하여 관내 유속을 가능한 한 느리게 한다.

---

4 주요구조부는 내력벽, 기둥, 바닥, 보, 지붕틀, 주계단이 해당되며 사이 기둥, 최하층바닥, 작은 보, 차양, 옥외 계단 등은 제외된다.

5 영역성은 주민에게 거시적인 영역의 소속감을 제공하여 범죄에 대한 관심을 높이고 잠재적 범죄자에게 그러한 영역성을 인식시키는 것이다.
  * **자연적 감시** : 자연적 감시는 건물·시설물의 배치에 있어 일반인들에 의한 가시권을 최대화하는 전략이다. (도로 등 공공 공간에 대하여 시각적인 접근과 노출이 최대화되도록 건축물의 배치, 조경, 조명 등을 통하여 감시를 강화하는 것을 말한다.)
  * **자연적 접근 통제** : 자연적 접근 통제는 보호되어야 할 공간에 대한 출입을 제어하여 범죄 목표에 대한 접근을 어렵게 하고 범죄 행위의 노출(발각) 가능성을 높이는 설계 원리를 말한다. (즉, 출입문, 담장, 울타리, 조경, 안내판, 방범시설 등을 설치하여 외부인의 진·출입을 통제하는 것을 말한다.)
  * **활동의 활성화** : 활동의 활성화는 주민들이 함께 어울릴 수 있는 환경을 조성하여 자연적인 감시 활동을 강화하는 것이다. (즉, 일정한 지역에 대한 자연적 감시를 강화하기 위하여 대상 공간 이용을 활성화 시킬 수 있는 시설물 및 공간 계획을 하는 것을 말한다.)
  * **유지 및 관리** : 유지 및 관리의 원리는 시설물을 깨끗하고 정상적으로 유지하여 범죄를 예방하는 것으로 깨진 창문 이론과 그 맥락을 같이 한다.

6 ① 집약형에 대한 설명이다. 분동형은 몇 개의 단독 전시관들이 Pavilion 형식으로 건물군을 이루고 핵이 되는 중심광장(Communicore)이 있어서 많은 관객의 집합, 분산, 휴식, 선별관람이 용이하도록 도와주는 형식이다. 중정형과 유사한 특성을 가지나 주로 규모가 큰 경우에 적용된다.
  ② 개방형은 공간 전체가 구획됨이 없이 개방된 형식으로, 전시 내용에 따라 가동적이다.
  ④ 폐쇄형(closed plan type)은 자연채광을 도입하는데 매우 불리하다.
  * **분동형 배치**
  –몇 개의 단독 전시관들이 Pavilion 형식으로 건물군을 이루고 핵이 되는 중심광장(Communicore)이 있어서 많은 관객의 집합, 분산, 휴식, 선별관람이 용이하도록 도와주는 것이 보통이고 "순환동선고리"를 고려해야 한다.
  –중정형과 유사한 특성을 가지나 주로 규모가 큰 경우에 적용된다.
  * **개방형 배치**
  –전시공간 전체가 구획됨이 없이 개방된 형식을 의미한다.
  –주로 미스 반 데어로에가 즐겨 쓰는 수법으로 필요에 따라 간이 칸막이로 구획하고 가변적인 공간의 이점을 잘만 살리면 효과적인 전시분위기를 연출할 수 있다.
  –내외부 공간의 구분이 투명한 유리벽 위주로 되어 있어 내부와 외부공간의 구분이 모호해지는 효과를 얻을 수 있다.

7 수격방지기구(에어챔버 등)는 발생원(주로 수전이 급폐쇄되는 곳)이 되는 밸브와 가급적 가까운 곳에 부착한다.

정답 및 해설 4.② 5.② 6.③ 7.③

8 그림의 밸브에 대한 설명으로 옳은 것은?

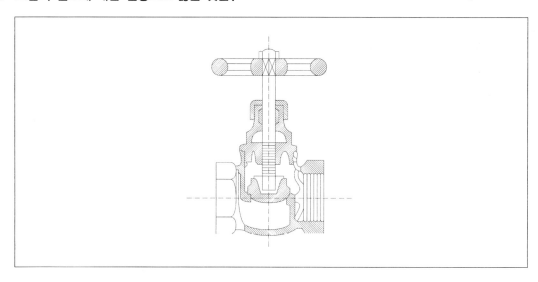

① 슬루스밸브(sluice valve)라고 하며, 유체의 흐름에 대하여 마찰이 적어 물과 증기의 배관에 주로 사용된다.

② 스톱밸브(stop valve)라고 하며, 유로 폐쇄나 유량 조절에 적합하다.

③ 체크밸브(check valve)라고 하며, 스윙형과 리프트형이 있고 그림은 리프트형을 나타낸 것이다.

④ 글로브밸브(globe valve)라고 하며, 쐐기형의 밸브가 오르내림으로써 유체의 흐름을 반대 방향으로 흐르지 못하게 한다.

---

8 제시된 그림은 스톱밸브(글로브밸브)로서 유로 폐쇄나 유량 조절에 적합하며 마찰저항(국부저항 상당관길이)이 가장 크다.

※ 밸브의 종류
- 슬루스밸브 : 게이트 밸브라고도 하며 마찰저항(국부저항 상당관길이)이 가장 작다. 급수 및 급탕용으로 가장 많이 사용되는 밸브이다.
- 글로브밸브 : 스톱밸브, 구형밸브라고도 하며 마찰저항(국부저항 상당관길이)이 가장 크다. (슬루스[게이트]밸브는 유량의 개폐를 목적으로 사용하며 글로브[스톱, 구형]밸브는 유량을 제어하는 것을 목적으로 한다.)

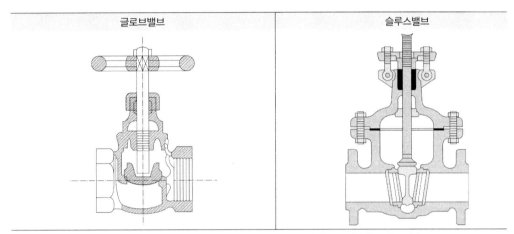

글로브밸브	슬루스밸브

- 앵글밸브 : 글로브 밸브의 일종으로 유체의 입구와 출구가 이루는 각이 90o가 되는 밸브이다.
- 콕 : 원추형의 꼭지를 90˚ 회전하여 유로를 급속히 개폐하는 장치
- 역지밸브 : 유체를 한 방향으로만 흐르게 하는 역류방지용 밸브로 수평관에만 사용할 수 있는 리프트형과 수평, 수직관 어디에서도 사용가능한 스윙형이 있다. 유량을 조절하는 기능은 없다.
- 스트레이너 : 밸브류 앞에 설치하여 배관내의 흙, 모래, 쇠부스러기 등을 제거하기 위한 장치이다.
- 버터플라이밸브 : 주로 저압공기와 수도용이며 밸브몸통이 유체내에서 단순회전하므로 다른 밸브보다 구조가 간단하고 압력손실이 적으며 조작이 간편하다.
- 공기빼기밸브 : 배관내의 유체속에 섞여 있던 공기가 유체에서 분리되어 굴곡배관이 높은 곳에 체류하면서 유체의 유량을 감소시키는데 이를 방지하기 위해 굴곡배관 상부에 공기빼기 밸브를 설치하여 분리된 공기와 기체를 자동적으로 빼내는데 사용된다.
- 볼밸브 : 통로가 연결된 파이프와 같은 모양과 단면으로 되어 있는 중간에 위치한 둥근 볼의 회전에 의하여 유체를 조절하는 밸브이다.
- 감압밸브 : 고압배관과 저압배관 사이에 설치하여 압력을 낮추어 일정하게 유지할 때 사용하는 것으로 다이어 프램식, 벨로우즈식, 파이롯트식 등이 있다.
- 안전밸브 : 증기, 압력수등의 배관계에 있어 그 압력이 일정한도 이상으로 상승했을 때 과잉압력을 자동적으로 외부에 방출하여 안전을 유지하는 밸브로서 증기보일러, 압축공기탱크, 압력탱크 등에 설치한다.
- 전동밸브 : 모터의 작동에 의해 자동으로 밸브를 조절개폐시킴으로써 각종 증기, 물, 오일 등의 온도, 압력, 유량 등을 자동제어하는데 사용된다.
- 플러시밸브 : 대소변기의 세정에 주로 사용되며 한 번 누르면 밸브가 작동되어 0.07MPa 이상의 수압으로 일정량의 물이 한꺼번에 나오며 서서히 자동으로 잠기는 밸브이다.
- 전자밸브 : 온도조절기 또는 압력조절기 등에 의해 신호전류를 받아 전자식의 흡인력을 이용하여 자동적으로 밸브를 개폐시키는 것으로 증기, 물, 기름, 공기, 가스 등 광범위하게 사용되고 있다.
- 플로트밸브 : 보일러의 급수탱크와 용기의 액면을 일정한 수위로 유지하기 위해 플로트를 수면에 띄워, 수위가 내려가면 플로트에 연결되어 있는 레버를 작동시켜서 밸브를 열어 급수를 한다. 또 일정한 수위로 되면 플로트도 부상하여 레버를 밀어내려 밸브가 닫히는 구조이며 일종의 자력식 조절밸브이다.
- 방열기밸브 : 증기용, 온수용 두 가지가 있으며 증기난방용 디스크밸브를 이용한 스톱밸브형이다. 이 밸브로는 방열량 조절(온수의 경우)도 가능하다. 유체흐름방향에 따라 앵글형, 직선형, 코너형으로 분류된다.

9 신·재생에너지에 대한 설명으로 옳지 않은 것은?

① 재생에너지는 햇빛이나 물과 같은 자연요소가 아닌 재생가능한 에너지를 변환시켜 이용하는 것이다.

② 수소에너지와 연료전지는 신에너지에 속한다.

③ 연료전지는 수소, 메탄 및 메탄올 등의 연료를 산화시켜서 생기는 화학에너지를 전기에너지로 변환시킨 것이다.

④ 「신에너지 및 재생에너지 개발·이용·보급 촉진법」에서 신·재생에너지 이용의무화 등을 규정하고 있다.

10 다음 중 근대 건축의 대표적인 건축가와 작품이 잘못 짝 지어진 것은?

① 미스 반 데어 로에(Mies van der Rohe) − 판스워스(Farnsworth) 주택

② 르 코르뷔제(Le Corbusier) − 롱샹(Ronchamp) 성당

③ 알바 알토(Alvar Aalto) − 소크(Salk) 생물학연구소

④ 발터 그로피우스(Walter Gropius) − 파구스(Fagus) 공장

11 다음 설명에 해당하는 설비는?

> 건물 내부의 각 층에 설치되어 화재 시 급수설비로부터 배관을 통하여 호스(hose)와 노즐(nozzle)의 방수압력에 따라 소화 효과를 발휘하는 설비이다. 소방대상물의 각 부분으로부터 수평거리 25m 이하에 설비를 설치하여야 한다.

① 드렌처 (drencher) 설비

② 스프링클러(sprinkler) 설비

③ 연결 송수관 설비

④ 옥내 소화전 설비

9 신·재생에너지 … 신에너지와 재생에너지를 합쳐 부르는 말로서 석탄, 석유, 원자력 및 천연가스 등의 화석연료를 대체할 수 있는 태양에너지, 바이오매스, 풍력, 수력, 연료전지, 석탄의 액화, 가스화, 해양에너지, 폐기물에너지 및 기타로 구분되고 있고 이외에도 지열, 수소, 석탄에 의한 물질을 혼합한 유동성 연료까지도 의미한다. 신재생에너지개발 및 이용·보급촉진법에 의하면 다음과 같이 분류된다.

ⓐ 재생에너지: 태양에너지, 풍력에너지, 수력에너지, 해양에너지, 지열에너지, 바이오에너지, 폐기물에너지

ⓑ 신에너지: 연료전지에너지, 석탄액화·가스화에너지, 수소에너지

10 소크(salk) 생물학연구소는 루이스칸의 작품이다.

- 미스 반 데어 로에(Mies van der Rohe): 바르셀로나 파빌리온, 판스워스주택, 시그램빌딩
- 르 코르뷔제(Le Corbusier): 빌라 사부아, 마르세유 집합주택, 라투레트 수도원, 롱샹성당
- 발터 그로피우스(Walter Gropius): 데사우 바우하우스교사, 아테네 미국대사관

11 제시된 보기는 옥내소화전에 관한 설명이다.

※ 소화설비

- 옥내소화전: 방수압력 0.17MPa, 방수량 130L/min, 건물의 각 부분에서 소화전까지의 수평거리는 25m 이내, 20분간 사용할 수 있어야 하며 동시개구수는 최대 5개
- 옥외소화전: 방수압력 0.25MPa, 방수량 350L/min, 건물외부 각 부분에서 소화전까지 수평거리 40m 이하, 20분간 사용할 수 있어야 하며 동시개구수는 최대 2개
- 스프링클러: 방수압력 0.1MPa, 방수량 80L/min, 설치간격 3m 이내(스프링클러 헤드 하나가 소화할 수 있는 면적은 $10m^2$), 20분간 사용할 수 있어야 하며 기준개수는 아파트(16층 이상)의 경우는 10개, 판매 및 복합상가, 11층 이상의 소방대상물은 30개
- 드렌처: 방수압력 0.1MPa, 방수량 80L/min, 설치간격은 2.5m 이하, 소화수량은 $1.6Nm^2$

정답 및 해설　9.① 　10.③ 　11.④

12 다음에서 설명하는 도시계획가는?

• 도시와 농촌의 관계에서 서로의 장점을 결합한 도시를 주장하였다.
• 그의 이론은 런던 교외 신도시지역인 레치워스(Letchworth)와 웰윈(Welwyn) 지역 등에서 실현되었다.
• 『내일의 전원도시(Garden Cities of Tomorrow)』를 출간하였다.
---

① 하워드(E. Howard) 　　　　　② 페리(C. A. Perry)

③ 페더(G. Feder) 　　　　　　④ 가르니에(T. Garnier)

13 학교 운영방식에 대한 설명으로 옳은 것은?

① 종합교실형은 초등학교 고학년에 가장 적합하다.

② 교과교실형은 모든 교실을 특정 교과를 위해 만들어 일반교실은 없으며 학생의 이동이 많은 방식이다.

③ 플래툰형은 학년과 학급을 없애고 학생들은 각자의 능력에 따라 교과를 선택하고 일정한 교과를 수료하면 졸업하는 방식이다.

④ 달톤형은 각 학급을 2분단으로 나누어 한쪽이 일반교실을 사용할 때 다른 한쪽은 특별교실을 사용한다.

14 자연형 태양열시스템 중 부착온실방식에 대한 설명으로 옳지 않은 것은?

① 집열창과 축열체는 주거공간과 분리된다.

② 온실(green house)로 사용할 수 있다.

③ 직접획득방식에 비하여 경제적이다.

④ 주거공간과 분리된 보조생활공간으로 사용할 수 있다.

12 보기의 사항들은 하워드(E. Howard)에 대한 설명들이다.

- 하워드(E. Howard)는 도시와 농촌의 장점을 결합한 전원도시(Garden City)계획안을 발표하고, 런던 교외 신도시 지역인 레치워스에서 실현하였다. 하워드의 전원도시 레치워스는 도시와 농촌의 장점을 결합하였다.
- 페리(C. A. Perry)는 일조문제와 인동간격의 이론적 고찰을 통하여 근린주구의 중심시설을 교회와 커뮤니티 센터로 하였다. 편익시설은 마을과 마을의 교차지점에 배치해야 한다.
- 페더는 일(day)중심, 주 중심, 월중심의 단계별 일상생활권의 개념을 확립했다. 단계적인 일상생활권을 바탕으로 자급자족적 소도시를 구상하였다.
- 아담스는 소주택의 근린지제안 및 중심시설은 공공시설과 상업시설이 위치한다고 하였다. 중심시설은 공민관과 상업시설이다.
- 라이트(H. Wright)와 스타인(C. S. Stein)은 자동차와 보행자를 분리한 슈퍼블록을 제안하였고, 쿨드삭(Cul-de-Sac)의 도로 형태를 제안하였다.
- 루이스는 현대도시계획을 제시하였고 어린이의 최대 통학거리를 1km로 산정하였다.
- 토니 가르니에는 철근콘크리트의 가능성을 최대한 활용하여 연속창, 유리벽, 지주, 돌출처마, 옥상정원, 평지붕을 개발하였고 이는 훗날 르코르뷔지에의 근대건축 5원칙에 지대한 영향을 미치게 된다.

13 ① 종합교실형은 초등학교 저학년에 가장 적합하다.
③ 플래툰은 각 학급을 2분단으로 나누어 한쪽이 일반교실을 사용할 때 다른 한쪽은 특별교실을 사용한다.
④ 달톤형은 학년과 학급을 없애고 학생들은 각자의 능력에 따라 교과를 선택하고 일정한 교과를 수료하면 졸업하는 방식이다.

14 자연형(페시브형) 태양열시스템은 환경계획적 측면이 큰 것이며 직접획득형과 간접획득형(축열벽형, 분리획득형, 부착온실형, 자연대류형, 이중외피구조형)으로 나뉜다.

- ㉠ **직접획득형** : 집열창을 통하여 겨울철에 많은 양의 햇빛이 실내로 유입되도록 하여 얻어진 태양에너지를 바닥이나 실내 벽에 열에너지로서 저장하여 야간이나 흐린날 난방에 이용할 수 있도록 한다. 일반건물에서 쉽게 적용되고 투과체가 다양한 기능을 갖지만 과열현상을 초래할 수 있다.
- ㉡ **간접획득형** : 태양에너지를 석벽, 벽돌벽 또는 물벽 등에 집열하여 열전도, 복사 및 대류와 같은 자연현상에 의하여 실내 난방효과를 얻을 수 있도록 한 것이다. 태양과 실내난방공간 사이에 집열창과 축열벽을 두어 주간에 집열된 태양열이 야간이나 흐린날 서서히 방출되도록 하는 것이다.
  - **축열벽방식** : 추운지방에서 유리하고 거주공간내 온도변화가 적으나 조망이 결핍되기 쉽다.
  - **부착온실방식** : 기존 재래식 건물에 적용하기 쉽고, 여유공간을 확보할 수 있으나 시공비가 높게 된다.
  - **축열지붕방식** : 냉난방에 모두 효과적이고, 성능이 우수하나 지붕 위에 수조 등을 설치하므로 구조적 처리가 어렵고 다층건물에서는 활용이 제한된다.
  - **자연대류방식** : 열손실이 가장 적으며 설치비용이 저렴하지만 설치위치가 제한되고 축열조가 필요하다.
- ㉢ **분리획득형** : 집열 및 축열부와 이음부를 격리시킨 형태이다. 이 방식은 실내와 단열되거나 떨어져 있는 부분에 태양에너지를 저장할 수 있는 집열부를 두어 실내난방필요시 독립된 대류작용에 의하여 그 효과를 얻을 수 있다. 즉, 태양열의 집열과 축열이 실내 난방공간과 분리되어 있어 난방효과가 독립적으로 나타날 수 있다는 점이 특징이다.

정답 및 해설 12.① 13.② 14.③

15 녹색건축물 조성 지원법령상 녹색건축물에 대한 설명으로 옳지 않은 것은?

① 녹색건축물이란 「저탄소 녹색성장 기본법」 제54조에 따른 건축물과 환경에 미치는 영향을 최소화하고 동시에 쾌적하고 건강한 거주환경을 제공하는 건축물을 말한다.

② 국토교통부장관은 지속가능한 개발의 실현과 자원절약형이고 자연친화적인 건축물의 건축을 유도하기 위하여 녹색건축 인증제를 시행한다.

③ 녹색건축 인증등급은 에너지 소요량에 따라 10등급으로 한다.

④ 녹색건축 인증의 유효기간은 녹색건축 인증서를 발급한 날부터 5년으로 한다.

16 도서관 건축계획 중 출납시스템에 대한 설명으로 옳지 않은 것은?

① 자유개가식은 도서가 손상되기 쉽고 분실 우려가 있다.

② 안전개가식은 도서 열람의 체크 시설이 필요하다.

③ 반개가식은 열람자가 직접 책의 내용을 열람하고 선택할 수 있어 출납시설이 불필요하다.

④ 폐가식은 대출받는 절차가 복잡하여 직원의 업무량이 많다.

17 병원 건축계획에 대한 설명으로 옳지 않은 것은?

① 간호단위의 크기는 1조(8~10명)의 간호사가 담당하는 병상수로 나타낸다.

② 병동부의 소요실로는 병실, 격리병실, 처치실 등이 있다.

③ 「의료법 시행규칙」상 '음압격리병실'은 보건복지부장관이 정하는 기준에 따라 전실 및 음압시설 등을 갖춘 1인 병실을 말한다.

④ CCU(Coronary Care Unit)는 요양시설과 같이 만성화되어 재원 기간이 긴 환자를 대상으로 하는 간호단위 구성이다.

15 녹색건축 인증 등급은 최우수(그린1등급), 우수(그린2등급), 우량(그린3등급) 또는 일반(그린4등급)으로 한다.

16 반개가식
- 열람자는 직접 서가에 면하여 책의 체재나 표시 정도는 볼 수 있으나 내용을 보려면 관원에게 요구하여 대출 기록을 남긴 후 열람하는 형식이다.
- 신간 서적 안내에 채용되며 대량의 도서에는 부적당하며 출납 시설이 필요하다.

17 ④ 만성화되어 재원기간이 긴 환자, 물리치료 환자 대상 : 장기간호
CCU(Coronary Care Unit) : 심장내과중환자실

정답 및 해설   15.③   16.③   17.④

18 건축화조명에 대한 설명으로 옳은 것만을 모두 고르면?

> ㉠ 조명이 건축물과 일체가 되는 조명방식으로 건축물의 일부가 광원의 역할을 한다.
> ㉡ 다운라이트 조명은 광원을 천장 또는 벽면 뒤쪽에 설치 후 천장 또는 벽면에 반사된 반사광을 이용하는 간접조명 방식이다.
> ㉢ 광천장 조명은 천장면에 확산투과성 패널을 붙이고 그 안쪽에 광원을 설치하는 방법이다.
> ㉣ 코브라이트 조명은 천장면에 루버를 설치하고 그 속에 광원을 설치하는 방법이다.

① ㉠, ㉡

② ㉠, ㉢

③ ㉡, ㉣

④ ㉢, ㉣

18 광원을 천장 또는 벽면 뒤쪽에 설치 후 천장 또는 벽면에 반사된 반사광을 이용하는 간접조명 방식은 바운스조명이다.

천장면에 루버를 설치하고 그 속에 광원을 설치하는 방식은 광천장조명이다.

※ **건축화 조명의 종류**

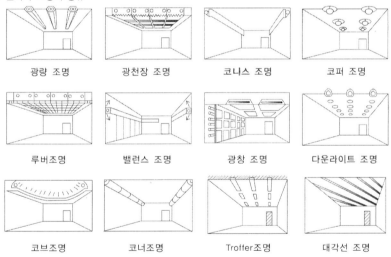

광량 조명	광천장 조명	코니스 조명	코퍼 조명
루버조명	밸런스 조명	광창 조명	다운라이트 조명
코브조명	코너조명	Troffer조명	대각선 조명

- **다운 라이트** : 천장에 작은 구멍을 뚫어 그 속에 광원을 매입한 것
- **코브 조명** : 광원을 눈가림판 등으로 가리고 빛을 천장에 반사시켜 간접조명하는 방식
- **코퍼 조명** : 실내의 천장면을 사각, 동그라미 등 여러 형태로 오려내고 그 속에 다양한 형태의 광원을 매입하여 단조로움을 피하는 방식
- **코니스 조명** : 광원을 벽면의 상부에 설치하여 빛이 아래로 비추도록 하는 조명방식
- **밸런스 조명** : 광원을 벽면의 중간에 설치하여 빛이 상하로 비추도록 하는 조명방식
- **광창 조명** : 광원을 벽에 설치하고 확산투과 플라스틱판이나 창호지 등으로 넓게 마감한 방식
- **광천장 조명** : 광원을 천장에 설치하고 그 밑에 루버나 확산투과 플라스틱판을 넓게 설치한 방식으로 천장 전면을 낮은 휘도로 빛나게 하는 방법

정답 및 해설 18.②

19 ㉠에 해당하는 공포의 구성 부재 명칭은?

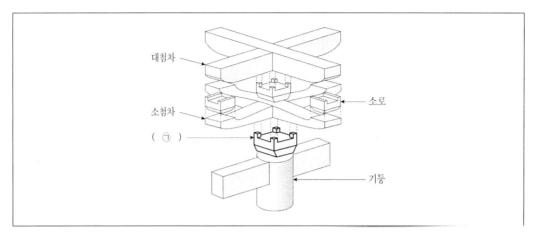

① 주두
② 평방
③ 살미
④ 창방

19 ㉠은 주두이다.

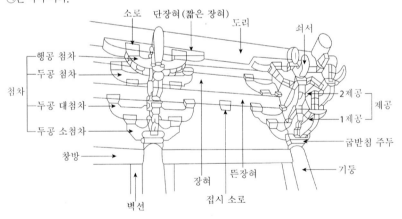

- **살미** : 주심(중심기둥)에서 보 밑을 받치거나, 좌우 기둥 중간에 도리, 장혀에 직교하여 받쳐 괸 쇠서(牛舌, 소의 혀) 모양의 공포 부재이다. 소의 혀 모양으로 만들어진 살미를 제공(齊工)이라 하고, 마구리(살미의 끝부분)가 새 날개 모양인 살미는 익공(翼工)이라 하며, 구름 모양은 운공(雲工)이라고 한다.
- **창방**(昌防) : 외진기둥을 한바퀴 돌아가면서 기둥머리를 연결하는 부재. 민도리집은 창방이 없고 도리나 장혀가 창방을 대신하는 경우가 많다.
- **평방**(平防) : 다포 건물에서 주간포를 받기 위해 창방 위에 수평으로 창방과 같은 방향으로 얹히는 부재

정답 및 해설 19.①

20 건축법령상 공개 공지 또는 공개 공간(이하 공개공지 등)에 대한 설명으로 옳지 않은 것은?

① 공개공지 등을 설치하는 경우 건축물의 용적률, 건폐율, 높이제한 등을 완화하여 적용할 수 있다.

② 공개 공지는 필로티의 구조로 설치하여서는 아니되며, 울타리를 설치하는 등 공개공지 등의 활용을 저해하는 행위를 해서는 아니 된다.

③ 공개공지 등의 면적은 대지면적의 100분의 10 이하의 범위에서 건축조례로 정하며, 이 경우 「건축법」제42조에 따른 조경면적을 공개공지 등의 면적으로 할 수 있다.

④ 공개공지 등에는 일정 기간 동안 건축조례로 정하는 바에 따라 주민들을 위한 문화행사를 열거나 판촉활동을 할 수 있다.

20 공개공지등의 확보 (건축법 시행령 제27조의2)

1. 법 제43조 제1항에 따라 다음 각 호의 어느 하나에 해당하는 건축물의 대지에는 공개 공지 또는 공개 공간 (이하 이 조에서 "공개공지등"이라 한다)을 설치해야 한다. 이 경우 공개 공지는 필로티의 구조로 설치할 수 있다.

　가. 문화 및 집회시설, 종교시설, 판매시설(「농수산물 유통 및 가격안정에 관한 법률」에 따른 농수산물유통 시설은 제외한다), 운수시설(여객용 시설만 해당한다), 업무시설 및 숙박시설로서 해당 용도로 쓰는 바 닥면적의 합계가 5천 제곱미터 이상인 건축물

　나. 그 밖에 다중이 이용하는 시설로서 건축조례로 정하는 건축물

2. 공개공지등의 면적은 대지면적의 100분의 10 이하의 범위에서 건축조례로 정한다. 이 경우 법 제42조에 따른 조경면적과 「매장문화재 보호 및 조사에 관한 법률」 제14조 제1항 제1호에 따른 매장문화재의 현지보존 조치 면적을 공개공지등의 면적으로 할 수 있다.

3. 제1항에 따라 공개공지등을 설치할 때에는 모든 사람들이 환경친화적으로 편리하게 이용할 수 있도록 긴 의 자 또는 조경시설 등 건축조례로 정하는 시설을 설치해야 한다.

4. 제1항에 따른 건축물(제1항에 따른 건축물과 제1항에 해당되지 아니하는 건축물이 하나의 건축물로 복합된 경우를 포함한다)에 공개공지등을 설치하는 경우에는 법 제43조 제2항에 따라 다음 각 호의 범위에서 대지 면적에 대한 공개공지 등 면적 비율에 따라 법 제56조 및 제60조를 완화하여 적용한다. 다만, 다음 각 호의 범위에서 건축조례로 정한 기준이 완화 비율보다 큰 경우에는 해당 건축조례로 정하는 바에 따른다.

　가. 법 제56조에 따른 용적률은 해당 지역에 적용하는 용적률의 1.2배 이하

　나. 법 제60조에 따른 높이 제한은 해당 건축물에 적용하는 높이기준의 1.2배 이하

5. 제1항에 따른 공개공지등의 설치대상이 아닌 건축물(「주택법」 제15조 제1항에 따른 사업계획승인 대상인 공 동주택 중 주택 외의 시설과 주택을 동일 건축물로 건축하는 것 외의 공동주택은 제외한다)의 대지에 법 제 43조 제4항, 이 조 제2항 및 제3항에 적합한 공개 공지를 설치하는 경우에는 제4항을 준용한다.

6. 공개공지등에는 연간 60일 이내의 기간 동안 건축조례로 정하는 바에 따라 주민들을 위한 문화행사를 열거나 판촉활동을 할 수 있다. 다만, 울타리를 설치하는 등 공중이 해당 공개공지 등을 이용하는데 지장을 주는 행위 를 해서는 아니 된다.

7. 법 제43조제4항에 따라 제한되는 행위는 다음 각 호와 같다.

　가. 공개공지등의 일정 공간을 점유하여 영업을 하는 행위

　나. 공개공지등의 이용에 방해가 되는 행위로서 다음 각 목의 행위

　　㉠ 공개공지등에 제3항에 따른 시설 외의 시설물을 설치하는 행위

　　㉡ 공개공지등에 물건을 쌓아 놓는 행위

　다. 울타리나 담장 등의 시설을 설치하거나 출입구를 폐쇄하는 등 공개공지등의 출입을 차단하는 행위

　라. 공개공지등과 그에 설치된 편의시설을 훼손하는 행위

　마. 그 밖에 제1호부터 제4호까지의 행위와 유사한 행위로서 건축조례로 정하는 행위

정답 및 해설 20.②

1 은행의 건축계획에 대한 설명으로 옳지 않은 것은?

① 고객 출입구는 2개소 이상으로 하고 밖여닫이로 한다.

② 고객의 공간과 업무공간 사이에는 원칙적으로 구분이 없도록 한다.

③ 현금 반송 통로는 관계자 외 출입을 금하며 감시가 쉽도록 한다.

④ 고객이 지나는 동선은 가능한 한 짧게 한다.

1 고객 출입구는 되도록 1개소로 하고 안여닫이로 해야 한다.

※ 은행건축계획 주요사항

- 큰 건물의 경우 고객출입구는 되도록 1개소로 해야 한다.
- 바깥쪽 출입구는 외여닫이, 안쪽의 출입구는 안여닫이로 한다.
- 영업실의 면적은 은행원 1인당 $4{\sim}6m^2$를 기준으로 한다.
- 출입구에 전실을 둘 경우 바깥문을 밖여닫이 또는 자재문으로 설치하기도 한다.
- 고객공간과 업무공간과의 사이에는 원칙적으로 구분이 없어야한다.(단, 업무 내부의 일은 되도록 고객이 알게 어렵게 해야만 한다.)
- 은행실은 은행건축의 주체를 이루는 곳으로 기둥수가 적고 넓은 실이 요구된다.
- 은행금고가 철근콘크리트구조인 경우 벽체의 두께가 30~45cm이며(큰 규모인 경우 60cm이상), 지름은 16~19mm로 철근을 15cm간격으로 이중배근 한다.
- 야간금고는 가능한 주출입문 근처에 위치하도록 해야 하며 조명시설이 완비되어야 한다.
- 주출입구는 도난방지를 위해 안여닫이로 하며 어린이의 출입이 많은 곳은 안전을 위해 회전문을 설치해서는 안 된다.
- 업무내부의 일의 흐름은 되도록 고객이 알기 어렵게 한다.
- 어린이의 출입이 많은 곳은 안전을 위해 회전문을 설치해서는 안 된다.
- 영업대의 높이는 고객대기실에서 100~110cm가 적당하다.
- 객장 내에는 최소폭을 3.2m 이상 확보한다.
- 영업장의 조도는 책상면을 기준으로 400lx 정도로 한다.

정답 및 해설 1.①

2 다음에서 설명하는 디자인의 원리는?

> • 양 지점으로부터 같은 거리인 점에서 평형이 이루어진다는 것을 의미
> • 두 부분의 중앙을 지나는 가상의 선을 축으로 양쪽 면을 접어 일치되는 상태

① 강조
② 점이
③ 대칭
④ 대비

3 빛의 단위로 옳은 것은?

① 광도 – 칸델라(cd)
② 휘도 – 켈빈(K)
③ 광속 – 라드럭스(rlx)
④ 광속발산도 – 루멘(lm)

4 다음에서 설명하는 개념은?

> 성별, 연령, 국적 및 장애의 유무와 관계없이 모든 사람이 안전하고 편리하게 이용할 수 있는 제품, 건축, 환경을 설계하는 개념

① 범죄예방환경설계(Crime Prevention Through Environmental Design)
② 길찾기(Wayfinding)
③ 지속가능한 건축(Sustainable Architecture)
④ 유니버설 디자인(Universal Design)

2 주어진 보기의 내용은 디자인의 원리 중 대칭에 관한 사항들이다.

※ 디자인의 원리(Principle)

　　ⓐ **조화(Harmony)** : 부분과 부분 및 부분과 전체 사이에 안정된 관련성을 주며 상호간에 공감을 불러일으키는 효과이다. 유사조화와 대비조화가 있다.

　　ⓑ **대비(Contrast)** : 서로 대조되는 요소를 대치시켜 상호간의 특징을 더욱 뚜렷하게 하는 효과이다.

　　ⓒ **비례(Proportion)** : 선, 면, 공간 사이의 상호간의 양적인 관계이다.

　　ⓓ **균형(Balance)** : 부분과 부분, 부분과 전체 사이의 시각적인 힘의 균형이 잡히면 쾌적한 느낌을 주게 되는 효과이다. 대칭균형, 비대칭균형, 정적균형과 동적균형이 있다.

　　ⓔ **통일(Unity)** : 화면 안에서 일정한 형식과 질서를 갖는 것으로서 하나의 '규칙'에 해당되며, 다양한 디자인 요소들을 하나로 묶어준다.

　　ⓕ **율동(Rhythm)** : 요소의 규칙적인 특징을 반복하거나 교차시킴으로써 비롯되는 움직임으로 패턴과 재질을 구성할 수 있다.
　　　• 반복 : 주기적인 규칙이나 질서를 주었을 때 생기는 느낌으로, 대상의 의미나 내용을 강조하는 수단으로도 사용된다.
　　　• 교차 : 두 개 이상의 요소를 서로 교체하는 것으로, 파워풀한 느낌을 주고 에너지를 느낄 수 있다.
　　　• 방사 : 중심으로 방사되는 형태로, 율동감을 느낄 수 있다.
　　　• 점이 : 두개 이상의 요소 사이에 형태나 색의 단계적인 변화를 주었을 때 나타나는 현상을 말한다.

　　ⓖ **대칭(Symmetry)** : 균제라고도 하며 균형 중에 가장 단순한 형태로 나타나는 것으로 정지, 안정, 엄숙, 정적인 느낌을 준다.
　　　• 선대칭 : 대칭축을 중심으로 좌우나 상하가 같은 형태로 되는 것으로 두 형이 서로 겹치면 포개진다.
　　　• 방사대칭 : 도형을 한 점 위에서 일정한 각도로 회전시켰을 때 생기는 방사상의 도형이다.
　　　• 이동대칭 : 도형이 일정한 규칙에 따라 평행으로 이동했을 때 생기는 형태이다.
　　　• 확대대칭 : 도형이 일정한 비율과 크기로 확대되는 형태이다.

　　ⓗ **변화(Variety)** : 화면안의 구성 요소들을 서로 다르게 구성하는 것으로서, 통일성에서 오는 지루함을 크기변화, 형태변화 등으로 지루함을 없앨 수 있는 원리를 말한다.

3 • 광속 : 단위시간당 흐르는 광의 에너지량 (단위는 루멘(lm)을 사용한다.)
　　• 광도 : 빛을 발하는 점에서 어느 방향으로 향한 단위 입체각당 발산광속 (단위는 칸델라(cd)를 사용한다.)
　　• 조도 : 어떤 면에서의 입사광속밀도 (단위는 럭스(lx)를 사용한다.)
　　• 휘도 : 광원은 겉보기상으로 밝기에 대한 느낌이 달라지는데 이러한 표면의 밝기를 의미한다. (단위는 cd/m^2 또는 nit를 사용한다.)
　　• 광속발산도 : 단위면적당 발산광속 (단위는 rlx를 사용한다.)

4 유니버설 디자인 : 성별, 연령, 국적 및 장애의 유무와 관계없이 모든 사람이 안전하고 편리하게 이용할 수 있는 제품, 건축, 환경을 설계하는 개념

정답 및 해설 2.③ 3.① 4.④

5 특수전시기법인 디오라마(Diorama) 전시에 대한 설명으로 옳지 않은 것은?

① 전시물을 부각해 관람자가 현장에 있는 듯한 느낌을 주게 하는 입체적인 기법이다.

② 사실을 모형으로 연출해 관람시키는 방법으로 실물 크기의 모형 또는 축소형의 모형 모두가 전시 가능하다.

③ 조명은 전면 균질조명을 기본으로 한다.

④ 벽면전시와 입체물을 병행하는 것이 일반적이며 넓은 시야의 실경을 보는 듯한 감각을 주는 기법이다.

6 주거건축 계획에 대한 설명으로 옳지 않은 것은?

① 주택 전체 건물의 방위는 남쪽이 좋으며, 남쪽 이외에는 동쪽으로 18° 이내와 서쪽으로 16° 이내가 합리적이다.

② 주택의 입지 조건은 일조와 통풍이 양호하고 전망이 좋은 곳이 이상적이다.

③ 한식 주택의 평면구성은 개방적이며 실의 분화로 되어 있고, 양식 주택의 평면구성은 폐쇄적이며 실의 조합으로 되어 있다.

④ 주택의 생활공간은 개인생활공간, 가사노동공간, 공동생활공간 등으로 구분한다.

7 주차장법령상 주차장 계획 및 구조·설비기준에 대한 설명으로 옳지 않은 것은?

① 노외주차장의 출입구 너비는 3m 이상으로 하고, 주차대수 규모가 30대 이상이면 출구와 입구를 분리해야 한다.

② 횡단보도에서 5m 이내에 있는 도로의 부분에는 노외주차장의 출구 및 입구를 설치할 수 없다.

③ 단독주택(다가구주택 제외)의 시설면적이 50m² 를 초과하고 150m² 이하일 경우, 부설주차장 설치기준은 1대이다.

④ 지하식 또는 건축물식 노외주차장 경사로의 종단경사도는 직선 부분에서 17%를, 곡선 부분에서는 14%를 초과해서는 안 된다.

5 벽면전시와 입체물을 병행하는 것이 일반적이며 넓은 시야의 실경을 보는 듯한 감각을 주는 기법은 파노라마 전시기법이다.

※ 특수전시기법
- **파노라마전시** : 전시물들의 나열 자체가 하나의 큰 그림이나 풍경처럼 보이도록 하여 전체적인 맥락이 이해될 수 있도록 한 기법
- **아일랜드 전시** : 바다에 떠 있는 섬처럼 전시물을 천장에 매달아서 전시물들이 동선을 만들어 관람하게 하는 기법
- **하모니카 전시** : 동일한 형태의 연속적 배치로 동일 종류의 전시물을 반복 전시할 경우 유리한 기법
- **디오라마 전시** : 현장감을 가장 실감나게 표현하는 방법으로 하나의 사실 또는 주제의 시간상황을 고정시켜 연출하는 기법

6 한식 주택의 평면구성은 패쇄적이며 실의 조합으로 되어 있는 반면 양식주택의 구성은 개방적이며 실의 분화로 되어 있다.

분류	한식주택	양식주택
평면의 차이	• 실의 조합(은폐적) • 위치별 실의 구분 • 실의 다용도	• 실의 분화(개방적) • 기능별 실의 분화 • 실의 단일용도
구조의 차이	• 목조가구식 • 바닥이 높고 개구부가 크다.	• 벽돌조적식 • 바닥이 낮고 개구부가 작다.
습관의 차이	좌식(온돌)	입식(의자)
용도의 차이	방의 혼용용도(사용 목적에 따라 달라진다.)	방의 단일용도(침실, 공부방)
가구의 차이	부차적존재(가구에 상관없이 각 소요실의 크기, 설비가 결정된다.)	중요한 내용물(가구의 종류와 형태에 따라 실의 크기와 폭이 결정된다.)

7 노외주차장의 출입구의 너비는 3.5미터 이상으로 하여야 하며, 주차대수규모가 50대 이상인 경우에는 출구와 입구를 분리하거나 너비 5.5미터 이상의 출입구를 설치하여 소통이 원활하도록 하여야 한다.

정답 및 해설 5.④ 6.③ 7.①

8 사무소 건축계획에 대한 설명으로 옳지 않은 것은?

① 편심코어는 바닥면적이 작은 소규모 사무소 건축에 유리하다.

② 사무공간을 개실형으로 배치할 경우, 임대는 용이하나 공사비가 많이 든다.

③ 승강기 배치의 경우 4대 이상이면 알코브형으로 배치하되, 10대를 최대한도로 한다.

④ 기준층 평면의 결정요소는 구조상 스팬의 한도, 설비 시스템상 한계, 자연채광, 피난거리, 지하주차장 등이다.

9 「건축물의 범죄예방 설계 가이드라인」상 설계기준에 대한 설명으로 옳지 않은 것은?

① 공동주택의 지하주차장에는 자연채광과 시야 확보가 용이하도록 썬큰, 천장 등의 설치를 권장한다.

② 단독주택의 출입문은 도로 또는 통행로에서 직접 볼 수 있도록 계획한다.

③ 높은 조도의 조명보다 낮은 조도의 조명을 많이 설치하여 과도한 눈부심을 줄인다.

④ 공적인 장소와 사적인 장소 간의 융합을 통해 공간의 소통을 강화하여 영역성을 확보한다.

10 「건축물의 에너지절약설계기준」상 건축부문의 권장사항에 대한 설명으로 옳지 않은 것은?

① 외피의 모서리 부분은 열교가 발생하지 않도록 단열재를 연속적으로 설치한다.

② 건물 옥상에는 조경을 하여 최상층 지붕의 열저항을 높이고, 옥상면에 직접 도달하는 일사를 차단한다.

③ 건물의 창 및 문은 가능한 한 크게 설계하여 자연채광을 좋게 하고 열획득 효율을 높이도록 한다.

④ 건축물 외벽, 천장 및 바닥으로의 열손실을 방지하기 위하여 기준에서 정하는 단열두께보다 두껍게 설치하여 단열부위의 열저항을 높이도록 한다.

8 알코브형 배치는 8대 정도를 한도로 하고 그 이상일 경우 군별로 분할하는 것을 고려해야 한다.

9 공적인 장소와 사적인 장소 간 공간의 위계를 명확히 계획하여 공간의 성격을 명확하게 인지할 수 있도록 설계하여야 한다.

10 건물의 창 및 문은 가능한 작게 설계하고, 특히 열손실이 많은 북측 거실의 창 및 문의 면적은 최소화한다.

> 1. 배치계획
>   가. 건축물은 대지의 향, 일조 및 주풍향 등을 고려하여 배치하며, 남향 또는 남동향 배치를 한다.
>   나. 공동주택은 인동간격을 넓게 하여 저층부의 일사 수열량을 증대시킨다.
> 2. 평면계획
>   가. 거실의 층고 및 반자 높이는 실의 용도와 기능에 지장을 주지 않는 범위 내에서 가능한 낮게 한다.
>   나. 건축물의 체적에 대한 외피면적의 비 또는 연면적에 대한 외피면적의 비는 가능한 작게 한다.
>   다. 실의 용도 및 기능에 따라 수평, 수직으로 조닝계획을 한다.
> 3. 단열계획
>   가. 건축물 외벽, 천장 및 바닥으로의 열손실을 방지하기 위하여 기준에서 정하는 단열두께보다 두껍게 설치하여 단열부위의 열저항을 높이도록 한다.
>   나. 외벽 부위는 제5조 제10호 차목에 따른 외단열로 시공한다.
>   다. 외피의 모서리 부분은 열교가 발생하지 않도록 단열재를 연속적으로 설치하고, 기타 열교부위는 별표11의 외피 열교 부위별 선형 열관류율 기준에 따라 충분히 단열되도록 한다.
>   라. 건물의 창 및 문은 가능한 작게 설계하고, 특히 열손실이 많은 북측 거실의 창 및 문의 면적은 최소화한다.
>   마. 발코니 확장을 하는 공동주택이나 창 및 문의 면적이 큰 건물에는 단열성이 우수한 로이(Low-E) 복층창이나 삼중창 이상의 단열성능을 갖는 창을 설치한다.
>   바. 야간 시간에도 난방을 해야 하는 숙박시설 및 공동주택에는 창으로의 열손실을 줄이기 위하여 단열셔터 등 제5조 제10호 타목에 따른 야간단열장치를 설치한다.
>   사. 태양열 유입에 의한 냉·난방부하를 저감 할 수 있도록 일사조절장치, 태양열투과율, 창 및 문의 면적비 등을 고려한 설계를 한다. 차양장치 등을 설치하는 경우에는 비, 바람, 눈, 고드름 등의 낙하 및 화재 등의 사고에 대비하여 안전성을 검토하고 주변 건축물에 빛반사에 의한 피해 영향을 고려하여야 한다.
>   아. 건물 옥상에는 조경을 하여 최상층 지붕의 열저항을 높이고, 옥상면에 직접 도달하는 일사를 차단하여 냉방부하를 감소시킨다.
> 4. 기밀계획
>   가. 틈새바람에 의한 열손실을 방지하기 위하여 외기에 직접 또는 간접으로 면하는 거실 부위에는 기밀성 창 및 문을 사용한다.
>   나. 공동주택의 외기에 접하는 주동의 출입구와 각 세대의 현관은 방풍구조로 한다.
>   다. 기밀성을 높이기 위하여 창 및 문 등 개구부 둘레와 배관 및 전기배선이 거실의 실내와 연결되는 부위는 외기가 침입하지 못하도록 기밀하게 처리한다.
> 5. 자연채광계획
>   가. 자연채광을 적극적으로 이용할 수 있도록 계획한다. 특히 학교의 교실, 문화 및 집회시설의 공용부분(복도, 화장실, 휴게실, 로비 등)은 1면 이상 자연채광이 가능하도록 한다.
>   나. 공동주택의 지하주차장은 300㎡ 이내마다 1개소 이상의 외기와 직접 면하는 2㎡ 이상의 개폐가 가능한 천창 또는 측창을 설치하여 자연환기 및 자연채광을 유도한다. 다만, 지하2층 이하는 그러하지 아니한다.
>   다. 수영장에는 자연채광을 위한 개구부를 설치하되, 그 면적의 합계는 수영장 바닥면적의 5분의 1 이상으로 한다.
>   라. 창에 직접 도달하는 일사를 조절할 수 있도록 제5조 제10호 러목에 따른 일사조절장치를 설치한다.
> 6. 환기계획
>   가. 외기에 접하는 거실의 창문은 동력설비에 의하지 않고도 충분한 환기 및 통풍이 가능하도록 일부분은 수동으로 여닫을 수 있는 개폐창을 설치하되, 환기를 위해 개폐 가능한 창부위 면적의 합계는 거실 외주부 바닥면적의 10분의 1 이상으로 한다.
>   나. 문화 및 집회시설 등의 대공간 또는 아트리움의 최상부에는 자연배기 또는 강제배기가 가능한 구조 또는 장치를 채택한다.

정답 및 해설   8.③   9.④   10.③

11 도서관 건축계획에 대한 설명으로 옳지 않은 것은?

① 도서관 건축계획은 모듈러 플랜(modular plan)을 통해 확장 변화에 대응하는 것이 유리하다.

② 반개가식은 이용률이 낮은 도서나 귀중서 보관에 적합하다.

③ 안전개가식은 1실의 규모가 1만 5천권 이하의 도서관에 적합하다.

④ 참고실(reference room)은 일반열람실과 별도로 하고, 목록실과 출납실에 인접시키는 것이 좋다.

12 (가) ~ (라)의 건축용어와 A ~ D의 건축물 유형이 옳게 짝지어진 것은?

(가) 프로시니엄 아치(proscenium arch)	(나) 클린 룸(clean room)
(다) 캐럴(carrel)	(라) 프런트 오피스(front office)

A. 공장	B. 공연장
C. 호텔	D. 도서관

	(가)	(나)	(다)	(라)
①	B	A	D	C
②	B	D	C	A
③	D	B	A	C
④	D	C	A	B

13 병원건축의 분관식(pavilion type) 배치에 대한 설명으로 옳지 않은 것은?

① 넓은 대지가 필요하며 보행거리가 멀어진다.

② 급수, 난방, 위생, 기계설비 등의 설비비가 적게 든다.

③ 병동부, 외래부, 중앙진료부가 수평 동선을 중심으로 연결된 형태이다.

④ 일조 및 통풍 조건이 좋다.

11 이용률이 낮은 도서나 귀중서 보관에는 폐가식이 적합하다.

    ※ 반개가식(semi-open access) … 열람자는 직접 서가에 면하여 책의 체재나 표시 정도는 볼 수 있으나 내용을 보려면 관원에게 요구하여 대출 기록을 남긴 후 열람하는 형식이다.

    • 신간 서적 안내에 채용되며 대량의 도서에는 부적당하다.

    • 출납 시설이 필요하다.

    • 서가의 열람이나 감시가 불필요하다.

12 ㈎ 프로시니엄 아치(proscenium arch) : 무대와 객석을 구분하는 아치모양의 구조물

    ㈏ 클린 룸(clean room) : 공중의 미립자, 공기의 온·습도, 실내 압력 등이 일정하게 유지되도록 제어된 방이다. 공업용과 의료용(바이오클린룸)으로 나누어지는데, 공업용은 주로 전자·정밀 기기의 제조에 이용되고, 의료용은 제어 조건 외에 생물 미립자의 제어가 규제되어 수술실 등에 사용된다. 미립자의 제거에는 일반적으로 고성능 필터가 사용되고 있다.

    ㈐ 캐럴(carrel) : 열람실 내의 개인전용의 연구를 위한 소열람실로 서고 내에 둔다.

    ㈑ 프런트 오피스(front office) : 호텔 등에서 가장 먼저 손님을 접하는 공간

13 분관식은 집중식에 비해 급수, 난방, 위생 등의 배관길이가 길어지게 되므로 설비비가 더 많이 든다.

비교내용	분관식	집중식
배치형식	저층평면 분산식	고층집약식
환경조건	양호(균등)	불량(불균등)
부지의 이용도	비경제적(넓은부지)	경제적(좁은부지)
설비시설	분산적	집중적
관리상	불편함	편리함
보행거리	길다	짧다
적용대상	특수병원	도심대규모 병원

정답 및 해설   11.②   12.①   13.②

14 치수와 모듈에 대한 설명으로 옳지 않은 것은?

① 모듈치수는 공칭치수를 의미한다.

② 고층 라멘 건물은 조립부재 줄눈 중심 간 거리가 모듈치수에 일치해야 한다.

③ 제품치수는 공칭치수에서 줄눈 두께를 뺀 거리이다.

④ 창호치수는 문틀과 벽 사이의 줄눈 중심 간 거리가 모듈치수에 일치하도록 한다.

15 수도직결방식에 대한 설명으로 옳지 않은 것은?

① 탱크나 펌프가 필요하지 않아 설비비가 적게 소요된다.

② 수도 압력 변화에 따라 급수압이 변한다.

③ 정전일 때 급수를 계속할 수 있다.

④ 대규모 급수 설비에 가장 적합하다.

14 ② 조립식 건물 : 조립부재 줄눈 중심간 거리가 모듈치수에 일치

고층 라멘 건물 : 층 높이 및 기둥 중심거리가 모듈 치수에 일치하여야 하고, 장막벽 등은 모든 모듈제품의 사용이 가능해야 한다.

① 건축물의 모듈치수 : 공칭치수를 의미, 제품치수를 알고자 할 때는 공칭치수에서 줄눈 두께를 빼야한다.

③ 공칭치수 : 제품치수와 줄눈두께의 합

④ 창호의 치수 : 문틀과 벽사이의 줄눈 중심선간의 치수가 모듈 치수에 일치이어야 하고 장막벽 등을 모듈제품 사용이 가능해야 한다.

15 수도직결방식은 소규모급수설비에 적합하다.

㉠ **수도직결방식** : 수도본관에서 인입관을 따내어 급수하는 방식이다.
- 정전시에 급수가 가능하다.
- 급수의 오염이 적다.
- 소규모 건물에 주로 이용된다.
- 설비비가 저렴하며 기계실이 필요없다.

㉡ **고가(옥상)탱크방식** : 수도본관의 인입관으로부터 상수를 일단 저수조에 저수한 후, 펌프를 이용하여 옥상 등 높은 곳에 설치한 고가수조에 양수하여 중력에 의해 건물 내의 필요한 곳에 급수하는 방식이다.
- 일정한 수압으로 급수할 수 있다.
- 단수, 정전 시에도 급수가 가능하다.
- 배관부속품의 파손이 적다.
- 저수량을 확보하여 일정 시간 동안 급수가 가능하다.
- 대규모 급수설비에 가장 적합하다.
- 저수조에서의 급수오염 가능성이 크다.
- 저수시간이 길어지면 수질이 나빠지기 쉽다.
- 옥상탱크의 자중 때문에 구조검토가 요구된다.
- 설비비, 경상비가 높다.

㉢ **압력탱크방식** : 수조의 물을 펌프로 압력탱크에 보내고 이곳에서 공기를 압축, 가압하며 그 압력으로 건물내에 급수하는 방식으로 탱크의 설치위치에 제한을 받지 않고 국부적으로 고압을 필요로 하는 곳에 적합하며 옥상에 탱크를 설치하지 않아 건축물의 구조를 강화할 필요가 없다. 그러나 급수압이 일정하지 않으며 펌프의 양정이 커서 시설비가 많이 들며 정전이나 단수 시 급수가 중단된다.
- 옥상탱크가 필요 없으므로 건물의 구조를 강화할 필요가 없다.
- 고가 시설 등이 불필요하므로 외관상 깨끗하다.
- 국부적으로 고압을 필요로 하는 경우에 적합하다.
- 탱크의 설치 위치에 제한을 받지 않는다.
- 최고 · 최저압의 차가 커서 급수압이 일정하지 않다
- 탱크는 압력에 견디어야 하므로 제작비가 비싸다.
- 저수량이 적으므로 정전이나 펌프 고장 시 급수가 중단된다.
- 에어 컴프레서를 설치하여 때때로 공기를 공급해야 한다.
- 취급이 곤란하며 다른 방식에 비해 고장이 많다.

㉣ **탱크가 없는 부스터방식** : 수도본관으로부터 물을 일단 저수조에 저수한 후 급수펌프 만으로 건물내에 급수하는 방식으로 부스터 펌프 여러 대를 병렬로 연결하고 배관내의 압력을 감지하여 펌프를 운전하는 방식이다.
- 옥상탱크가 필요없다.
- 수질오염의 위험이 적다.
- 펌프의 대수제어운전과 회전수제어 운전이 가능하다.
- 펌프의 토출량과 토출압력조절이 가능하다.
- 최상층의 수압도 크게 할 수 있다.
- 펌프의 교호운전이 가능하다.
- 펌프의 단락이 잦으므로 최근에는 탱크가 있는 부스터 방식이 주로 사용된다.

정답 및 해설 14.② 15.④

16 온수난방에 대한 설명으로 옳은 것은?

① 난방 부하의 변동에 따라 온수 온도와 온수의 순환수량을 쉽게 조절할 수 있다.

② 온수순환방식에 따라 단관식, 복관식으로 분류한다.

③ 증기난방에 비해 방열 면적과 배관의 관경이 작아 설비비를 줄일 수 있다.

④ 예열시간이 짧고 동결 우려가 없다.

16 ② 배관방식에 따라 단관식, 복관식으로 분류한다.

③ 증기난방에 비해 방열 면적과 배관의 관경이 크다.

④ 예열시간이 길고 동결우려가 있다.

※ 온수난방의 특징

• 예열시간이 길어서 간헐운전에 부적합하다.

• 열용량은 크나 열운반능력이 작다.

• 방열량의 조절이 용이하다. (난방 부하의 변동에 따라 온수 온도와 온수의 순환수량을 쉽게 조절할 수 있다.)

• 소음이 적은 편이나 설비비가 비싸다.

• 쾌감도가 높은 편이다.

※ 분류 : 온수의 온도−저온수난방, 고온수난방 / 순환방법−중력환수식, 강제순환식 / 배관방식−단관식, 복관식 /
온수의 공급방향−상향공급식, 하향공급식, 절충식

구분	증기난방	온수난방
표준방열량	650kcal/m²h	450kcal/m²h
방열기면적	작다	크다
이용열	잠열	현열
열용량	작다	크다
열운반능력	크다	작다
소음	크다	작다
예열시간	짧다	길다
관경	작다	크다
설치유지비	싸다	비싸다
쾌감도	나쁘다	좋다
온도조절 (방열량조절)	어렵다	쉽다
열매온도	102℃ 증기	85~90℃ 100~150℃
고유설비	방열기트랩 (증기트랩, 열동트랩)	팽창탱크 개방식 : 보통온수 밀폐식 : 고온수
공동설비	공기빼기 밸브 방열기 밸브	

16.①

17 급탕 배관에 이용하는 신축이음쇠의 종류에 대한 설명으로 옳지 않은 것은?

① 슬리브형(sleeve type) : 배관의 고장이나 건물의 손상을 방지한다.

② 벨로즈형(bellows type) : 온도 변화에 따른 관의 신축을 벨로즈의 변형에 의해 흡수한다.

③ 스위블 조인트(swivel joint) : 1개의 엘보(elbow)를 이용하여 나사부의 회전으로 신축 흡수한다.

④ 신축곡관(expansion loop) : 고압 옥외 배관에 사용할 수 있으나 1개의 신축길이가 길다.

18 「장애인·노인·임산부 등의 편의증진 보장에 관한 법률 시행규칙」상 장애인의 통행이 가능한 계단에 대한 설명으로 옳지 않은 것은?

① 계단은 직선 또는 꺾임형태로 설치할 수 있다.

② 계단 및 참의 유효폭은 1.2m 이상으로 하되, 건축물의 옥외 피난계단은 0.8m 이상으로 할 수 있다.

③ 바닥면으로부터 높이 1.8m 이내마다 휴식을 할 수 있도록 수평면으로 된 참을 설치할 수 있다.

④ 경사면에 설치된 손잡이의 끝부분에는 0.3m 이상의 수평손잡이를 설치하여야 한다.

17 스위블 조인트(swivel joint)는 2개 이상의 엘보(elbow)를 이용한다.

※ 신축이음의 종류

스위블 조인트(swivel joint)	2개 이상의 엘보를 사용하여 신축을 흡수하는 것으로 신축과 팽창으로 누수의 원인이 되는 것이 결점이다. 분기배관이나 방열기 주위배관에 사용된다.
신축곡관(expansion loop)	고압배관에도 사용할 수 있는 장점이 있으나 1개의 신축길이가 큰 것이 결점이며 고압배관의 옥외배관에 적합하다.
슬리브형(sleeve type)	배관의 고장이나 건물의 손상을 방지하고 보수가 용이한 곳에 설치한다. 벽, 바닥용의 관통배관에 사용된다.
벨로스형(bellows type)	주름모양으로 되어 있으며 고압에 부적당하다.

※ 일반적으로 많이 사용되는 이음쇠는 슬리브형 이음쇠와 벨로즈형 이음쇠이며 보통 1개의 신축이음쇠로 30mm 전후의 팽창력을 흡수한다. 따라서 강관은 보통 30m, 동관은 20m마다 신축이음을 1개씩 설치하는 것이 좋다.

18 계단 및 참의 유효폭은 1.2m 이상으로 하되, 건축물의 옥외 피난계단은 0.9m 이상으로 할 수 있다.

정답 및 해설 17.③ 18.②

19 한국의 근현대 건축가와 그의 작품의 연결이 옳은 것은?

① 나상진 – 부여박물관
② 이희태 – 제주대학교 본관
③ 김수근 – 경동교회
④ 김중업 – 절두산 성당

20 서양 건축양식에 대한 설명으로 옳지 않은 것은?

① 로마 양식은 아치(arch)나 볼트(vault)를 이용하여 넓은 내부 공간을 만들었다.
② 초기 기독교 양식은 투시도법을 도입하였고 장미창(rose window)을 사용하였다.
③ 비잔틴 양식은 동서양의 문화 혼합이 특징이며 펜던티브 돔(pendentive dome)을 창안하였다.
④ 고딕 양식은 첨두아치(pointed arch), 플라잉 버트레스(flying buttress), 리브 볼트(rib vault)와 같은 구조적이자 장식적인 기법을 사용하였다.

19 부여박물관은 김수근, 제주대학교 본관은 김중업, 절두산 성당은 이희태의 작품이다.

※ 한국의 근현대 건축가와 작품
- 박길룡 : 화신백화점, 한청빌딩
- 박동진 : 고려대학교 본관 및 도서관, 구 조선일보사
- 이광노 : 어린이회관, 주중대사관
- 김중업 : 제주대학교본관, 프랑스대사관, 삼일로빌딩, 명보극장, 주불대사관
- 김수근 : 국립부여박물관, 자유센터, 국회의사당, 경동교회, 남산타워
- 이희태 : 절두산 성당
- 강봉진 : 국립중앙박물관
- 배기형 : 유네스코회관, 조흥은행 남대문지점

20 투시도법은 르네상스시대에 적용되기 시작하였고, 장미창은 고딕양식에서부터 적용되었다.

정답 및 해설 19.③ 20.②

Success is the ability to go from one failure
to another with no loss of enthusiasm.

Sir Winston Churchill

공무원 시험
기출문제

부록

건축계획 핵심이론정리

과목	번호	반복 출제되는 필수 숙지사항
건축계획	1-1	디자인의 원리(Principle)
	1-2	단독주택과 공동주택의 구분
	1-3	인보구, 근린분구, 근린주구, 근린지구
	1-4	도로의 분류
	1-5	상점 위치 및 방위
	1-6	매대 배치형식
	1-7	쇼윈도
	1-8	학교 배치형식
	1-9	학교 운영방식
	1-10	이용률과 순수율
	1-11	도서관 출납시스템의 분류
	1-12	공장건축 지붕형식
	1-13	공장 레이아웃
	1-14	호텔의 각 부분 및 소요실 분류
	1-15	병원의 형식
	1-16	공연장 가시거리
	1-17	무대 관련 설비
	1-18	전시실의 순로 형식
	1-19	미술관 전시실 창의 자연채광형식
	1-20	실내 체육시설 규모
	1-21	환경설계를 통한 범죄예방(CPTED)
서양 건축사	2-1	서양건축양식의 발달 순서
	2-2	피라미드와 지구라트 비교
	2-3	그리스 주범
	2-4	그리스 건축과 로마 건축의 비교
	2-5	근대건축 5원칙
동양 건축사	3-1	한국의 지역별 전통 주거배치
	3-2	주심포식, 다포식, 익공식
	3-3	서울 5대궁 비교
	3-4	한옥의 착시 효과
건축 환경	4-1	조명기구의 종류 및 특성
	4-2	작업별 적정소요조도
	4-3	열환경 기본용어
	4-4	온도의 종류
	4-5	환기 방식
	4-6	실내공기질 유지수준
	4-7	음압(부압) 격리병실

건축계획 1-1. 디자인의 원리(Principle)

① 조화(Harmony) : 부분과 부분 및 부분과 전체 사이에 안정된 관련성을 주며 상호 간에 공감을 불러일으키는 효과이다. 유사조화와 대비조화가 있다.

② 대비(Contrast) : 서로 대조되는 요소를 대치시켜 상호 간의 특징을 더욱 뚜렷하게 하는 효과이다.

③ 비례(Proportion) : 선, 면, 공간 사이의 상호 간의 양적인 관계이다.

④ 균형(Balance) : 부분과 부분, 부분과 전체 사이의 시각적인 힘의 균형이 이루어지면 쾌적한 느낌을 주게 되는 효과이다(대칭균형, 비대칭균형, 정적균형과 동적균형이 있다).

⑤ 반복(Repetition) : 색채, 문양, 질감, 형태 등이 구조적으로 되풀이되는 원리이다.

⑥ 통일(Unity) : 화면 안에서 일정한 형식과 질서를 갖는 것으로서 하나의 '규칙'에 해당되며, 다양한 디자인 요소들을 하나로 묶어준다.

⑦ 율동(Rhythm)

　　㉠ 반복 : 주기적인 규칙이나 질서를 주었을 때 생기는 느낌으로, 대상의 의미나 내용을 강조하는 수단으로도 사용된다.

　　㉡ 교차 : 두 개 이상의 요소를 서로 교체하는 것으로, 파워풀한 느낌을 주고 에너지를 느낄 수 있다.

　　㉢ 방사 : 중심으로 방사되는 형태로, 리듬감을 느낄 수 있다.

　　㉣ 점이 : 두 개 이상의 요소 사이에 형태나 색의 단계적인 변화를 주었을 때 나타나는 현상을 말한다.

⑧ 균제(Symmetry) : 대칭이라고도 하며 균형 중에 가장 단순한 형태로 나타나는 것으로 정지, 안정, 엄숙, 정적인 느낌을 준다.

　　㉠ 선대칭 : 대칭축을 중심으로 좌우나 상하가 같은 형태로 되는 것으로 두 형이 서로 겹치면 포개진다.

　　㉡ 방사대칭 : 도형을 한 점 위에서 일정한 각도로 회전시켰을 때 생기는 방사상의 도형이다.

　　㉢ 이동대칭 : 도형이 일정한 규칙에 따라 평행으로 이동했을 때 생기는 형태이다.

　　㉣ 확대대칭 : 도형이 일정한 비율과 크기로 확대되는 형태이다.

⑨ 변화(Variety) : 화면 안의 구성요소들을 서로 다르게 구성하는 것으로서, 크기 및 형태에 변화를 주어 통일성에서 오는 지루함을 없앨 수 있는 원리를 말한다.

건축계획 1-2. 단독주택과 공동주택의 구분

분 류	세분류	주택으로 쓰이는 1개동 연면적	주택의 층수
단독주택	단독주택		
	다중주택	330m^2 이하	3개 층 이하
	다가구주택	660m^2 이하(부설 주차장 면적 제외)	3개 층 이하(지하층, 필로티층수 제외)
	공관		
공동주택	다세대주택	660m^2 이하(부설 주차장 면적 제외)	4개 층 이하(지하층, 필로티층수 제외)
	연립주택	660m^2 초과(부설 주차장 면적 제외)	4개 층 이하(지하층, 필로티층수 제외)
	아파트		5개 층 이상(지하층, 필로티층수 제외)
	기숙사		

※ 다가구 주택이 갖추어야 할 요건

- 주택으로 쓰는 층수(지하층은 제외한다)가 3개 층 이하일 것. 다만, 1층의 전부 또는 일부를 필로티 구조로 하여 주차장으로 사용하고 나머지 부분을 주택 외의 용도로 쓰는 경우에는 해당 층을 주택의 층수에서 제외한다.

- 19세대(대지 내 동별 세대수를 합한 세대) 이하가 거주할 수 있을 것
- 1개 동의 주택으로 쓰이는 바닥면적(부설 주차장 면적은 제외한다)의 합계가 660제곱미터 이하일 것

건축계획 1-3. 인보구, 근린분구, 근린주구, 근린지구

구분	인보구	근린분구	근린주구	근린지구
규모	0.5~2.5ha (최대 6ha)	15~25ha	100ha	400ha
반경	100m 전후	150~250m	400~500m	1,000m
가구수	20~40호	400~500호	1,600~2,000호	20,000호
인구	100~200명	2,000~2,500명	8,000~10,000명	100,000명
중심시설	유아놀이터 구멍가게 등	유치원, 어린이 놀이터, 근린상점, 진료소, 노인정, 독서실, 파출소, 버스정거장 등	초등학교, 어린이공원, 동사무소, 우체국, 근린상가, 유치원 등	도시생활의 대부분의 시설
상호관계	친분유지의 최소단위	주민 간 면식이 가능한 최소생활권	보행 최대거리	

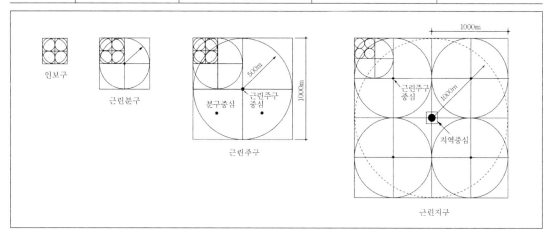

건축계획 1-4. 도로의 분류

구분	기능 / 용도	배치간격
도시고속도로	• 도시 내의 주요지역 또는 도시 간을 연결하는 도로 • 대량교통 및 고속교통의 처리를 목적으로 함 • 자동차 전용으로 이용하는 도로	–
주간선도로	• 도시 내 주요지역 간, 도시 간 또는 주요 지방 간을 연결하는 도로 • 대량 통과교통의 처리가 목적 • 도시의 골격을 형성하는 도로	1000m
보조간선도로	• 주간선도로를 집산도로 또는 주요 교통발생원과 연결하는 도로 • 도시교통의 집산기능을 도모하는 도로 • 근린생활권의 외곽을 형성	500m

집산도로	• 근린생활권의 교통을 보조간선도로에 연결하는 도로 • 근린생활권내 교통의 집산기능을 담당하는 도로 • 근린생활권의 골격을 형성	250m
국지도로	• 가구를 확정하고 대지와의 접근을 목적으로 하는 도로 • 소형기구를 외곽을 형성하고 그 규모 및 형태를 규정하며 일상생활에 필요한 집 앞 공간을 확보하는 도로	장변 : 90~150m 단변 : 30~60m
특수도로	• 자동차 외에 교통에 전용되는 도로 • 보행차 전용도로, 자전거 전용도로	보행로 : 폭 1.5m이상 자전거도로 : 1.1m이상

건축계획 1-5. 상점 위치 및 방위

상점의 종류	주요 사항	방위	도로기준
부인용품점	밝고 깨끗한 위치	남서향	도로의 북동측
식료품점	부패 방지	서향을 피한다	
양복점, 가구점, 시점	퇴색변형 방지	북향, 동향	도로의 남측, 서측
음식점		북향	도로의 남측
여름용품점	따뜻한 위치	남향	도로의 북측
귀금속품점	균일한 조도	북향	도로의 남측

건축계획 1-6. 매대 배치형식

평면배치형	특 징	적용 대상
굴절배열형	대면판매와 측면판매의 조합	안경점, 양품점, 모자점, 문방구
직렬배열형	• 고객의 흐름이 가장 빠름 • 부분별로 상품진열이 용이하여 대량판매형식도 가능	침구점, 전기용품, 서점, 식기점
환상배열형	중앙에 판매대 등을 설치하고 판대를 둘러싼 벽면에는 대형 상품을 진열한 방식	민속예술품점, 수공예품점
복합형	위의 방식들을 조합시킨 방식	서점, 부인복점, 피혁제품점

건축계획 1-7. 쇼윈도

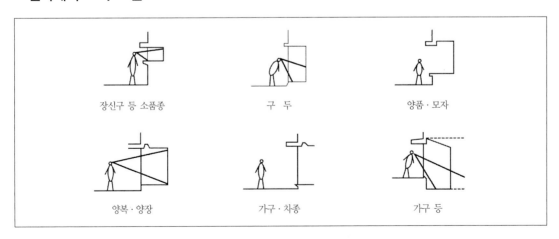

장신구 등 소품종　　　　구 두　　　　양품·모자

양복·양장　　　　가구·차종　　　　가구 등

건축계획 1-8. 학교 배치형식

비교 항목	폐쇄형	분산병렬형
부지	효율적인 이용	넓은 부지 필요
교사 주변 공지	비활용	놀이터와 정원
교실 환경 조건	불균등	균등
구조계획	복잡(유기적 구성)	단순(규격화)
동선	짧다	길어진다
운동장에서의 소음	크다	작다
비상시 피난	불리하다	유리하다

건축계획 1-9. 학교 운영방식

① 종합교실형(A형 – Activity Type / U형 – Usual Type)
- 각 학급은 자신의 교실 내에서 모든 교과를 수행(학급 수 = 교실 수)
- 학생의 이동이 전혀 없고 가정적인 분위기를 만들 수 있음
- 초등학교 저학년에서 사용(고학년 무리)

② 일반교실 / 특별교실형 (U+A 형)
- 일반교실이 각 학급에 하나씩 배당되고 특별교실을 가짐
- 중 · 고등학교에서 사용

③ 교과교실형(V형 – Department Type)
- 모든 교실이 특정한 교과를 위해 만들어지므로 일반 교실 없음
- 홈베이스(평면 한 부분에 사물함 등을 비치하는 공간)를 설치하기도 함
- 학생 이동이 심함
- 라커룸 필요하고 동선에 주의해야 함
- 대학교 수업과 비슷함

④ 플래툰형(P형 – Platoon Type)
- 전 학급을 두 분단으로 나눈 후 한 분단은 일반교실, 다른 한 분단은 특별교실 사용
- 분단 교체는 점심시간을 이용하도록 하는 것이 유리
- 교사 수가 부족하고 시간 배당이 어려움
- 미국 초등학교에서 과밀을 해소하기 위해 실시

⑤ 달톤형(D형 – Dalton Type)
- 학급, 학년을 없애고 각자의 능력에 따라 교과를 골라 일정한 교과가 끝나면 졸업
- 능력형으로 학원이나 직업학교에 적합
- 하나의 교과의 출석 학생 수가 불규칙하므로 여러 가지 크기의 교실 설치
- 학원과 같은 곳에서 사용

⑥ 개방학교(Open School)
- Team Teaching이라고 불림
- 학급단위의 수업을 부정하고 개인의 능력, 자질에 따라 편성
- 홈베이스: 평면 한 부분에 사물함 등을 비치하는 공간. 그 위치는 모서리가 될 수도 있고 복도 중간이 될 수도 있으며 주로 교과 교실형에 적용됨
- 오픈플랜스쿨: 종래의 학급 단위로 하던 수업을 거부하고 개인의 자질과 능력 또는 경우에 따라서 학년을 없애고 그룹별 팀 티칭(team teaching, 교수학습제) 등 다양한 학습활동을 할 수 있게 만든 학교. 평면형은 가변식 벽 구조로 하여 융통성을 갖도록 하고, 칠판, 수납장 등의 가구는 이동식이 많으며 인공조명을 주로 쓰며, 공기조화 설비가 필요함

건축계획 1-10. 이용률과 순수율

- 이용률 $= \dfrac{\text{교실이 사용되고 있는 시간}}{\text{1주간의 평균수업시간}} \times 100\%$

- 순수율 $= \dfrac{\text{일정한 교과를 위해 사용되는 시간}}{\text{교실이 사용되고 있는 시간}} \times 100\%$

건축계획 1-11. 도서관 출납시스템의 분류

① 자유 개가식(free open access) : 열람자 자신이 서가에서 책을 꺼내어 책을 고르고 그대로 검열을 받지 않고 열람하는 형식으로 보통 1실형이고 10,000권 이하의 서적 보관과 열람에 적당하다.
- 책 내용 파악 및 선택이 자유롭고 용이
- 책의 목록이 없어 간편하다.
- 책 선택 시 대출, 기록의 제출이 없어 분위기가 좋다.
- 서가의 정리가 잘 안 되면 혼란스럽게 된다.
- 책의 마모, 망실이 된다.

② 안전 개가식(safe-guarded open access) : 자유 개가식과 반개가식의 장점을 취한 형식으로서, 열람자가 책을 직접 서가에서 뽑지만 관원의 검열을 받고 대출의 기록을 남긴 후 열람하는 형식이다. 보통 15,000권 이하의 서적을 보관하고 열람하는 것에 적당하다.
- 출납 시스템이 필요 없어 혼잡하지 않다.
- 도서 열람의 체크 시설이 필요하다.
- 도서 열람이 가능하여 책을 보고 직접 뽑을 수 있다.
- 감시가 필요하지 않다.

③ 반개가식(semi-open access) : 열람자는 직접 서가에 면하여 책의 체재나 표시 정도는 볼 수 있으나 내용을 보려면 관원에게 요구하여 대출 기록을 남긴 후 열람하는 형식이다.
- 신간 서적 안내에 채용되며 대량의 도서에는 부적당하다.
- 출납 시설이 필요하다.
- 서가의 열람이나 감시가 불필요하다.

④ 폐가식(closed access) : 열람자가 책의 목록에 의해 책을 선택하여 관원에게 대출 기록을 제출한 후 대출받는 형식이다. 서고와 열람실이 분리되어 있다.
- 도서의 유지관리가 양호하다.
- 감시할 필요가 없다.
- 희망한 내용이 아닐 수 있다.
- 대출 절차가 복잡하고 관원의 작업량이 많다.

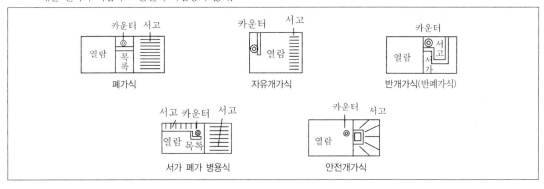

건축계획 1-12. 공장건축 지붕형식

① **톱날지붕** : 북향의 채광창으로 하루 종일 변함없는 조도를 유지할 수 있다.

② **뾰족지붕** : 직사광선을 어느 정도 허용하는 결점이 있다.

③ **솟을지붕** : 채광, 환기에 가장 이상적이다.

④ **샤렌지붕** : 지붕 슬래브가 곡면으로 되어 있어 외력에 저항하도록 만들어진 지붕이므로 일반평지붕보다 기둥이 적게 소요된다.

건축계획 1-13. 공장 레이아웃

① 제품중심 레이아웃
  - 제품의 흐름에 따른 배치계획
  - 단종의 대량생산 제품
  - 예상생산 및 표준화 가능

② 공정중심 레이아웃
  - 기계설비 중심의 배치계획
  - 다종의 소량 주문생산제품
  - 예상생산 및 표준화 어려움

③ 고정식 레이아웃
  - 제품이 크고 수가 극히 적은 조선, 선박 등

건축계획 1-14. 호텔의 각 부분 및 소요실 분류

기능	소요실명
관리부분	프런트 오피스, 클로크룸, 지배인실, 사무실, 공작실, 창고, 복도, 변소, 전화교환실
숙박부분	객실, 보이실, 메이트실, 린넨실, 트렁크룸
공용부분	다방, 무도장, 그릴, 담화실, 독서실, 진열장, 이·미용실, 엘리베이터, 계단, 정원, 현관·홀, 로비, 라운지, 식당, 연회장, 오락실, 바
요리부분	배선실, 부엌, 식기실, 창고, 냉장고
설비부분	보일러실, 전기실, 기계실, 세탁실, 창고
대실	상점, 창고, 대사무소, 클럽실

건축계획 1-15. 병원의 형식

비교내용	분관식	집중식
배치형식	저층평면 분산식	고층 집약식
환경조건	양호(균등)	불량(불균등)
부지의 이용도	비경제적(넓은 부지)	경제적(좁은 부지)
설비시설	분산적	집중적
관리	불편함	편리함
보행거리	길다	짧다
적용대상	특수 병원	도심 대규모 병원

건축계획 1-16. 공연장 가시거리

A구역	15m 이내	연기자 얼굴 확인 한도, 인형극, 아동극
B구역	22m 이내	1차 허용한도, 국악, 실내악
C구역	35m 이내	2차 허용한도, 연극, 오페라, 뮤지컬, 오케스트라

건축계획 1-17. 무대 관련 설비

① 티이서 : 극장 전 무대 아치의 상부를 가로질러 위쪽으로 설치한 수평인 커튼으로 무대지붕의 이면의 은폐에 사용하며 무대 양측을 따라서 있는 막과 함께 사용한다.

② 사이클로라마(호리존트) : 무대의 제일 뒤에 설치되는 무대 배경용 벽이다.

③ 플라이 갤러리 : 무대 후면 벽 주위 6 ~ 9m 높이에 설치되는 좁은 통로이다. 그리드아이언에 올라가는 계단과 연결된다.

④ 그리드아이언 : 격자 발판으로, 무대 천장에 설치되어 무대의 배경이나 조명기구 또는 음향반사판 등을 매달 수 있게 한 장치이다.

⑤ 플라이 로프트 : 무대 상부 공간(프로시니엄 높이의 4배)

⑥ 잔교 : 프로시니엄 바로 뒤에 접하여 설치된 발판으로, 조명을 조작하거나 비나 눈이 내리는 장면을 위해 필요하다. 바닥 높이가 관람석보다 높아야 한다.

⑦ 로프트블록 : 그리드 아이언에 설치된 활차

⑧ 플로어트랩 : 무대의 임의 장소에서 연기자의 등장과 퇴장이 이루어질 수 있도록 무대와 트랩 룸 사이를 계단이나 사다리로 오르내릴 수 있는 장치

⑨ 그린 룸 : 출연자 대기실

⑩ 앤티 룸 : 무대와 그린 룸 가까이에서 배우가 출연 직전에 대기하는 곳

⑪ 프롬프터 박스 : 무대 중앙에 객석측을 둘러싸고 무대측만 개방하여 이곳에서 대사를 불러주고 기타 연기의 주의 환기를 주지시키는 곳이다.

⑫ 록 레일(lock rail) : 와이어 로프(wire rope)를 한곳에 모아서 조정하는 장소이며, 벽에 가이드레일을 설치해야 되기 때문에 무대의 좌우 한쪽 벽에 위치한다.

건축계획 1-18. 전시실의 순로 형식

① 연속 순로 형식
    ㉠ 구형 또는 다각형의 각 전시실을 연속적으로 연결하는 형식
    ㉡ 단순하고 공간이 절약된다.
    ㉢ 소규모의 전시실에 적합하다.
    ㉣ 전시벽면을 많이 만들 수 있다.
    ㉤ 많은 실을 순서별로 통해야 하고 1실을 닫으면 전체 동선이 막히게 된다.

② 갤러리 및 코리도 형식
    ㉠ 연속된 전시실의 한쪽 복도에 의해 각 실을 배치한 형식이다.
    ㉡ 복도가 중정을 포위하여 순로를 구성하는 경우가 많다.
    ㉢ 각 실에 직접 출입이 가능하며 필요시 자유로이 독립적으로 폐쇄할 수 있다.
    ㉣ 르 코르뷔지에가 와상동선을 발전시켜 미술관 안으로 '성장하는 미술관'을 계획하였다.

③ 중앙홀 형식

    ㉠ 중심부에 하나의 큰 홀을 두고 그 주위에 각 전시실을 배치하여 자유로이 출입하는 형식이다.

    ㉡ 부지의 이용률이 높은 지점에 건립할 수 있다.

    ㉢ 중앙홀이 크면 동선의 혼란이 없으나 장래에 많은 무리가 따른다.

건축계획 1-19. 미술관 전시실 창의 자연채광형식

① 정광창 형식(top light) : 전시실 천장의 중앙에 천창을 계획하는 방법으로, 전시실의 중앙부를 가장 밝게 하여 전시 벽면에 조도를 균등하게 한다. 그러나 반사장애가 일어나기 쉽다.

② 측광창 형식(side light) : 전시실의 직접 측면 창에서 광선을 사입하는 방법으로 광선이 강하게 투과할 때는 간접 사입으로 조도분포가 좋아질 수 있게 하여야 한다. 소규모 전시실에 적합하며 채광방식 중 가장 나쁘다.

③ 고측광창 형식(clerestory) : 천장에 가까운 측면에서 채광하는 방법으로 측광식과 정광식을 절충한 방법이다. 가장 이상적인 자연 채광법으로 회화면은 밝고 관람자 부분은 어둡다.

④ 정측광창 형식(top side light monitor) : 관람자가 서 있는 위치의 상부에 천장을 불투명하게 하여 측벽에 가깝게 채광창을 설치하는 방법이며, 천장의 높이가 높기 때문에 광선이 약해지는 것이 결점이다. 양측채광을 하며, 반사율이 높은 재료로 마감하고 개구부 부근의 벽면을 경사지게 한다.

| 정광창 방식 | 측광창 방식 | 정측광창 방식 | 고측광창 방식 | 특수채광 방식 |

건축계획 1-20. 체육시설 규모

종류	길이(m)	폭(m)	높이(m)
농구	26(±2)	14(±1)	7
배구	18	9	12.5
배드민턴	13.4	5.18	7.6
탁구	14	7	4

건축계획 1-21. 환경설계를 통한 범죄예방(CPTED)

건물이나 공원, 가로 등 도시의 환경 설계를 통해 사전에 범죄를 예방하는 것을 말한다. 현대 범죄예방 환경설계 이론의 시초로는 제인 제이콥스(Jane Jacobs)를 꼽는다. 제이콥스는 1961년 'The Death and Life of Great American Cities(미국 대도시의 삶과 죽음)'에서 도시 재개발에 따른 범죄 문제에 대한 해결방법으로 도시 설계 방법을 제시했다. 이후 레이 제프리(C. Ray. Jeffery)의 1971년 저서 'Crime Prevention Through Environmental Design(환경 설계를 통한 범죄 예방)'과 오스카 뉴먼(Oscar Newman)의 1972년 저서 'Defensible Space(방어 공간)' 등에서 환경설계와 범죄와의 상관관계 연구가 본격적으로 발전했다.

셉테드(CPTED)에서 범죄란 물리적인 환경에 따라 발생빈도가 달라진다는 개념에서 출발한다. 즉, 적절한 설계 및 건축 환경을 통해 범죄를 감소시키는 데 목적이 있다. 이에 특정한 공간에서 범죄를 예방하는 방법으로는 담장, CCTV, 놀이터 등 시설물뿐 아니라 도시설계 및 건축계획 등 기초 디자인 단계에서부터 셉테드 개념이 적용되고 있다. 셉테드는 일반적으로 다음의 5가지 방향을 지향한다.

① 자연적 감시 : 자연적 감시는 건물·시설물의 배치에 있어 일반인들에 의한 가시권을 최대화하는 전략이다.

② 자연적 접근 통제 : 자연적 접근 통제는 보호되어야 할 공간에 대한 출입을 제어하여 범죄 목표에 대한 접근을 어렵게 하고 범죄 행위의 노출(발각) 가능성을 높이는 설계 원리를 말한다.

③ 영역성 : 영역성은 주민에게 거시적인 영역의 소속감을 제공하여 범죄에 대한 관심을 높이고 잠재적 범죄자에게 그러한 영역성을 인식시키는 것이다.

④ 활동의 활성화 : 활동의 활성화는 주민들이 함께 어울릴 수 있는 환경을 조성하여 자연적인 감시 활동을 강화하는 것이다.

⑤ 유지 및 관리 : 유지 및 관리의 원리는 시설물을 깨끗하고 정상적으로 유지하여 범죄를 예방하는 것으로 깨진 창문 이론과 그 맥락을 같이 한다.

※ 범죄예방기준에 따라야 하는 건축물

- 다가구주택, 아파트, 연립주택 및 다세대주택
- 제1종 근린생활시설 중 일용품을 판매하는 소매점
- 제2종 근린생활시설 중 다중생활시설
- 문화 및 집회시설(동·식물원은 제외)
- 교육연구시설(연구소 및 도서관은 제외)
- 노유자시설
- 수련시설
- 업무시설 중 오피스텔
- 숙박시설 중 다중생활시설

건축계획 2-1. 건축양식의 발달 순서

- 이집트 → 그리스 → 로마 → 초기 기독교 → 사라센 → 비잔틴 → 로마네스크 → 고딕 → 르네상스 → 바로크 → 로코코 → 고전주의 → 낭만주의 → 절충주의 → 수공예 운동 → 아르누보 운동 → 시카고파 → 세제션 → 독일공작연맹 → 바우하우스, 입체파 → 유기적 건축 → 국제주의 → 포스트모더니즘 → 레이트 모더니즘

고대 건축	이집트, 서아시아(바빌로니아)
고전 건축	그리스, 로마
중세 건축	초기기독교, 비잔틴, 사라센, 로마네스크, 고딕
근세 건축	르네상스, 바로크, 로코코
근대 건축	신고전주의, 낭만주의, 절충주의, 건축기술
	수공예운동, 아르누보운동, 시카고파, 세제션 운동, 독일공작연맹
	바우하우스, 유기적 건축, 국제주의, 거장시대
	팀텐, GEAM, 아키그램, 메타볼리즘, 슈퍼스튜디오, 형태주의, 브루탈리즘, 포스트모더니즘, 레이트 모더니즘
현대 건축	대중주의, 신합리주의, 지역주의, 구조주의, 신공업기술주의, 해체주의

건축계획 2-2. 피라미드와 지구라트의 비교

구분	피라미드	지구라트
재료	돌	흙벽돌
방향	면이 동서남북	모서리가 동서남북
내부	묘실	밀적체
기능	분묘	관측소의 제단

건축계획 2-3. 그리스 주범

도리아 주범	• 가장 단순하고 장중한 느낌을 준다. • 남성 신체의 비례와 힘을 나타낸다. • 주초가 없다. • 배흘림이 뚜렷하다.	• 파르테논 신전 • 티세이온 신전 • 포세이돈 신전
이오니아 주범	• 여성적인 느낌을 준다. • 주초가 있으며 배흘림이 약하다. • 주두는 소용돌이 형상이다.	• 에렉테이온 신전 • 아르테미스 신전 • 니케아테로스 신전
코린트 주범	• 주두에 아칸서스 나뭇잎 장식이 있다. • 기념적 건축에만 주로 사용되었다.	• 올림픽 에이온 • 리시크라테스 기념탑

건축계획 2-4. 그리스 건축과 로마 건축

	그리스 건축	로마 건축
건물형태	신전	바실리카, 원형경기장, 목욕장
스타일	직사각형	원형, 타원형, 복합형
재료	대리석	콘크리트
구조	기둥과 보	궁형아치, 볼트, 돔
특징	기둥	아치
강조	외부의 조작적 형태	내부 공간, 효율성
천장	낮음	위로 솟음
실내	작고 비좁음	넓음
도시중심	스토아로 구획된 아고라	포럼
규모	인체 비례에 기초	거대함
정신	절제	과시

건축계획 2-5. 근대건축 5원칙

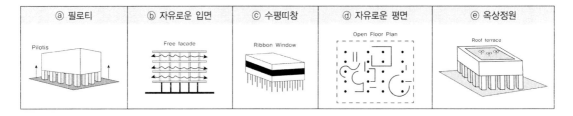

건축계획 3-1. 한국의 지역별 전통 주거배치

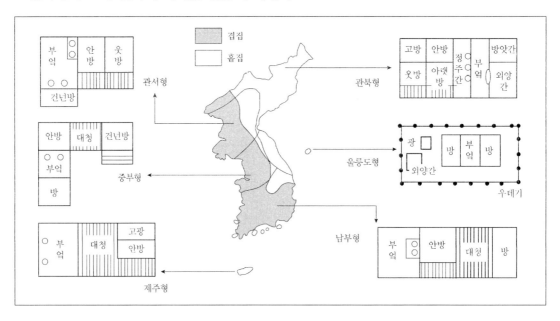

건축계획 3-2. 주심포식과 다포식의 비교

구조	주심포식	다포식
전래	고려 중기 남송에서 전래	고려말 원나라에서 전래
공포배치	기둥 위에 주두를 놓고 배치	기둥 위에 창방과 평방을 놓고 그 위에 공포배치
공포의 출목	2출목 이하	2출목 이상
첨차의 형태	하단의 곡선이 S자형으로 길게하여 둘을 이어서 연결한 것 같은 형태	밋밋한 원호 곡선으로 조각
소로 배치	비교적 자유스럽게 배치	상, 하로 동일 수직선상에 위치를 고정
내부 천장구조	가구재의 개개 형태에 대한 장식화와 더불어 전체 구성에 미적인 효과를 추구(연등천장)	가구재가 눈에 띄지 않으며 구조상의 필요만 충족(우물천장)
보의 단면형태	위가 넓고 아래가 좁은 4각형을 접은 단면	춤이 높은 4각형으로 아랫모를 접은 단면
기타	우미량 사용	

		주심포식	다포식	익공식
고려		• 안동 봉정사 극락전 • 영주 부석사 무량수전 • 예산 수덕사 대웅전 • 강릉 객사문 • 평양 숭인전	• 경천사지 10층 석탑 • 연탄 심원사 보광전 • 석왕사 응진전 • 황해봉산 성불사 응진전	
조선	초기	• 강화 정수사 법당 • 송광사 극락전 • 무위사 극락전	• 개성 남대문 • 서울 남대문 • 안동 봉정사 대웅전 • 청양 장곡사 대웅전	• 합천 해인사 장경판고 • 강릉오죽헌
	중기	안동 봉정사 화엄강당	• 화엄사 각황전 • 범어사 대웅전 • 강화 전등사 대웅전 • 개성 창경궁 명정전 • 서울 창덕궁 돈화문	• 충무 세병관 • 서울 동묘 • 서울 문묘 명륜당 • 남원 광한루
	후기	전주 풍남문	• 경주 불국사 극락전 • 경주 불국사 대웅전 • 경복궁 근정전 • 창덕궁 인정전 • 수원 팔달문 • 서울 동대문	• 수원 화서문 • 제주 관덕정

※ 익공식 : 공포가 매우 간결한 형식

• 조선 초기 형성, 중기 이후 사용

• 궁궐이나 사찰의 부속건물 및 소규모 건물에 사용됨

• 기원은 주심포, 의장은 다포형식을 따름

• 2익공에 재주두 있음

• 외부로 1출목 또는 무출목

건축계획 3-3. 서울 5대궁 비교

구분	경복궁	창덕궁	창경궁	경희궁	덕수궁
별칭	북궐	동궐	동궐	서궐	남궐(경운궁)
성격	정궁	이궁	이궁	이궁	행궁
창건	1394	1405	1483	1616	고종
향(정전)	남	남	동향	남	남
정문	광화문	돈화문	홍화문	홍화문	대한문
중문	근정문	인정문	명정문	승정문	중화문
정전	근정전	인정전	명정전	승정전	중화전
편전	사정전, 천추, 만춘	신정전	문정전	자정전	덕홍전
침전	강녕전	대조전 (용마루 無)	동명전 (용마루 無)		함령전
내전	교태, 자경	회정당	경춘, 환경		준명당
내전	교태, 자경	회정당	경춘, 환경		준명당

다리	영제교	금천교	옥천교		금천교
		후원(비원)			
부속건물	경회루 향원정 집옥재	숭문당 회정당 주합루 영화당 부용정 낙선재 연경당	양화당 경춘전		석어당 즉조당 석조전

- 경복궁 : 주요건물은 좌우대칭, 부속건물과 정원은 비대칭적
- 창덕궁 : 경사지역에 건물들을 자유스럽게 비정형적으로 배치, 경복궁 다음으로 큰 궁궐, 비원과 후원이 인상적인 궁궐
- 창경궁 : 가장 오래된 궁궐, 다른 궁궐과 달리 동향으로 배치(일제 때 동물원으로 개조됨)
- 덕수궁 : 임진왜란 후 정궁으로 사용, 조선 말기에 최초의 서양식 건축물인 석조전이 지어짐

건축계획 3-4. 한옥의 착시 효과

① 후림 : 평면에서 처마의 안쪽으로 휘어 들어오는 것

② 조로 : 입면에서 처마의 양끝이 들려 올라가는 것

③ 귀솟음(우주) : 건물의 귀기둥을 중간 평주(平柱)보다 높게 한 것

④ 오금(안쏠림) : 귀기둥을 안쪽으로 기울어지게 한 것

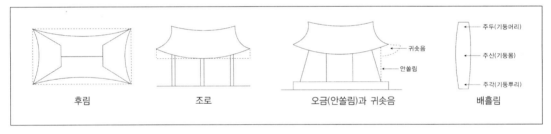

후림 / 조로 / 오금(안쏠림)과 귀솟음 / 배흘림

건축계획 4-1. 조명기구의 종류 및 특성

	백열전구	형광등	HID		
			(고압)수은등	메탈힐라이드등	고압 나트륨등
크기[W]	30 ~ 2000	20 ~ 220	40 ~ 1000	125 ~ 2000	150 ~ 1000
효율[lm/W]	나쁨	양호	양호	좋음	매우 좋음
수명	짧음	긺	긺	긺	긺
연색	좋음	좋음	나쁨	좋음	나쁨
용도	조명전반, 각종 특수용도용으로 만들어지기도 함	조명전반, 각종 특수용도용으로 만들어지기도 함	천장 높은 옥내·옥외 조명, 도로조명·상점·공장·체육관	천장 높은 옥내, 연색성이 요구되는 미술관, 상점, 사무실	천장 높은 옥내·옥외 조명, 도로조명
기타	• 빛은 집광성 • 높은 휘도 • 높은 표면온도 • 높은 열 발생	• 빛은 확산성 • 낮은 휘도 • 온도에 따른 효율의 변화	점등 때 안정되기까지 10분 소요	점등 때 안정되기까지 10분 소요	• 빛은 확산성 • 높은 휘도 • 점등 때 안정되기까지 10분 소요

건축계획 4-2. 작업별 적정소요조도

조 명	권장조도(lx)	작업의 종류
그다지 많이 사용하지 않는 장소나, 보이기만 하면 되는 장소의 전반조명	25	주변이 어두운 공공장소
	30	
	50	
	75	짧은 시간의 출입을 위한 장소
	100	
	150	
	200	수납공간, 입구, 홀
작업실내의 전반조명	300	간단한 작업이 이루어지는 작업실
	500	집중을 요하지 않는 기계작업, 강의실
	750	
	1000	보통의 기계작업, 사무실
	1500	
	2000	조각, 직물공장의 검사
정밀한 시작업을 위해 추가하는 조명	3000	장시간에 걸친 정밀 시작업
	5000	세밀한 전자부품이나 시계조립
	7500	
	10000	극히 미세한 전자부품조립
	15000	
	20000	외과수술

건축계획 4-3. 열환경 기본용어

① **현열** : 물질의 온도변화 과정에서 흡수되거나 방출된 열에너지

② **잠열** : 물질의 상태변화 과정에서 온도의 변화 없이 흡수되거나 방출된 열에너지

③ **열전달** : 고체 내부에서는 전도에 의해 열이 이동하지만 고체표면에서는 대류나 복사에 의하여 열이 이동된다. 따라서 벽 표면에서는 경계층 내의 공기의 열전도와 경계층 밖의 공기의 대류 및 복사에 의한 열이 전달된다.

④ **열전달률** : 벽 표면과 유체 간의 열의 이동 정도를 표시하며 벽 표면적 $1m^2$, 벽과 공기의 온도차 1K일 때 단위시간 동안에 흐르는 열량($W/m^2 \cdot K$)

⑤ **열전도** : 고체 벽 내부의 고온측에서 저온측으로 열이 이동하는 현상

⑥ **열전도율** : 두께 1m의 균일재에 대하여 양측의 온도차가 1℃일 때 $1m^2$의 표면적을 통해 흐르는 열량. 단위는 kcal/m · h · ℃ 또는 W/mK

⑦ **열전도비저항** : 콘크리트나 동, 목재 등처럼 두께가 일정하지 않은 재료의 열전도저항을 표시할 수 없을 경우 두께가 정해지지 않았어도 균일한 재료에서는 단위두께의 열저항으로 표현하는데 이를 열전도비저항이라고 한다.

⑧ **열관류** : 고체로 격리된 공간(예를 들면 외벽)의 한쪽에서 다른 한쪽으로의 전열을 말하며 열통과라고도 한다.

⑨ **열관류율** : 표면적 $1m^2$인 구조체를 사이에 두고 온도차가 1℃일 때 구조체를 통해 전달되는 열량. 단위는 kcal/m^2 · h · ℃ 또는 W/m^2K이며 이 값이 작을수록 열성능상 유리하다.

건축계획 4-4. 온도의 종류

온도	기호	기온	습도	기류	복사열
유효온도	ET	○	○	○	
수정유효온도	CET	○	○	○	○
신유효온도	ET^*	○	○	○	○
표준유효온도	SET	○	○	○	○
작용온도	OT	○		○	○
등가온도	E_qT	○		○	○
등온감각온도	$E_{qw}T$	○	○	○	○
합성온도	RT	○		○	○

건축계획 4-5. 환기 방식

명칭	급기	배기	실내압	적용 대상
제1종 환기	기계	기계	임의	병원 수술실
제2종 환기	기계	자연	정압	무균실, 반도체 공장
제3종 환기	자연	기계	부압	화장실, 주방

건축계획 4-6. 실내공기질 유지기준

오염물질 항목 / 다중이용시설	미세먼지 (PM-10) ($\mu g/㎥$)	미세먼지 (PM-2.5) ($\mu g/㎥$)	이산화탄소 (ppm)	폼알데하이드 ($\mu g/㎥$)	총부유세균 (CFU/㎥)	일산화탄소 (ppm)
가. 지하역사, 지하도상가, 철도역사의 대합실, 여객자동차터미널의 대합실, 항만시설 중 대합실, 공항시설 중 여객터미널, 도서관·박물관 및 미술관, 대규모 점포, 장례식장, 영화상영관, 학원, 전시시설, 인터넷컴퓨터게임시설제공업의 영업시설, 목욕장업의 영업시설	100 이하	50 이하	1,000 이하	100 이하	–	10 이하
나. 의료기관, 산후조리원, 노인요양시설, 어린이집, 실내어린이놀이시설	75 이하	35 이하		80 이하	800 이하	
다. 실내주차장	200 이하	–		100 이하	–	25 이하
라. 실내 체육시설, 실내 공연장, 업무시설, 둘 이상의 용도에 사용되는 건축물	200 이하	–	–	–	–	–

※ 비고
1. 도서관, 영화상영관, 학원, 인터넷컴퓨터게임시설제공업 영업시설 중 자연환기가 불가능하여 자연환기설비 또는 기계환기설비를 이용하는 경우에는 이산화탄소의 기준을 1,500ppm 이하로 한다.
2. 실내 체육시설, 실내 공연장, 업무시설 또는 둘 이상의 용도에 사용되는 건축물로서 실내 미세먼지(PM-10)의 농도가 $200\mu g/㎥$에 근접하여 기준을 초과할 우려가 있는 경우에는 실내공기질의 유지를 위하여 다음 각 목의 실내공기정화시설(덕트) 및 설비를 교체 또는 청소하여야 한다.
   가. 공기정화기와 이에 연결된 급·배기관(급·배기구를 포함한다)
   나. 중앙집중식 냉·난방시설의 급·배기구
   다. 실내공기의 단순배기관
   라. 화장실용 배기관
   마. 조리용 배기관

건축계획 4-7. 음압(부압)격리병실

- 병실 내부의 병원체가 외부로 퍼지는 것을 차단하는 특수 격리병실이다. 국내에서는 음압병실(Negative pressure room), 국제적으로는 감염병격리병실(Airborne Infection Isolation Room)이라고 표현한다.
- 이 시설은 병실내부의 공기압을 주변실보다 낮춰 공기의 흐름이 항상 외부에서 병실 안쪽으로 흐르도록 한다. 바이러스나 병균으로 오염된 공기가 외부로 배출되지 않도록 설계된 시설로 감염병 확산을 방지하기 위한 필수시설이다.
- COVID-19 감염병 환자의 병실은 일반 병실과 분리하고 병실내부의 바이러스가 외부로 나가지 못하도록 할 수 있는 음압격리병실과 같이 수술실 내부가 음압이 되는 3종환기방식으로 구성해야 한다.

건축계획 5-1. 급수방식 비교표

조건과 급수방식 수질오염가능성	수도직결식 거의 없다	고가탱크식 많다	압력탱크식 보통이다	부스터방식 보통이다
급수압변화	수도본관의 압력에 따라 변화한다	거의 일정하다	수압변화가 크다	거의 일정하다
단수시 급수	급수가 안 된다	저수조와 고가탱크에 남아있는 수량을 이용할 수 있다	저수조에 남아있는 물을 이용할 수 있다	압력탱크식과 같다
정전 시 급수	관계없다	고가탱크에 남아있는 수량을 이용할 수 있다	발전기를 설치하면 가능하다	압력탱크식과 같다
설비비	싸다	조금 비싸다	보통이다	비싸다
유지관리비	싸다	보통이다	비싸다	조금 비싸다

건축계획 5-2. 보일러의 종류

주철제 보일러	• 조립식이므로 용량을 쉽게 증가시킬 수 있다. • 파열 사고 시 피해가 적다. • 내식-내열성이 우수하다. • 반입이 자유롭고 수명이 길다. • 인장과 충격에 약하고 균열이 쉽게 발생한다. • 고압-대용량에 부적합하다.
노통 연관 보일러	• 부하의 변동에 대해 안정성이 있다. • 수면이 넓어 급수조절이 쉽다.
수관 보일러	• 기동시간이 짧고 효율이 좋다. • 고가이며 수처리가 복잡하다. • 다량의 증기를 필요로 한다. • 고압의 증기를 필요로 하는 병원, 호텔 등에 적합하다.
관류 보일러	• 증기 발생기라고 한다. • 하나의 관내를 흐르는 동안에 예열, 가열, 증발, 과열이 행해진다. • 보유수량이 적기 때문에 시동시간이 짧다. • 수처리가 복잡하고 소음이 높다.
입형 보일러	• 설치면적이 작고 취급이 간단하다. • 소용량의 사무소, 점포, 주택 등에 쓰인다. • 효율은 다른 보일러에 비해 떨어진다. • 구조가 간단하고 가격이 싸다.
전기 보일러	• 심야 전력을 이용하여 가정 급탕용에 사용한다. • 태양열 이용 난방시스템의 보조열원에 이용된다.

건축계획 5-3. 트랩의 종류

트랩	용도	특징
S트랩	대변기, 소변기, 세면기	• 사이펀 작용이 심하여 봉수파괴가 쉬움 • 배관이 바닥으로 이어짐
P트랩	위생 기구에 가장 많이 쓰임	• 통기관을 설치하면 봉수가 안정됨 • 배관이 벽체로 이어짐
U트랩	일명 가옥트랩, 메인트랩이라고 하며 하수가스 역류방지용	• 가옥배수 본관과 공공하수관 연결부위에 설치 • 배수관 최말단에 위치하여 유속을 저하시키는 단점이 있음
벨트랩	욕실 등 바닥배수에 이용	• 종 모양으로 다량의 물을 배수 • 찌꺼기를 회수하기 위해 설치
드럼트랩	싱크대에 이용	• 봉수가 안정 • 다량의 물을 배수
그리스트랩	호텔, 식당 등 주방바닥	• 주방 바닥 기름기 제거용 트랩 • 양식 등 기름이 많은 조리실에 이용
가솔린트랩	주유소, 세차장	휘발성분이 많은 가솔린을 트랩 수면 위에 띄워 통기관을 통해서 휘발시킴
샌드트랩	흙이 많은 곳	
석고트랩	병원 기공실	치과기공실, 정형외과 기브스실에서 배수시 사용
헤어트랩	이발소, 미장원	모발 제거용 트랩
런드리트랩	세탁소	단추, 끈 등 세탁 오물 제거용 트랩

건축계획 5-4. 통기관의 종류

종류	특기사항	관경
각개 통기관	• 가장 이상적인 방법 • 각개 통기관과 동수구배선 • 설비비가 비쌈	접속하는 배수관경의 1/2 이상 또는 32㎜ 이상
루프통기관 (회로통기관)	• 1개의 통기관이 2개 이상 기구보호 • 회로통기 1개당 설치기구 8개 이내 • 통기수직관 또는 신정통기관에 연결 • 통기수직관에서 7.5m 이내 • 길이는 7.5m 이내	접속하는 배수관경의 1/2 이상 또는 40㎜ 이상
도피통기관	• 배수수직관과 배수수평관과의 연결 • 최하류 기구 바로 앞에 설치 • 회로통기관의 기구수가 많을 경우 통기를 도움	접속하는 배수관경의 1/2 이상 또는 40㎜ 이상
결합통기관	• 배수수직관과 통기수직관을 연결 • 5개층마다 설치	50㎜ 이상
신정통기관	• 배수수직관의 상부에 설치 • 옥상에 개구 • 가장 단순하고 경제적	
습윤통기관	• 최상류 기구에 설치 • 배수관 + 통기관 역할	

건축계획 5-5. 봉수파괴의 원인

봉수파괴의 원인	방지책	원인
자기사이펀 작용	통기관 설치	만수된 물이 일시에 흐르게 되면 물이 배수관 쪽으로 흡인되어 봉수가 파괴되는 현상
감압에 의한 흡인작용 (유인 사이펀 작용)	통기관 설치	배수 수직주관 가까이 있는 트랩의 경우 다량의 물을 주관으로 배수될 때 진공상태가 되어 봉수가 흡입된다.
역압에 의한 분출작용	통기관 설치	배수 수직주관 가까이에 있는 트랩의 경우 바닥 횡주관에 물이 정체되어 있고 수직관에 다량의 물이 배수될 때 중간에 압력이 발생하여 봉수가 실내 쪽으로 분출하게 된다.
모세관 현상	거름망 설치	트랩 출구에 머리카락, 천조각 등이 걸렸을 경우 모세관 현상에 의해 봉수가 파괴된다.
증발	기름방울로 유막형성	사용빈도가 적거나 건물을 장기간 비울 시 봉수가 자연히 증발하는 현상이다.
자기운동량에 의한 관성작용	유속감소	스스로의 운동량에 의해 트랩의 봉수가 빠져나가는 현상이다.

건축계획 5-6. 소방시설

소화설비	경보설비	피난구조설비	소화용수설비	소화활동설비

• 소화기구
• 자동소화장치
• 옥내소화전설비(호스릴
  옥내소화전설비를 포함)
• 스프링클러설비
• 물분무등소화설비
• 옥외소화전설비
	• 단독경보형 감지기
	• 비상경보설비
	• 시각경보기
	• 자동화재탐지설비
	• 비상방송설비
	• 자동화재속보설비
	• 통합감시시설
	• 누전경보기
	• 가스누설경보기
		• 피난기구
		• 인명구조기구
		• 유도등
		• 비상조명등 및 휴대용비
		  상조명등
			• 상수도소화용수설비
			• 소화수조 · 저수조, 그 밖
			  의 소화용수설비
				• 제연설비
				• 연결송수관설비
				• 연결살수설비
				• 비상콘센트설비
				• 무선통신보조설비
				• 연소방지설비

건축계획 5-7. 소화설비 비교

구분	연결송수관	옥외소화전	옥내소화전	스프링클러	드렌처
표준방수량(L/min)	800	350	130	80	80
방수압력(MPa)	0.35	0.25	0.17	0.1	0.1
수원의 수량(m³) N : 동시개구수 ( ) : 최대기구수	−	7N (2)	2.6N (5)	1.6N	1.6N
설치거리(m)	50	40	25	1.7 ~ 3.2	2.5

건축계획 5-8. 배관의 도시기호

종류	배관 식별색	종류	배관 식별색
물	청색	산	회자색
증기	진한 적색	알칼리	회자색
공기	백색	기름	진한 황적색
가스	황색	전기	엷은 황적색

건축계획 5-9. 증기난방과 온수난방의 비교

구분	증기	온수
표준방열량	650kcal/㎡h	450kcal/㎡h
방열기면적	작다	크다
이용열	잠열	현열
열용량	작다	크다
열운반능력	크다	작다
소음	크다	작다
예열시간	짧다	길다
관경	작다	크다
설치유지비	싸다	비싸다
쾌감도	나쁘다	좋다
온도조절(방열량조절)	어렵다	쉽다
열매온도	102℃ 증기	85~90℃, 100~150℃
고유설비	방열기트랩(증기트랩, 열동트랩)	팽창탱크(개방식 : 보통온수, 밀폐식 : 고온수)
공동설비	공기빼기 밸브, 방열기 밸브	

건축계획 5-10. 공조방식의 비교

공조방식	장점	단점
전공기 방식	• 중앙집중식이므로 운전 및 관리가 용이하다. • 소음 진동의 피해가 적으며 장비선택이 자유롭다. • 실내설치기기가 없으므로 실 유효면적이 넓어진다. • 많은 배기량에도 적응성이 있다. • 겨울철가습이 용이하다. • 열회수, 외기냉방을 용이하게 할 수 있다.	• 덕트 스페이스가 요구된다 . • 대형공조 기계실을 필요로 한다. • 수직 샤프트가 필요하다. • 공기평형을 위한 기구가 없으면 공기균형 유지가 어렵다.
수공기 방식	• 큰 부하의 실에 대해서도 덕트가 작아 스페이스가 절약된다. • 조닝이 용이하며 개별제어가 가능하다. • 전공기방식에 비하여 반송동력이 적다.	• 주로 건물의 외주부에 사용이 한정된다. • 유닛의 소음이 발생하기 쉽다. • 전공기방식에 비해 조정이 복잡하다. • 저성능 필터로 인해 공기청정도가 떨어진다. • 외기냉방, 배열회수는 어렵다. • 수배관을 이용하므로 누수의 위험이 있다. • 실내기기를 바닥 위에 설치하는 기구 유효사용면적이 작아진다.

전수 방식	• 덕트, 공조기계실이 불필요하다. • 반송동력이 적다. • 개별제어 및 운전이 가능하다. • 조닝이 자유롭다. • 저온으로 난방이 가능하므로 태양열이나 열회수냉동장치에 적합하다. • 덕트가 없으므로 배관과 배선의 설치만으로 비교적 설치가 쉽다.	• 온도, 청정도, 기류분포 등의 제어가 곤란하다. • 외기도입이 어려워 실내공기가 오염되기 쉽다. • 실내 배관으로 인한 누수의 위험이 있다.
냉매 방식	• 개별운전, 제어의 가능 • 반송동력이 적다 • 항시 냉난방이 가능 • 덕트, 기계실면적이 작아도 됨 • 최기설치비가 비교적 저렴 • 장래의 부하증가, 증축에 대해서 유닛의 증설로 쉽게 대응할 수 있음	• 온도, 청정도, 기류 분포 등의 제어가 곤란 • 공기분배조정이 제한적 • 유닛에 냉동기를 내장하고 있으므로 소음, 진동의 발생 • 다른 방식에 비해 수명이 짧다 . • 정밀한 습도조절에는 부적합 • 히트펌프 이외의 것은 난방용으로서 전열을 필요로 하므로 운전비가 높다.

건축계획 5-11. 수용률, 부등률, 부하율

- 수용률 $= \dfrac{\text{최대수용전력}(kW)}{\text{부하설비용량}(kW)} \times 100\%$

- 부등률 $= \dfrac{\text{각 부하의 최대수용전력의 합계}(kW)}{\text{합계부하의 최대수용전력}(kW)} \times 100\%$

- 부하율 $= \dfrac{\text{평균수용전력}(kW)}{\text{최대수용전력}(kW)} \times 100\%$

건축계획 6-1. 신축, 증축, 재축, 개축의 구분

① 신축 : 부속건축물만 있는 대지에 주된 건축물을 건축하는 것
② 증축 : 주된 건축물이 있는 대지에 부속건축물을 새로이 축조하는 것, 또는 동일한 용도의 건축물을 새로이 축조하는 것
③ 재축 : 자연재해로 인하여 건축물의 일부 또는 전부가 멸실된 경우 그 대지 안에 종전의 동일한 규모의 범위 안에서 다시 축조하는 행위
④ 개축 : 기존 건축물의 내력벽, 기둥, 보를 철거하고 그 대지에 종전과 같은 규모의 범위에서 건축물을 다시 축조하는 건축 행위

건축계획 6-2. 대수선에 해당되는 경우

- 내력벽을 증설 또는 해체하거나 그 벽면적을 30제곱미터 이상 수선 또는 변경하는 것
- 기둥을 증설 또는 해체하거나 세 개 이상 수선 또는 변경하는 것
- 보를 증설 또는 해체하거나 세 개 이상 수선 또는 변경하는 것
- 지붕틀(한옥의 경우에는 지붕틀의 범위에서 서까래는 제외)을 증설 또는 해체하거나 세 개 이상 수선 또는 변경하는 것
- 방화벽 또는 방화구획을 위한 바닥 또는 벽을 증설 또는 해체하거나 수선 또는 변경하는 것
- 주계단·피난계단 또는 특별피난계단을 증설 또는 해체하거나 수선 또는 변경하는 것
- 다가구주택의 가구 간 경계벽 또는 다세대주택의 세대 간 경계벽을 증설 또는 해체하거나 수선 또는 변경하는 것
- 건축물의 외벽에 사용하는 마감재료를 증설 또는 해체하거나 벽면적 30제곱미터 이상 수선 또는 변경하는 것

※ 건축신고 대상 대수선에 해당하는 경우

① 연면적이 200제곱미터 미만이고 3층 미만인 건축물의 대수선

② 주요구조부의 해체가 없는 등 대통령령으로 정하는 대수선

- 내력벽의 면적을 30제곱미터 이상 수선하는 것
- 기둥을 세 개 이상 수선하는 것
- 보를 세 개 이상 수선하는 것
- 지붕틀을 세 개 이상 수선하는 것
- 방화벽 또는 방화구획을 위한 바닥 또는 벽을 수선하는 것
- 주계단·피난계단 또는 특별피난계단을 수선하는 것

공 사 범 위	판정
내력벽 30m² 이상 수선변경	대수선
방화벽수선 (규모와 관계없이)	대수선
방화구획벽 수선 (규모와 관계없이)	대수선
비내력벽수선 (규모에 관계없이)	대수선 아님
기둥 3개 수선변경	대수선
기둥1 + 보2 수선변경	대수선 아님
기둥1 + 보1 + 지붕틀1 수선	개축

건축계획 6-3. 단독주택과 공동주택 구분

분 류	세분류	주택으로 쓰이는 1개동 연면적	주택의 층수
단독주택	단독주택		
	다중주택	330m² 이하	3개 층 이하
	다가구주택	660m² 이하(부설 주차장 면적 제외)	3개 층 이하(지하층, 필로티층수 제외)
	공관		
공동주택	다세대주택	660m² 이하(부설 주차장 면적 제외)	4개 층 이하(지하층, 필로티층수 제외)
	연립주택	660m² 초과(부설 주차장 면적 제외)	4개 층 이하(지하층, 필로티층수 제외)
	아파트		5개 층 이상(지하층, 필로티층수 제외)
	기숙사		

건축계획 6-4. 건축물의 용도 분류

단독주택	단독주택, 다중주택, 다가구주택, 공관
공동주택	아파트, 연립주택, 다세대주택, 기숙사
근린생활시설	제1종 근린생활시설, 제2종 근린생활시설
문화 및 집회시설	공연장, 집회장, 관람장, 전시장, 동·식물원
종교시설	종교집회장, 종교집회장에 설치하는 봉안당
판매시설	도매시장, 소매시장, 상점
운수시설	여객자동차터미널, 철도시설, 공항 및 항만시설
의료시설	병원, 격리병원
교육연구시설	학교, 교육원, 직업훈련소, 학원, 연구소, 도서관
노유자시설	아동관련시설, 노인복지시설, 사회복지시설 및 근로복지시설
수련시설	생활권 및 자연권 수련시설, 유스호스텔, 야영장 시설

운동시설	체육관, 운동장 등
업무시설	공공업무시설, 일반업무시설
숙박시설	일반숙박시설 및 생활숙박시설, 관광숙박시설, 다중생활시설
위락시설	• 단란주점으로서 제2종 근린생활이 아닌 것 • 유흥주점 및 이와 유사한 것 • 유원시설업의 시설 및 기타 이와 유사한 것 • 카지노 영업소 • 무도장과 무도학원
공장	물품의 제조·가공 또는 수리에 계속적으로 이용되는 건축물로서 다른 용도로 분류되지 아니한 것
창고시설	창고, 하역장, 물류터미널, 집배송시설
위험물 저장 및 처리 시설	주유소 및 석유 판매소, 액화석유가스 충전소·판매소·저장소(기계식 세차설비 포함), 위험물 제조소·저장소·취급소, 액화가스 취급소·판매소, 유독물 보관·저장·판매시설, 고압가스 충전소·판매소·저장소, 도료류 판매소, 도시가스 제조시설, 화약류 저장소 등
자동차 관련 시설	주차장, 세차장, 폐차장, 매매장, 검사장, 정비공장, 운전학원, 정비학원, 차고 및 주기장
동·식물 관련 시설	축사, 가축시설, 도축장, 도계장, 작물재배사, 종묘배양시설, 화초 및 분재 등의 온실(과 유사한 것)
자원순환 관련 시설	하수 등 처리시설, 고물상, 폐기물재활용시설, 폐기물 처분시설, 폐기물감량화시설
교정 및 군사시설	교정시설, 갱생보호시설 등 범죄자의 갱생·보육·교육·보건 등의 용도로 쓰는 시설, 소년원 및 소년분류심사원, 국방·군사시설
방송통신시설	방송국, 전신전화국, 촬영소, 통신용시설, 데이터센터 등
발전시설	발전소로 사용되는 건축물 중 제1종 근린생활시설로 분류되지 않은 것
묘지 관련 시설	화장시설, 봉안당(종교시설에 해당하는 것 제외), 묘지와 자연장지에 부수되는 건축물, 동물화장시설, 동물건조장(乾燥葬)시설 및 동물 전용의 납골시설
관광휴게시설	야외음악당, 야외극장, 어린이회관, 관망탑, 휴게소, 공원·유원지 또는 관광지에 부수되는 시설
장례시설	장례식장, 동물 전용의 장례식장
야영장 시설	야영장 시설로서 관리동, 화장실, 샤워실, 대피소, 취사시설 등의 용도로 쓰는 바닥면적의 합계가 300제곱미터 미만인 것

용도	바닥면적합계	분류
슈퍼마켓	1000㎡ 미만	1종 근린생활시설
일용품점	1000㎡ 이상	판매시설
휴게 음식점	300㎡ 미만	1종 근린생활시설
	300㎡ 이상	2종 근린생활시설
동사무소	1000㎡ 미만	1종 근린생활시설
방송국 등	1000㎡ 이상	업무시설
고시원	500㎡ 미만	2종 근린생활시설
	500㎡ 이상	숙박시설
학원	500㎡ 미만	2종 근린생활시설
	500㎡ 이상	교육연구시설
단란주점	150㎡ 미만	2종 근린생활시설
	150㎡ 이상	위락시설

건축계획 6-5. 공개공지 확보대상

대상지역의 환경을 쾌적하게 조성하기 위하여 다음의 용도 및 규모의 건축물은 일반이 사용할 수 있도록 소규모 휴식시설 등의 공개 공지 또는 공개 공간을 설치하여야 한다.

대상지역	용도	규모
• 일반주거지역 • 준주거지역 • 상업지역 • 준공업지역 • 특별자치시장·특별자치도지사 또는 시장·군수·구청장이 도시화의 가능성이 크거나 노후 산업단지의 정비가 필요하다고 인정하여 지정·공고하는 지역	• 문화 및 집회시설 • 판매시설(농수산물 유통시설은 제외) • 업무시설 • 숙박시설 • 종교시설 • 운수시설(여객용시설만 해당) • 다중이 이용하는 시설로서 건축조례가 정하는 건축물	바닥면적의 합계 5,000㎡ 이상

건축계획 6-6. 건축기준의 허용오차

항목	허용오차범위	
건축물 높이	2% 이내	1m를 초과할 수 없다.
출구너비		–
반자높이		–
평면길이		건축물 전체길이는 1m를 초과할 수 없다. 벽으로 구획된 각 실은 10cm를 초과할 수 없다.
벽체두께	3% 이내	
바닥판 두께		

건축계획 6-7. 구조안전 확인대상 건축물

구조 안전을 확인한 건축물 중 다음에 해당하는 건축물의 건축주는 해당 건축물의 설계자로부터 구조 안전의 확인 서류를 받아 착공신고를 하는 때에 그 확인 서류를 허가권자에게 제출하여야 한다. 다만, 표준설계도서에 따라 건축하는 건축물은 제외한다.

㉠ 층수가 2층[주요구조부인 기둥과 보를 설치하는 건축물로서 그 기둥과 보가 목재인 목구조 건축물의 경우에는 3층] 이상인 건축물

㉡ 연면적이 200㎡²(목구조 건축물의 경우에는 500㎡²) 이상인 건축물(창고, 축사, 작물 재배사는 제외)

㉢ 높이가 13m 이상인 건축물

㉣ 처마높이가 9m 이상인 건축물

㉤ 기둥과 기둥 사이의 거리가 10m 이상인 건축물

㉥ 건축물의 용도 및 규모를 고려한 중요도가 높은 건축물로서 국토교통부령으로 정하는 건축물

㉦ 국가적 문화유산으로 보존할 가치가 있는 건축물로서 국토교통부령으로 정하는 것

㉧ 한쪽 끝은 고정되고 다른 끝은 지지되지 아니한 구조로 된 보·차양 등이 외벽(외벽이 없는 경우에는 외곽 기둥을 말한다)의 중심선으로부터 3m 이상 돌출된 건축물

㉨ 특수한 설계·시공·공법 등이 필요한 건축물로서 국토교통부장관이 정하여 고시하는 구조로 된 건축물

㉩ 단독주택 및 공동주택

건축계획 6-8. 구조기술사와의 협력대상 건축물

다음의 어느 하나에 해당하는 건축물의 설계자는 해당 건축물에 대한 구조의 안전을 확인하는 경우에는 건축구조기술사의 협력을 받아야 한다.

ㄱ 6층 이상인 건축물

ㄴ 특수구조 건축물
- 한쪽 끝은 고정되고 다른 끝은 지지(支持)되지 아니한 구조로 된 보·차양 등이 외벽(외벽이 없는 경우에는 외곽 기둥을 말한다)의 중심선으로부터 3미터 이상 돌출된 건축물
- 기둥과 기둥 사이의 거리(기둥의 중심선 사이의 거리를 말하며, 기둥이 없는 경우에는 내력벽과 내력벽의 중심선 사이의 거리를 말한다.)가 20미터 이상인 건축물
- 특수한 설계·시공·공법 등이 필요한 건축물로서 국토교통부장관이 정하여 고시하는 구조로 된 건축물

ㄷ 다중이용건축물, 준다중이용건축물

ㄹ 3층 이상의 필로티형식 건축물

ㅁ 건축물의 용도 및 규모를 고려한 중요도가 높은 건축물로서 국토교통부령으로 정하는 건축물

건축계획 6-9. 복도 폭

구분	양 옆에 거실이 있는 복도	기타의 복도
유치원, 초등학교, 중학교, 고등학교	2.4m 이상	1.8m 이상
공동주택, 오피스텔	1.8m 이상	1.2m 이상
당해 층 거실의 바닥면적 합계가 200㎡ 이상인 경우	1.5m 이상 (의료시설의 복도는 1.8m 이상)	1.2m 이상

건축계획 6-10. 주요 구조부

주요 구조부	그림	제외되는 부분
내력벽		비내력벽
기둥		사이 기둥
바닥		최하층 바닥
보	지붕틀 / 기둥, 벽 / 바닥, 보 / 주계단	작은 보
지붕틀		차양
주계단		옥외계단 등

건축계획 6-11. 갑종방화문, 을종방화문

구분		갑종방화문	을종방화문	비고
특별피난계단	내부에서 노대(부속실)로의 출입문	O		
	노대 또는 부속실에서 계단출입문	O	O	
피난계단 내부에서 계단실 출입문		O		개정
방화구획		O		
방화벽 개구부		O		2.5m × 2.5m 이하
방화지구 내 연소우려 있는 방화문		O		

- 갑종방화문 : 비차열(非遮熱) 1시간 이상의 성능을 갖춘 문. (단, 아파트 발코니에 설치하는 대피공간의 갑종방화문은 차열(遮熱) 30분 이상의 성능을 갖추어야 한다.)
- 을종방화문 : 비차열 30분 이상의 성능을 확보한 문.
- 비차열(非遮熱) : 비차열(非遮熱)이란 화재 시 방화문을 통하여 발생하는 복사열을 차단해 주는 차열(열차단)성은 고려하지 않는다는 의미이다. 즉, 비차열 1시간 이상이라 함은 차열성능은 배제하고 방화문이 순수하게 방화기능을 할 수 있는 시간이 1시간 이상이라는 것이다.

건축계획 6-12. 비상탈출구 구조기준

비상탈출구	구조기준
비상탈출구의 크기	유효너비 0.75m 이상으로 하고, 유효높이는 1.5m 이상으로 할 것
비상탈출구의 구조	피난방향으로 열리도록 하고, 실내에서 항상 열 수 있는 구조로 하며, 내부 및 외부에는 비상탈출구 표시를 할 것
비상탈출구의 설치	출입구로부터 3m 이상 떨어진 곳에 설치할 것
지하층의 바닥으로부터 비상탈출구의 하단까지가 높이 1.2m 이상이 되는 경우	벽체에 발판의 너비가 20cm 이상인 사다리를 설치할 것
피난통로의 유효너비	0.75m 이상으로 하고, 피난통로의 실내에 접하는 부분의 마감과 그 바탕은 불연재료로 할 것

건축계획 6-13. 엘리베이터 설치대수 산정

용도	A : 6층 이상의 거실면적의 합계	
	3,000m² 이하	3,000m² 초과
공연, 집회, 관람장, 소·도매시장, 상점, 병원시설	2대	$2대 + \dfrac{A - 3,000m^2}{2,000m^2}대$
전시장 및 동·식물원, 위락, 숙박, 업무시설	1대	$1대 + \dfrac{A - 3,000m^2}{2,000m^2}대$
공동주택, 교육연구시설, 기타 시설	1대	$1대 + \dfrac{A - 3,000m^2}{3,000m^2}대$

건축계획 6-14. 주차전용 건축물

주차장 외의 부분의 용도		주차장 면적비율
• 일반 용도		연면적 중 95% 이상
• 제1종 근린생활시설	• 판매시설	
• 제2종 근린생활시설	• 운수시설	연면적 중 70% 이상
• 자동차 관련 시설	• 운동시설	
• 종교시설	• 업무시설	

건축계획 6-15. 부설주차장 설치기준

주요시설	설치기준
위락시설	100㎡당 1대
문화 및 집회시설(관람장 제외) 종교시설 판매시설 운수시설 의료시설(정신병원, 요양병원 및 격리병원 제외) 운동시설(골프장, 골프연습장, 옥외수영장 제외) 업무시설(외국공관 및 오피스텔은 제외) 방송통신시설 중 방송국 장례식장	150㎡당 1대
숙박시설, 근린생활시설(제1종, 제2종)	200㎡당 1대
단독주택	• 시설면적 50㎡ 초과 150㎡ 이하 : 1대 • 시설면적 150㎡초과 시 : $1 + \dfrac{(시설면적 - 150m^2)}{100m^2}$
다가구주택, 공동주택(기숙사 제외), 오피스텔	주택건설기준 등에 관한 규정
골프장 골프연습장 옥외수영장 관람장	1홀당 10대 1타석당 1대 15인당 1대 100인당 1대
수련시설, 발전시설, 공장(아파트형 제외)	350㎡당 1대
창고시설	400㎡당 1대
학생용 기숙사	400㎡당 1대
그 밖의 건축물	300㎡당 1대

건축계획 6-16. 노외주차장의 구조 및 설비 기준 / 주차단위 구획 기준

① 출입구

 ㉠ 노외주차장의 입구와 출구는 자동차의 회전을 용이하게 하기 위해 필요한 때는 차로와 도로가 접하는 부분의 각지를 곡선형으로 해야 한다.

 ㉡ 출구로부터 2m 후퇴한 차로의 중심선상 1.4m의 높이에서 도로의 중심선 직각으로 향한 좌우측 각 60도의 범위 안에서 당해 도로를 통행하는 자의 존재를 확인할 수 있어야 한다.

 ㉢ 노외주차장의 출입구의 너비는 3.5미터 이상으로 해야 한다.

 ㉣ 주차대수 규모가 50대 이상인 경우에는 출구와 입구를 분리하거나 너비 5.5미터 이상의 출입구를 설치하여 소통이 원활하도록 해야 한다.

 ㉤ 주차대수 400대를 초과하는 규모의 경우에는 출구와 입구를 각각 따로 설치하는 것이 원칙이다.

② 차로의 구조 기준

 ㉠ 주차 부분의 장, 단변 중 1변 이상이 차로에 접해야 한다.

 ㉡ 차로의 폭은 주차 형식에 따라 다음 표에 의한 기준 이상으로 해야 한다.(이륜자동차전용 노외주차장 제외).

주차형식	차로의 폭	
	출입구가 2개 이상인 경우	출입구가 1개 이상인 경우
평행주차	3.3m	5.0m
45˚대향주차	3.5m	5.0m
교차주차		
60˚대향주차	4.5m	5.5m
직각주차	6.0m	6.0m

③ 주차단위 구획 기준

주차형식	구분	주차구획
평행주차형식의 경우	이륜자동차 전용	1.0m × 2.3m 이상
	경형	1.7m × 4.5m 이상
	일반형	2.0m × 6.0m 이상
	보도와 차도의 구분이 없는 주거지역의 도로	2.0m × 5.0m 이상
평행주차형식 외의 경우	경형	2.0m × 3.6m 이상
	일반형	2.5m × 5.0m 이상
	확장형	2.6m × 5.2m 이상
	장애인 전용	3.3m × 5.0m 이상
	이륜자동차 전용	1.0m × 2.3m 이상

건축계획 6-17. 용도지역, 용도지구, 용도구역

구분	용도지역	용도지구	용도구역
성격	토지를 경제적, 효율적으로 이용하고 공공복리의 증진을 도모	용도지역의 기능을 증진시키고 경관, 안전 등을 도모	시가지의 무질서한 확산방지, 계획적이고 단계적인 토지이용의 도모, 토지이용의 종합적 조정, 관리
종류	• 도시지역(주거, 상업, 공업, 녹지지역) • 관리지역(보전관리, 생산관리, 계획관리지역) • 농림지역 • 자연환경보전지역	• 경관/고도/방화/방재/보호/취락/개발진흥지구 • 특정용도제한지구 • 복합용도지구 등	• 개발제한구역 • 시가화조정구역 • 수산자원보호구역
비고	중복지정 불가	중복지정 가능	중복지정 가능

건축계획 6-18. 용도지역의 분류

① 주거지역
  ㉠ 전용주거지역 : 양호한 주거환경을 보호
    • 제1종 전용주거지역 : 단독주택 중심의 양호한 주거환경을 보호하기 위하여 필요한 지역
    • 제2종 전용주거지역 : 공동주택 중심의 양호한 주거환경을 보호하기 위하여 필요한 지역
  ㉡ 일반주거지역 : 편리한 주거환경을 보호
    • 제1종 일반주거지역 : 저층 주택을 중심으로 편리한 주거환경을 조성하기 위하여 필요한 지역
    • 제2종 일반주거지역 : 중층 주택을 중심으로 편리한 주거환경을 조성하기 위하여 필요한 지역
    • 제3종 일반주거지역 : 중고층 주택을 중심으로 편리한 주거환경을 조성하기 위하여 필요한 지역
  ㉢ 준주거지역 : 주거기능을 위주로 이를 지원하는 일부 상업기능 및 업무기능을 보완하기 위하여 필요한 지역
② 상업지역
  ㉠ 중심상업지역 : 도심·부도심의 상업기능 및 업무기능의 확충을 위하여 필요한 지역
  ㉡ 일반상업지역 : 일반적인 상업기능 및 업무기능을 담당하게 하기 위하여 필요한 지역
  ㉢ 근린상업지역 : 근린지역에서의 일용품 및 서비스의 공급을 위하여 필요한 지역
  ㉣ 유통상업지역 : 도시 내 및 지역 간 유통기능의 증진을 위하여 필요한 지역
③ 공업지역
  ㉠ 전용공업지역 : 주로 중화학공업, 공해성 공업 등을 수용하기 위하여 필요한 지역
  ㉡ 일반공업지역 : 환경을 저해하지 아니하는 공업의 배치를 위하여 필요한 지역
  ㉢ 준공업지역 : 경공업 그 밖의 공업을 수용하되, 주거기능·상업기능 및 업무기능의 보완이 필요한 지역
④ 녹지지역
  ㉠ 보전녹지지역 : 도시의 자연환경·경관·산림 및 녹지공간을 보전할 필요가 있는 지역
  ㉡ 생산녹지지역 : 주로 농업적 생산을 위하여 개발을 유보할 필요가 있는 지역
  ㉢ 자연녹지지역 : 도시의 녹지공간의 확보, 도시확산의 방지, 장래 도시용지의 공급 등을 위하여 보전할 필요가 있는 지역으로서 불가피한 경우에 한하여 제한적인 개발이 허용되는 지역
⑤ 관리지역
  ㉠ 계획관리지역 : 도시지역으로 편입이 예상되는 지역
  ㉡ 생산관리지역 : 농림에 준하는 관리지역
  ㉢ 보전관리지역 : 자연환경지역에 준하는 관리지역

건축계획 6-19. 일반주거지역 안에서 건축할 수 있는 건축물

주거지역	건축할 수 있는 건축물
제1종 일반주거지역	• 단독주택 • 공동주택(아파트 제외) • 제1종 근린생활시설 • 유치원, 초등학교, 중학교, 고등학교 • 노유자시설
제2종 일반주거지역	• 단독주택 • 공동주택(아파트포함)
제3종 일반주거지역	• 제1종 근린생활시설 • 유치원, 초등학교, 중학교, 고등학교 • 노유자시설 • 종교시설

건축계획 6-20. 용도지역별 건폐율, 용적률

용도	용도지역	세분 용도지역	용도지역 재세분	최대 건폐율(%)	용적률(%)
도시지역	주거지역	전용주거지역	제1종 전용주거지역	50	50~100
			제2종 전용주거지역	50	100~150
		일반주거지역	제1종 일반주거지역	60	100~200
			제2종 일반주거지역	60	100~250
			제3종 일반주거지역	50	100~300
		준주거지역	〈주거 + 상업기능〉	70	200~500
	상업지역	근린상업지역	인근지역 소매시장	70	200~900
		유통상업지역	도매시장	80	200~1100
		일반상업지역		80	200~1300
		중심상업지역	도심지의 백화점	90	200~1500
	공업지역	전용공업지역		70	150~300
		일반공업지역		70	150~350
		준 공업지역	〈공업 + 주거기능〉	70	150~400
	녹지지역	보전녹지지역	문화재가 존재	20	50~80
		생산녹지지역	도시외곽지역 농경지	20	50~100
		자연녹지지역	도시외곽 완만한 임야	20	50~100
관리지역	보전관리	(16지역)	준 보전산지	20	50~80
	생산관리			20	50~80
	계획관리			40	50~100
농 림 지 역			농업진흥지역	20	50~80
자연환경보전지역		(5지역)	보전산지	20	50~80

건축계획 6-21. 건폐율 및 용적률 별도규정 지역

별도 규정 지역	건폐율[1]	용적률[2]
개발진흥지구(도시 외 지역, 자연녹지지역)	도시 외 지역 : 40% 이하 자연녹지지역 : 30% 이하	100% 이하
수산자원보호구역	40% 이하	80% 이하
자연취락지구(집단취락지구는 40%)	60% 이하	–
자연공원	60% 이하	100% 이하
농공단지(도시지역 외에 지정된 경우)	70% 이하	150% 이하
공업지역 내 국가·일반·도시첨단산업단지, 준산업단지	80% 이하	–

1) 최대 80% 이하의 범위 안에서 조례로 별도로 정할 수도 있다.

2) 최대 200% 이하의 범위 안에서 조례로 별도로 정할 수도 있다.

건축계획 6-22. 장애인·노인·임산부 등의 편의시설 구조·재질 등

① 장애인 등의 통행이 가능한 접근로

 ㉠ 휠체어 사용자가 통행할 수 있도록 접근로의 유효 폭은 1.2m 이상이어야 한다.

 ㉡ 휠체어 사용자가 다른 휠체어 또는 유모차 등과 교행할 수 있도록 50m마다 1.5m×1.5m 이상의 교행구역을 설치할 수 있다.

 ㉢ 경사진 접근로가 연속될 경우에는 휠체어 사용자가 휴식할 수 있도록 30m마다 1.5m×1.5m 이상의 수평면으로 된 참을 설치할 수 있다.

 ㉣ 접근로의 기울기는 1/18 이하로 하여야 한다. 단, 지형상 곤란한 경우 1/12까지 완화할 수 있다.

 ㉤ 대지 내를 연결하는 주 접근로에 단차가 있을 경우 그 높이 차이는 2cm 이하로 해야 한다.

② 경계 등

 ㉠ 접근로와 차도의 경계 부분에는 연석·울타리 기타 차도와 분리할 수 있는 공작물을 설치해야 한다. 다만, 차도와 구별하기 위한 공작물을 설치하기 곤란한 경우에는 시각장애인이 감지할 수 있도록 바닥재의 질감을 달리해야 한다.

 ㉡ 연석의 높이는 6cm 이상 15cm 이하로 할 수 있으며, 색상과 질감은 접근로의 바닥재와 다르게 설치할 수 있다.

 ㉢ 장애인 등이 빠질 위험이 있는 곳에는 덮개를 설치하되 그 표면은 접근로와 동일한 높이가 되도록 하고 덮개에 격자구멍 또는 틈새가 있는 경우에는 그 간격이 2cm 이하가 되어야 한다.

 ㉣ 가로수는 지면에서 2.1m까지 가지치기를 해야 한다.

③ 장애인전용주차구역

 ㉠ 장애인전용주차구역에서 건축물의 출입구 또는 장애인용 승강설비에 이르는 통로는 장애인이 통행할 수 있도록 가급적 높이 차이를 없애고 그 유효 폭은 1.2m 이상으로 해야 한다.

 ㉡ 장애인전용주차구역의 크기는 주차대수 1대에 대하여 폭 3.3m 이상, 길이 5m 이상으로 해야 한다. 단, 평행주차 형식인 경우에는 주차대수 1대에 대하여 폭 2m 이상, 길이 6m 이상으로 해야 한다.

 ㉢ 주차공간의 바닥면은 장애인 등의 승하차에 지장을 주는 높이 차이가 없어야 하며 기울기는 50분의 1 이하로 할 수 있다.

 ㉣ 주차장은 차에서 내려 주차통로를 거치지 않고 보도로 직접 연결되도록 계획한다.

④ 출입구

 ㉠ 건축물의 주 출입구와 통로의 높이 차이는 2cm 이하가 되도록 해야 한다.

 ㉡ 출입구(문)는 그 통과 유효 폭을 0.9m 이상으로 해야 하며 출입구(문)의 전면유효거리는 1.2m 이상으로 해야 한다. 다만, 연속된 출입문의 경우 문의 개폐에 소요되는 공간은 유효거리에 포함하지 아니한다.

 ㉢ 자동문이 아닌 경우 출입문 옆에 0.6m 이상의 활동공간을 확보하여야 한다.

 ㉣ 출입문은 회전문을 제외한 다른 형태의 문을 설치해야 한다.

 ㉤ 미닫이문은 가벼운 재질로 하며 턱이 있는 문지방이나 홈을 설치해서는 안 된다.

 ㉥ 출입문의 손잡이는 중앙지점이 바닥면으로부터 0.8m와 0.9m 사이에 위치하도록 설치해야 하며 그 형태는 레버형이나 수평 또는 수직막대형으로 할 수 있다.

 ㉦ 건축물 안의 공중의 이용을 주목적으로 하는 사무실 등의 출입문 옆 벽면의 1.5m 높이에는 방 이름을 표기한 점자표지판을 부착해야 한다.

 ㉧ 건축물 주출입구의 0.3m 전면에는 문의 폭만큼 점형블록을 설치하거나 시각장애인이 감지할 수 있도록 바닥재의 질감을 달리해야 한다.

⑤ 통로

　　㉠ 복도의 유효 폭은 1.2m 이상으로 하되 복도의 양옆에 거실이 있는 경우는 1.5m 이상으로 할 수 있다.

　　㉡ 손잡이의 양끝 부분 및 굴절 부분에는 점자표지판을 부착해야 한다.

　　㉢ 통로의 바닥면으로부터 높이 0.6m에서 2.1m 이내의 벽면으로부터 돌출된 물체의 돌출 폭은 0.1m 이하로 할 수 있다.

　　㉣ 통로의 바닥면으로부터 높이 0.6m에서 2.1m 이내의 독립기둥이나 받침대에 부착된 설치물의 돌출 폭은 0.3m 이하로 할 수 있다.

　　㉤ 통로상부는 바닥면으로부터 2.1m 이상의 유효높이를 확보해야 한다. 다만 유효높이 2.1m 이내에 장애물이 있는 경우에는 바닥면으로부터 높이 0.6m 이하에 접근방지용 난간 또는 보호벽을 설치 할 수 있다.

⑥ 계단

　　㉠ 바닥면으로부터 높이 1.8미터 이내마다 휴식을 취할 수 있도록 수평면으로 된 참을 설치할 수 있다.

　　㉡ 계단에는 반드시 챌면을 설치해야 한다.

　　㉢ 디딤판의 끝부분에 발끝이나 목발의 끝이 걸리지 않도록 챌면의 기울기는 디딤판의 수평면으로부터 60° 이상으로 해야 하며 계단코는 3cm 이상 돌출되어서는 아니 된다.

　　㉣ 계단의 양 측면에는 손잡이를 연속해서 설치해야 한다. 단, 방화문 등의 설치로 손잡이를 연속하여 설치할 수 없는 경우 방화문 등의 설치에 소요되는 부분에 한하여 손잡이를 설치하지 아니할 수 있다.

⑦ 승강기

　　㉠ 승강기의 전면에는 1.4m × 1.4m 이상의 활동공간을 확보해야 한다.

　　㉡ 승강장 바닥과 승강기 바닥의 틈은 3cm 이하로 해야 한다.

　　㉢ 승강기 내부의 유효바닥면적은 폭 1.1m 이상, 깊이 1.35m 이상으로 해야 한다. 단, 신축하는 건물의 경우 폭을 1.6m 이상으로 해야 한다.

　　㉣ 출입문의 통과 유효 폭은 0.8m 이상으로 하되, 신축한 건물의 경우 출입문의 통과 유효 폭을 0.9m 이상으로 할 수 있다.

　　㉤ 호출버튼, 조작반, 통화장치 등 승강기의 안팎에 설치되는 모든 스위치의 높이는 바닥면으로부터 0.8m 이상 1.2m 이하로 설치해야 한다. (단, 스위치 수가 많아 1.2m 이내에 설치하는 것이 곤란할 경우 1.4m 이하까지 완화할 수 있다.)

　　㉥ 승강기 내부의 휠체어 사용자용 조작반은 진입방향 우측면에 가로형으로 설치하고, 높이는 바닥면으로부터 0.85m 내외로 하여야 하며, 수평손잡이와 겹치지 않도록 하여야 한다. (단, 승강기의 유효 바닥면적이 1.4m × 1.4m 이상인 경우에는 진입방향 좌측면에 설치할 수 있다.)

　　㉦ 조작반, 통화장치 등에는 점자표지판을 부착해야 한다.

⑧ 장애인용 에스컬레이터

　　㉠ 유효 폭은 0.8m 이상으로 해야 한다.

　　㉡ 속도는 분당 30m 이내로 해야 한다.

　　㉢ 휠체어 사용자가 승·하강할 수 있도록 에스컬레이터의 디딤판은 3매 이상 수평상태로 이용할 수 있게 한다.

　　㉣ 디딤판 시작과 끝부분의 바닥판은 얇게 할 수 있다.

　　㉤ 에스컬레이터 양끝부분에는 수평이동손잡이를 1.2m 이상 설치해야 한다.

　　㉥ 수평이동손잡이 전면에는 1m 이상의 수평고정손잡이를 설치할 수 있으며 수평고정손잡이에는 층수·위치 등을 나타내는 점자표지판을 부착해야 한다.

⑨ 경사로

    ㉠ 경사로의 유효 폭은 1.2m 이상으로 해야 한다. 단, 건축물을 증축, 개축, 재축, 이전, 대수선 또는 용도 변경하는 경우로서 1.2m 이상의 유효 폭을 확보하기 어려운 경우 0.9m까지 완화할 수 있다.

    ㉡ 바닥면으로부터 높이 0.75m 이내마다 휴식을 취할 수 있도록 수평면으로 된 참을 설치해야 한다.

    ㉢ 경사로의 시작과 끝, 굴절부분 및 참에는 1.5m × 1.5m 이상의 활동공간을 확보해야 한다.

    ㉣ 경사로의 기울기는 1/12 이하로 해야 한다.

    ㉤ 다음의 요건을 모두 충족하면 경사로의 기울기를 8분의 1까지 완화할 수 있다.
- 신축이 아닌 기존시설에 설치되는 경사로일 것
- 높이가 1m 이하인 경사로로서 시설의 구조 등의 이유로 기울기를 1/12 이하로 설치하기 어려울 것
- 시설관리자 등으로부터 상시보조서비스가 제공될 것

⑩ 침실

    ㉠ 가벼운 장애자용 침대는 한쪽을 벽면에 붙이는 것이 시중에 효율적인 배치이다.

    ㉡ 침대의 높이는 바닥면으로부터 0.4m 이상 0.45m 이하로 해야 하며 그 측면에는 1.2m 이상의 활동공간을 확보해야 한다.

⑪ 화장실

    ㉠ 일반사항
- 장애인등의 이용이 가능한 화장실은 장애인등의 접근이 가능한 통로에 연결하여 설치하여야 한다.
- 장애인용 변기와 세면대는 출입구(문)와 가까운 위치에 설치하여야 한다.
- 화장실의 바닥면에는 높이 차이를 두어서는 아니되며, 바닥표면은 물에 젖어도 미끄러지지 아니하는 재질로 마감하여야 한다.
- 화장실(장애인용 변기·세면대가 설치된 화장실이 일반 화장실과 별도로 설치된 경우에는 일반 화장실을 말한다)의 0.3미터 전면에는 점형블록을 설치하거나 시각장애인이 감지할 수 있도록 바닥재의 질감 등을 달리하여야 한다.
- 화장실(장애인용 변기·세면대가 설치된 화장실이 일반 화장실과 별도로 설치된 경우에는 일반 화장실을 말한다)의 출입구(문)옆 벽면의 1.5미터 높이에는 남자용과 여자용을 구별할 수 있는 점자표지판을 부착하고, 출입구(문)의 통과유효폭은 0.9미터 이상으로 하여야 한다.
- 세정장치·수도꼭지 등은 광감지식·누름버튼식·레버식 등 사용하기 쉬운 형태로 설치하여야 한다.
- 장애인복지시설은 시각장애인이 화장실(장애인용 변기·세면대가 설치된 화장실이 일반 화장실과 별도로 설치된 경우에는 일반 화장실을 말한다)의 위치를 쉽게 알 수 있도록 하기 위하여 안내표시와 함께 음성유도장치를 설치하여야 한다.

    ㉡ 대변기
- 건물을 신축하는 경우에는 대변기의 유효바닥면적이 폭 1.6미터 이상, 깊이 2.0미터 이상이 되도록 설치하여야 하며, 대변기의 좌측 또는 우측에는 휠체어의 측면접근을 위하여 유효폭 0.75미터 이상의 활동공간을 확보하여야 한다. 이 경우 대변기의 전면에는 휠체어가 회전할 수 있도록 1.4미터×1.4미터 이상의 활동공간을 확보하여야 한다.
- 신축이 아닌 기존시설에 설치하는 경우로서 시설의 구조 등의 이유로 (가)의 기준에 따라 설치하기가 어려운 경우에 한하여 유효바닥면적이 폭 1.0미터 이상, 깊이 1.8미터 이상이 되도록 설치하여야 한다.
- 출입문의 통과유효폭은 0.9미터 이상으로 하여야 한다.
- 출입문의 형태는 자동문, 미닫이문 또는 접이문 등으로 할 수 있으며, 여닫이문을 설치하는 경우에는 바깥쪽으로 개폐되도록 하여야 한다. 다만, 휠체어사용자를 위하여 충분한 활동공간을 확보한 경우에는 안쪽으로 개폐되도록 할 수 있다.
- 대변기는 등받이가 있는 양변기형태로 하되, 바닥부착형으로 하는 경우에는 변기 전면의 트랩부분에 휠체어의 발판이 닿지 아니하는 형태로 하여야 한다.
- 대변기의 좌대의 높이는 바닥면으로부터 0.4미터 이상 0.45미터 이하로 하여야 한다.
- 대변기의 양옆에는 아래의 그림과 같이 수평 및 수직손잡이를 설치하되, 수평손잡이는 양쪽에 모두 설치하여야 하며, 수직손잡이는 한쪽에만 설치할 수 있다.

- 대변기의 수평손잡이는 바닥면으로부터 0.6미터 이상 0.7미터 이하의 높이에 설치하되, 한쪽 손잡이는 변기중심에서 0.4미터 이내의 지점에 고정하여 설치하여야 하며, 다른쪽 손잡이는 0.6미터 내외의 길이로 회전식으로 설치하여야 한다. 이 경우 손잡이간의 간격은 0.7미터 내외로 할 수 있다.
- 대변기의 수직손잡이의 길이는 0.9미터 이상으로 하되, 손잡이의 제일 아랫부분이 바닥면으로부터 0.6미터 내외의 높이에 오도록 벽에 고정하여 설치하여야 한다. 다만, 손잡이의 안전성 등 부득이한 사유로 벽에 설치하는 것이 곤란한 경우에는 바닥에 고정하여 설치하되, 손잡이의 아랫부분이 휠체어의 이동에 방해가 되지 아니하도록 하여야 한다.
- 장애인등의 이용편의를 위하여 대변기의 수평손잡이와 수직손잡이는 이를 연결하여 설치할 수 있다. 이 경우 수직손잡이의 제일 아랫부분의 높이는 연결되는 수평손잡이의 높이로 한다.
- 화장실의 크기가 2미터×2미터 이상인 경우에는 천장에 부착된 사다리형태의 손잡이를 설치할 수 있다.
- 화장실 내에서의 비상사태에 대비하여 비상용 벨은 대변기 가까운 곳에 바닥면으로부터 0.6미터와 0.9미터 사이의 높이에 설치하되, 바닥면으로부터 0.2미터 내외의 높이에서도 이용이 가능하도록 하여야 한다.

ⓒ 소변기
- 소변기는 바닥부착형으로 할 수 있다.
- 소변기의 양옆에는 수평 및 수직손잡이를 설치하여야 한다.
- 소변기의 수평손잡이의 높이는 바닥면으로부터 0.8미터 이상 0.9미터 이하, 길이는 벽면으로부터 0.55미터 내외, 좌우 손잡이의 간격은 0.6미터 내외로 하여야 한다.
- 소변기의 수직손잡이의 높이는 바닥면으로부터 1.1미터 이상 1.2미터 이하, 돌출폭은 벽면으로부터 0.25미터 내외로 하여야 하며, 하단부가 휠체어의 이동에 방해가 되지 아니하도록 하여야 한다.

ⓔ 세면대
- 휠체어사용자용 세면대의 상단높이는 바닥면으로부터 0.85미터, 하단 높이는 0.65미터 이상으로 하여야 한다.
- 세면대의 하부는 무릎 및 휠체어의 발판이 들어갈 수 있도록 하여야 한다.
- 목발사용자 등 보행곤란자를 위하여 세면대의 양옆에는 수평손잡이를 설치할 수 있다.
- 수도꼭지는 냉·온수의 구분을 점자로 표시하여야 한다.
- 휠체어사용자용 세면대의 거울은 아래의 그림과 같이 세로길이 0.65미터 이상, 하단 높이는 바닥면으로부터 0.9미터 내외로 설치할 수 있으며, 거울상단부분은 15도 정도 앞으로 경사지게 하거나 전면거울을 설치할 수 있다.

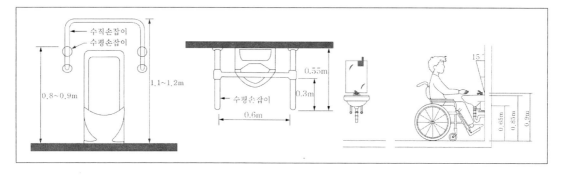

건축계획 6-23. 장애인·노인·임산부 등을 위한 편의시설 설치대상

편의시설 / 대상시설	매개시설			내부시설			위생시설						안내시설			기타시설				
	주출입구 접근로	장애인전용주차구역	주출입구 높이 차이 제거	출입구(문)	복도	계단 또는 승강기	화장실			욕실	샤워실·탈의실	점자블록	유도 및 안내설비	경보 및 피난설비	객실·침실	관람석·열람석	접수대·작업대	매표소·판매기·음료대	임산부 등을 위한 휴게시설
							대변기	소변기	세면대										
아파트	의무	의무	의무	의무	의무	의무	권장	권장	권장	권장	권장	권장		의무	권장				
연립주택	의무	의무	의무	의무	의무	권장	권장	권장	권장	권장	권장	권장		의무	권장				
다세대주택	의무	의무	의무	의무	의무	권장	권장	권장	권장	권장	권장	권장		의무	권장				
기숙사	의무	의무	의무	의무	의무	권장	의무	권장	의무	권장	권장	권장		의무	의무				

- 연립주택, 다세대주택: 세대 수가 10세대 이상만 해당
- 기숙사: 2동 이상의 건축물로 이루어져 있는 경우 장애인용 침실이 설치된 동에만 적용. 다만, 장애인용 침실 수는 전체 건축물을 기준으로 산정하며, 일반 침실의 경우 출입구(문)는 권장사항임.

건축계획 6-24. 다중이용 건축물 / 다중이용 시설물 / 다중이용업소

다중이용건축물	불특정한 다수의 사람들이 이용하는 건축물로서 건축법에서 규정한 개념이다.
다중이용시설물	많은 사람이 출입하고 이용하는 시설로 다중이용시설 등의 실내공기질 관리법에서 규정한 개념이다.
다중이용업소	불특정 다수인이 이용하는 영업 중 화재 등 재난 발생 시 생명·신체·재산상의 피해가 발생할 우려가 높은 것으로서 대통령령으로 정하는 영업(다중이용업)'을 하는 업소로서 다중이용업소의 안전관리에 관한 특별법에서 규정한 개념이다.

1. 다중이용 건축물 (건축법 시행령 제2조)

　가. 다음의 어느 하나에 해당하는 용도로 쓰는 바닥면적의 합계가 5,000㎡ 이상인 건축물

　　1) 문화 및 집회시설(동물원 및 식물원은 제외한다)

　　2) 종교시설

　　3) 판매시설

　　4) 운수시설 중 여객용 시설

　　5) 의료시설 중 종합병원

　　6) 숙박시설 중 관광숙박시설

　나. 16층 이상인 건축물

※ 준다중이용 건축물
다중이용 건축물 외의 건축물로서 다음 각 목의 어느 하나에 해당하는 용도로 쓰는 바닥면적의 합계가 1,000㎡ 이상인 건축물
을 말한다.
가. 문화 및 집회시설(동물원 및 식물원 제외)
나. 종교시설
다. 판매시설
라. 운수시설 중 여객용 시설
마. 의료시설 중 종합병원
바. 교육연구시설
사. 노유자시설
아. 운동시설
자. 숙박시설 중 관광숙박시설
차. 위락시설
카. 관광 휴게시설
타. 장례시설

2. 나중이용시설물 (실내공기질 관리법 시행령 제2조)
   1) 모든 지하역사(출입통로·대합실·승강장 및 환승통로와 이에 딸린 시설 포함)
   2) 연면적 2,000㎡ 이상인 지하도상가(지상건물에 딸린 지하층의 시설을 포함). 이 경우 연속되어 있는 둘 이상
      의 지하도상가의 연면적 합계가 2,000㎡ 이상인 경우를 포함한다.
   3) 철도역사의 연면적 2,000㎡ 이상인 대합실
   4) 여객자동차터미널의 연면적 2,000㎡ 이상인 대합실
   5) 항만시설 중 연면적 5,000㎡ 이상인 대합실
   6) 공항시설 중 연면적 1,500㎡ 이상인 여객터미널
   7) 연면적 3,000㎡ 이상인 도서관
   8) 연면적 3,000㎡ 이상인 박물관 및 미술관
   9) 연면적 2,000㎡ 이상이거나 병상 수 100개 이상인 의료기관
   10) 연면적 500㎡ 이상인 산후조리원
   11) 연면적 1,000㎡ 이상인 노인요양시설
   12) 연면적 430㎡ 이상인 어린이집
   13) 연면적 430㎡ 이상인 실내 어린이놀이시설
   14) 모든 대규모점포
   15) 연면적 1,000㎡ 이상인 장례식장(지하에 위치한 시설로 한정)
   16) 모든 영화상영관(실내 영화상영관으로 한정)
   17) 연면적 1,000㎡ 이상인 학원
   18) 연면적 2,000㎡ 이상인 전시시설(옥내시설로 한정)
   19) 연면적 300㎡ 이상인 인터넷컴퓨터게임시설제공업의 영업시설
   20) 연면적 2,000㎡ 이상인 실내주차장(기계식 주차장은 제외)
   21) 연면적 3,000㎡ 이상인 업무시설
   22) 연면적 2,000㎡ 이상인 둘 이상의 용도에 사용되는 건축물
   23) 객석 수 1천 석 이상인 실내 공연장
   24) 관람석 수 1천 석 이상인 실내 체육시설
   25) 연면적 1,000㎡ 이상인 목욕장업의 영업시설

3. 다중이용업소 (다중이용업소법 시행령 제2조, 시행규칙 제2조 참조)

   1) 휴게음식점영업·제과점영업 또는 일반음식점영업으로서 영업장으로 사용하는 바닥면적의 합계가 100㎡(영업장이 지하층에 설치된 경우 66㎡) 이상인 것.

   2) 단란주점영업과 유흥주점영업

   3) 영화상영관, 비디오물감상실업, 비디오물소극장업 및 복합영상물제공업

   4) 학원 (100명 이상~300명 미만 수용학원과 300명 이상 수용학원으로 나누어져 있음)

   5) 목욕장업

   6) 게임제공업, 인터넷컴퓨터게임시설제공업 및 복합유통게임제공업

   7) 노래연습장업

   8) 산후조리업

   9) 고시원업

   10) 실내권총사격장

   11) 스크린 골프연습장

   12) 안마시술소

   13) 전화방업·화상대화방업

   14) 수면방업

   15) 콜라텍업

서원각 교재와 함께하는 STEP

공무원 학습방법

01 파워특강

공무원 시험을 처음 시작할 때
파워특강으로 핵심이론 파악

02 기출문제 정복하기

기본개념 학습을 했다면
과목별 기출문제 회독하기

03 전과목 총정리

전 과목을 한 권으로 압축한
전과목 총정리로 개념 완성

04 전면돌파 면접

필기합격!
면접 준비는 실제 나온 문제를
기반으로 준비하기

서원각과 함께하는
공무원 합격을 위한
공부법

05 인적성검사 준비하기

중요도가 점점 올라가는
인적성검사, 출제 유형 파악하기

제공도서 : 소방, 교육공무직

• 교재와 함께 병행하는 학습 step3 •

1step 회독하기

최소 3번 이상의
회독으로 문항을 분석

2step 오답노트

틀린 문제 알고 가자!

3step 백지노트

오늘 공부한 내용,
빈 백지에 써보면서 암기

다양한 정보와
이벤트를 확인하세요!

서원각 블로그에서 제공하는 용어를 보면서 알아두면 유용한 시사, 경제, 금융 등 다양한 주제의 용어를 공부해보세요. 또한 블로그를 통해서 진행하는 이벤트를 통해서 다양한 혜택을 받아보세요.

최신상식용어
최신 상식을 사진과 함께 읽어보세요.

시험정보
최근 시험정보를 확인해보세요.

도서이벤트
다양한 교재이벤트에 참여해서 혜택을 받아보세요.

상식 톡톡 · **최신 상식용어 제공!**

알아두면 좋은 최신 용어를 학습해보세요. 매주 올라오는 용어를 보면서 다양한 용어 학습!

학습자료실 · **학습 PDF 무료제공**

일부 교재에 보다 풍부한 학습자료를 제공합니다. 홈페이지에서 다양한 학습자료를 확인해보세요.

도서상담 · **교재 관련 상담게시판**

서원각 교재로 학습하면서 궁금하셨던 점을 물어보세요.

QR코드 찍으시면
서원각 홈페이지(www.goseowon.com)에
빠르게 접속할 수 있습니다.